中华传世藏书

【图文珍藏版】

孝经

[春秋]孔子等⊙原著

王书利⊙主编

诠解

第五册

线装書局

五、子女的行孝之忧

父母在，不远游

现代子女一般都认为，陪着父母，就意味着在自己的事业和追求上止步不前，意味着自我牺牲，这是个误区。回想我们成长的这些年，不也是一直有父母陪伴吗？父母何曾逃避抚养我们的责任，何曾推脱教育我们的义务？

如果你为了一个人走远，那先想一下这个人会不会给你比父母更多的爱。如果你为了一份工作而走远，那就想一下多出来的那些薪水会不会比父母的爱更值得。正所谓，父母在，不远游，游必有方。

过去的那个年代，交通不便利，一旦离家，很可能没有音讯。虽然在今天不可能不远游，但是远游必有方，你必须把父母安排好，照顾好。

一个留学生，从小学习很好，并且取得不错的成绩，学业成完后，他想在国外定居，他的父母也很支持。可是最后他还是决定不了，因为他看到自己的朋友有很多在国内国外奔波，来处理父母的后事。这样的场景很多，多到自己都很害怕，朋友因为错过与父母见最后一面而后悔痛苦，让他更加害怕了，甚至都害怕接听父母的电话，他怕是有不好的消息。

虽然父母也很支持他在国外定居，但是想到父母单独留在国内，的确也是很令人担心的。思前想后，他下了个大决定，回国！他的朋友们都出乎意料地支持他，希望他别重蹈覆辙，好好地陪父母走完最后的人生道路！于是他回国了。

回国后，他在城里上班，父母在离城不远的郊外居住，过着田园般悠闲的生活。他觉得这样的生活很幸福，很知足。他每天都回家吃饭，周末一般没什么活动也待在家里，陪父母聊天。某一周末，朋友们约他出去玩，时间是两天一夜，有人说："你天天回家陪父母，和朋友们聚会也少了，一直待在郊外多闷啊。走，去好好地玩他个天翻地覆，父母少陪两天没事的。"他拒绝了朋友，淡定地说："父母老了，他们不会一直在原地等你的！他们一辈子在等你，等你出生，等你长大，等你放学回家。现在等你下班回家吃饭，他们还有多少时间可以等呢？"现今社会，有多少子女明白，父母一直在家中等待呢？

孟郊的《游子吟》最能够体现母亲对孩子的担忧：慈母手中线，游子身上衣。临行密密缝，意恐迟迟归。妈妈对远行在外的子女是最关心的，他们关注孩子所在地区的天气预报，从遥远的地方专门打电话叮嘱他们要记得出门带伞，说是今天有雨。但是子女总觉得学习为重，事业为重，朋友为重，父母被摆在了最后的关注位置。

孔子说："父母在，不远游"，他想要表达的不只是子女应该守在父母的身边，尽自己的孝心，还应该有另外一层意思：子女出门，远离父母，给父母带来的只会是无尽的思念。所以，无论如何，你都要记住一点：你是父母一生的牵挂。

现在的世界，虽说交通发达，就是出国，也可以很快地就回来。可是就是因为这样，人情却往往淡漠了。如路上见面不说话，不知道自己的邻居叫什么名字，也不写家书了，只是过节发个信息，打个电话。科技虽然进步了，却把人的距离拉远了。

很多人背井离乡，甚至远至海外，为了追求他们的梦想，追求事业有成，追求前途无量。总是想着等着自己有了钱一定好好地孝敬父母，想着买了大房子就一定接父母来住，想着忙过了这一阵子一定回家看望父母……然而，父母是不会在原地等你的。也许，等你有一天人生辉煌时，父母却已经离你而去了。

"太忙了"不是理由

很多人以忙为借口而忽略了父母，每一次不回家都给自己找理由说太忙，其实忙不是理由，尤其是忙得没有时间看父母更不是理由。如今，"忙"似乎成了彼此拒绝、借故推托的最好理由。"忙"已经成为生活的一种常态，即使谁也不愿自己像个陀螺似的转悠。

也许会有人说，自己常常加班到凌晨半夜，早上起床就是想着工作，真的太忙了，连上个洗手间的时间都没有，哪还有时间去看父母呢？有一句话叫做"你的兴趣在哪里，时间就在哪里"，现在的你只对工作有兴趣，所以你的时间就全部属于工作。时间掌握在自己的手里，只要你想做，任何事情也阻挡不了你。如果你的兴趣是让家庭幸福美满，那么你自然会有呵护家人的时间。

在我们生活中，常常有这样的对话。

"孩子，你很久没回家来看看了……""工作太忙了走不开……"

"你很久没给我打电话了………""对不起，最近太忙了……"

"孩子，今天是我的生日，你能回来吗？吃个晚饭就走……""对不起妈妈，我今天得加班，最近太忙了，等忙了这阵子，我去看你……"

忙碌，似乎成了万能借口，在哪都能用得上，而且是百用不厌。父母子女间，恋人夫妻间，亲朋好友间，似乎随时都会出现这么一番对话。

在我们生活的这个城市里，生活节奏不停加速，让人们一直为了生计而奔波着。"忙"成了很多人的一个通病，忙事业、忙生意、忙赚钱，可谓是忙得晕头转向，然而再怎么样也不应该成为冷落老人的理由。

真的是忙碌吗，忙碌到连打一个电话，发一条短信的时间都没有吗？不是的，很多时候忙只是我们给自己找的一个借口，一个减省麻烦的借口。

孝
经
诠
解

践行孝道

长大之前，依赖着父母，总觉得父母就是自己的一切；长大独立后，父母却往往成了自己最后想起的人。经常会听到有人说以后会怎样怎样好好爱父母，但是只要想了就去做吧，永远不要等到以后。谁也无法预知以后的事情，所以，把握好眼前的机会才是实在。

有一位老人，她养了十个儿女，在那个年代，养育十个孩子是多么难的事情，但是即使遇到再大的困难，她都挺下来了，她的目标只有一个，那就是让自己的孩子都能健康成长。不幸的是，她的老伴还是个盲人，生活上有些时候不能自理，她照顾孩子的同时还要照顾老伴，后来她的老伴还是离开了她。

就在她准备安享晚年时，拆迁让她不得不离开生活了一辈子的地方，不得不离开和她同甘共苦了一辈子的老姐妹。她很孤单，这时，她的儿女都已经长大成人。有了家庭，有了工作，一年几乎看不到他们。老人很孤单，常常给儿女打电话，然而电话的那头永远回答的都是"我很忙"。

直到她离开这个世界，身边只有跟她朝夕相伴的猫。当她离开了，儿女们才知道这么多年自己对母亲的忽略，但后悔也晚了。

为人父母，年龄在不断增加，身体肯定也不如以前，从前可以干体力活，而现在却只能在家休养，随之而来的是各种疾病，有的老人有疾病也不说，自己挺着，其实在他们的心里，只要子女回来看一眼，自己的病也就好了许多，但即使是精神上的安慰，也是父母们的奢望。

作为儿女的，不在父母身边，难在膝下尽孝，即使给父母充足的金钱，也不是最后的行孝，常回家看看老人，却又总被繁杂的事务缠住，只好用"最近很忙"作为借口。即使偶尔给老人打了电话，也只是草草几句就匆忙挂电话，作为父母的也只能安慰儿女："忙吧！孩子，我们一切都好，不必挂念，自己也要注意身体！"请扪心自问，我们真的都很忙吗？很多时候忙只是我们冷落父母、安慰自己冠冕堂皇的理由罢了。

以前父母含辛茹苦地把我们养育成人，现在就是我们该"回报"父母的时候了，在这个阶段，老人最需要的就是亲情的关怀和生活上的悉心照料。哪个老人不疼爱自己的孩子呢，他们的要求其实并不多也不过分，他们并不希望给孩子的生活和工作添乱，只希望孩子能多抽点时间陪陪自己，陪自己说说话解解闷、吃顿饭，这些生活中最简单的片段，其实就是对老人最大的安慰了。

与父母之间的感情需要用心去经营，再忙也发条信息，再忙也常回家看看。只是可惜，在通信如此发达的今天，情感上的沟通却未必就能深入多少，因为，大家都更"忙碌"了。

年迈的父母生病住院，有的子女日夜守候精心护理，而有的子女则总是喊忙，要么蜻蜓点水式的问候一下，要么干脆只闻其声不见踪影。于是，一个"忙"字，成为不孝儿女逃避孝敬责任的托词。

眼下，生活节奏加快，竞争无处不在，身处职场的我们时刻面临着这样或那样的工作压力，给父母尽孝就常常因"工作忙""没有时间"而一推再推。

年幼时，是慈爱的父母将我们养大，细心呵护照顾我们成长的每一步。长大了，到了该孝顺父母的年龄，却又忙于工作，忙于结婚、生子，为自己小家庭的烦琐小事而忙，孝顺和照顾父母总是被我们以"没时间"为借口而忽略了，总觉得孝顺父母的时候和机会还多着呢，可是不曾想，我们的父母就在我们忙碌的一天天中逐渐老去，我们千万不要等到"子欲养而亲不待"时才追悔莫及。

你是不孝一族吗

由于各种原因，有些人似乎愈来愈不注重孝道伦理了，在医院里的老人病房与儿童病房里，疼爱子女的父母很多，但是孝顺的父母的人很少，儿女

平时难得到医院探望父母，更别说在病榻前的关怀、照顾了。所谓久病床前无孝子，有些人对于行孝，说得很好，做起来却南辕北辙，大相径庭。

有一位老母亲，因为年老而逐渐丧失了劳动能力，她的儿子千方百计地想遗弃她，于是狠心地背着她往深山里走。途中，儿子一路上都听到老母亲折断树枝的声音，他心想："一定是老母亲怕被遗弃之后，无法自己识路下山，因此在沿路做上记号。"

他不以为然地继续往深山里走，好不容易到达目的地之后，他放下背上的老母亲，毫无感情地对她说："我们就在这里分别吧！"

这时候，老母亲慈祥地说道："上山的时候，沿途都有折断树枝的记号，你只要顺着记号下山，就可以安然回家了。"原来这位母亲并不在意儿子的大逆不道，反而沿途帮他做了记号，以使他在返家的路途中不会迷路。这种无比慈祥的伟大胸襟，终于唤醒了儿子的良知，他一把抱住了母亲，向母亲认罪，又将她背回家，精心照料。

当我们忽略父母的时候，想想父母平时怎样照顾自己的，他们日日月月、岁岁年年，无怨无尤；但是现在有些人偶尔陪父母到医院看病，一次、二次，他就心不甘、情不愿地嫌烦了，好像对父母有天大的恩惠一般。

有一位老教授，一生爱好收藏，早年收藏了许多价值连城的古董。他的老伴很早就死了，留下的三个孩子，长大都出国了，很少回来看他。

孩子不在身边，老人一直很寂寞，所幸还有一个昔日的学生经常来陪着他。

许多人都说："这年轻人放着自己的正事不干，成天陪着老头子，好像很孝顺的样子。他这样做都是为了老头子的钱！"

老人的孩子们也常从国外打电话回来，叮咛老教授务必小心，千万不要被骗。

"我当然知道，"老人总是这么说，"我又不是傻瓜。"

老人死了。律师宣读遗嘱时，三个孩子都从国外赶回来，老教授的那个学生也到了。遗嘱宣读之后，三个孩子的脸都绿了，因为老人居然把大半的收藏都留给了那个学生。同时老人在遗嘱上向孩子们解释着："我知道他可能看上我的古董收藏，但是在我寂寞的晚年，只有他才是真正照顾我的人！孩子们尽管爱我，但是说在嘴里、挂在心上，却从不伸出手来照顾我。就算我这个学生的热心都是假的，但是，他能够这样陪我、照顾我十几年，连句怨言都没有，这也是你们都没有做到的。"

一个"外人"都可以侍奉老人，更何况是亲生儿女呢。如果爱不用行动表达，那又怎么称得上爱？

对于我们来说，孝顺父母不是每月给父母钱，而是常回家看看，常给父母洗洗脚，这些小事都是行孝。我们不要让父母在等待或者在孤独中度过。

父母之年，不可不知

在《论语·里仁》里写道："父母之年，不可不知也。一则以喜，一则以惧。"意思是说：父母的年龄不可不知道。一方面为他们的长寿而高兴，另一方面又为他们的衰老而伤心。也就是说，我们一定要时时牢记为父母尽孝不可以等待，父母老了，身体不好了，作为子女需要以实际行动来证明自己可以赡养父母。

这是一个风和日丽的日子，树林中各种各样的鸟都从巢中飞了出来，愉快地在空中飞来飞去，它们美妙的歌声，给寂静的树林带来了勃勃生机。

可是戴胜鸟和它的老伴飞不出窝巢了，岁月不饶人，它们的身体早已虚弱不堪，全身的羽毛已经变得干涩枯燥、暗淡无光，像老树上的枯枝般容易折断，双眼还生了病，看不见了。为了养儿育女，它们的精力已经快要耗尽了。

老戴胜鸟觉得自己的子女都已经长大，能够独立生活了，自己的职责已经尽到，可以无怨无悔地离开这个世界了。因此，夫妻俩商量，决定不再离开自己的家，安心地待在窝里，静静地等待那迟早都会降临的时刻。

但老戴胜鸟想错了，它们辛辛苦苦养育的孩子们是绝不会扔下它们不管的。这天早晨，它们的大儿子就带着一些好吃的东西，专程来看望它们。小戴胜鸟发现年迈的双亲身体不好，立即把这个消息告诉了它的兄弟姐妹们。戴胜鸟的儿女们很快都到齐了，它们聚集在双亲的旧巢前，其中一只说："我们的生命是父母亲最伟大的馈赠，它们用爱的乳汁哺育了我们。现在它们老了，病了，眼睛也看不见，已经没有能力养活自己了。我们一定要帮它们治病，细心看护好它们，这是我们做子女的神圣义务！"

这些话刚说完，年轻的戴胜鸟们立刻行动起来。有的飞去筑起温暖的新居，有的振翅飞去捕捉昆虫，有的飞到树林里去找治病的药。

新房子很快就落成了，孩子们小心翼翼地帮着父母搬了进去。为了让父母感到温暖，就用自己的翅膀盖住它们。孩子们还细心地给父母喂泉水喝，并用自己的尖嘴帮忙梳理老戴胜鸟蓬乱的绒毛和容易折断的翎毛。飞往森林的孩子们终于回来了，它们找到了能治失明的草药。大家高兴极了，它们把有特效的草叶啄成草汁给老戴胜鸟擦用。尽管药力很慢，需要耐心等待，它们却一刻也不让父母亲单独留在家里，总是轮流守候在父母身边。

快乐的一天终于到来了，戴胜鸟和它的老伴睁开眼睛，向四周张望，它们认出了自己孩子的模样。孩子们都高兴极了，并准备了丰盛的食物，好好地庆祝了一番。

知恩的子女们就这样用自己纯真的爱，治好了父母的病，帮助它们恢复了视觉和精力，以报答养育之恩。

兽犹如此，人何以堪？俗话说，"人非草木，孰能无情"，年轻人犯错总是难免的，对老人不够孝敬，总以为将来还有机会，然而岁月不等人，在读了这则寓言之后，希望他们能幡然悔悟，善待恩重如山的父母。

父母之年意味着什么？意味着年事已高，身弱体衰，而再进一层，则意味着不知什么时辰，就会突然离去，撒手人寰，这是"父母之年，不可不知"的关键，故而孔子在"父母之年，不可不知"之后，紧接着说："一则以喜，一则以惧。"所以喜，是因为高兴父母享高寿，所以惧，是因为忧父母于世很可能已时日无多。

"父母之年，不可不知也。一则以喜，一则以惧。"这两句话告诉我们，对父母尽孝心要趁早，不要因为种种借口而等待，时时对父母的日渐衰老怀着敬畏之心。在这点上，曾国藩弟弟的故事可以给我们以启示。

一次，曾国藩收到父母的来信，在信中，父母除了询问他的近况外，还表示出对他弟弟的关切。曾国藩看后，马上把弟弟叫来，对他说："父母一直很为你担心，你为什么不及时写信回去，告知父母你的情况？"

弟弟说："我最近手头有点紧，想着等有了些许银两，与信一并寄回，也好给父母一个交代。"

曾国藩说："父母是出于对你的担心，才对你十分关切。他们需要的不是你的银两，而是你向他们报平安的这份心啊。你想想，哪个孩子不是父母心头的一块肉？如果孩子与父母失去了联系，那么父母的心里就会焦灼不安，比自己生病还要难受。做儿女的，如果不能理解父母的心意，那就是不孝。"

弟弟听了曾国藩的话，顿时感到羞愧万分，马上回去给父母写了一封信，告诉父母一切安好，劝二老一定要保重身体。从此之后，曾国藩的弟弟也像哥哥一样，再也不会因为等着条件具备才向父母尽孝心了，而是时时向父母汇报自己的近况，以免父母担忧。

为子女者，要有良心，要有良知，要以尽孝者为榜样，要有尽孝的紧迫感，不可只想着让父母为自己一再付出，而应多想想父母在自己从小到大，到成家立业这一漫长过程的恩重如山，多想想"父母之年"所含的残酷意味，在"父母之年"多做反哺回报。

"树欲静而风不止，子欲养而亲不待！"这是人世间最悲怆的痛！"父母之年，不可不知也"，父母健在就是子女们的福分！所以，当我们的父母还健在，作为子女的我们还有机会报答时，让我们尽量多陪陪父母，多为他们想一点，做一点。多抽点时间，多抽点空闲，常回家年看！

人生只有孝顺不能等

"子欲养而亲不待"是出自孔子《孔子·集语》的一个故事，这个故事是这样的。

春秋时，孔子和弟子们出去游玩，忽然听到路边有人在啼哭，就上前去看怎么回事。啼哭的人叫皋鱼，他解释了自己啼哭的原因："我年轻时好学上进，为了求学曾经游历各国，等我回来时父母却已经双双故去。作为儿子，当初父母需要侍奉的时候我却不在身边，这好像'树欲静而风不止'；如今我想要侍奉父母，父母却已经不在了。父母虽然已经亡故，但他们的恩情难忘，想到这些，内心悲痛，所以痛哭。"

孔子说："弟子们应引以为戒，经历过这件事，足以让人知道该怎么做了。"之后，孔子的学生中辞别回家赡养双亲的有十三个人。

孝是中华民族的传统美德，也是一个人的良知，我们一定要懂得：孝敬父母是来不及等待的。很多人为自己没有机会侍奉父母而终生遗憾。老舍先生在《我的母亲》一文中写道："生命是母亲给的，我之所以能长大成人，是母亲血汗灌养的。我之所以能成为一个不十分坏的人，是母亲感化的。我的性格、习惯，是母亲传给我的。她一世未曾享过一天福，临终前吃的还是粗粮。唉，还说什么呢？心痛！心痛！"

季羡林先生在《我的母亲》一文中写道："我永久的悔就是：不该离开故乡，离开母亲。"季先生的家在鲁西北一个极端贫困的村庄，他的家更是贫中之贫。离开家几年，成为清华学子的他，突然接到母亲去世的噩耗，赶回家乡，他"看到母亲的棺材，伏在土坑上，一直哭到天明"。季羡林先生在文章中写道："我后悔，我真后悔，我千不该，万不该离开了母亲。"

萧乾先生在回忆母亲时说："就在我领到第一个月工资的那一天，妈妈含着我用自己劳动挣来的钱买的一点儿果汁，就与世长辞了。我哭天喊地，她想睁开眼皮再看我一眼，但她连那点儿力气也没有了。"

当我们理所当然享受着父母给予我们的一切舒适条件时，是否应当思考一下这样一个问题：我们应该如何善待自己的父母？当代女作家毕淑敏在《孝心无价》中说："我相信每一个赤诚忠厚的孩子，都曾在心底向父母许下'孝'的宏愿，相信来日方长，相信水到渠成，相信自己必有功成名就、衣锦还乡的那一天，可以从容尽孝。可惜人们忘了，忘了时间的残酷，忘了人生的短暂，忘了世上有永远无法报答的恩情，忘了生命本身有不堪一击的脆弱。"父母为我们付出的东西太多了，他们也曾经和我们一样充满激情，拥有很多的机会，但是为了抚养儿女，他们甘愿做一个普普通通的人，甘愿把更多的机会留给孩子。这样的牺牲，值得我们每一个人牢记心中。

孔子说，孝中最困难的事情就是和颜悦色地和父母说话。其实这是说，孩子很难放下自己的想法去聆听家长的话。其实，这种聆听、尊重和关爱，就是孝的本质。不要把好听的话留到明天说，今天就对父母微笑吧，让彼此都生活在幸福当中！

子曰：父在观其志，父没观其行；三年无改于父之道，可谓孝矣。孔子说：要知道一个人是否孝顺，要在他的父亲健在的时候，观察他的志向，因为这时他没有自由行动的权利，要听父亲的教导；等到父亲不在了，要观察他的行为，如果他能长时间地遵照父亲生前的要求来约束自己，不曾有改变的话，就可以称他是孝子了。

东方人具有内敛的性格，心里有感想不愿意说出来，而是通过写诗画画来寄托自己的心情。在我们的文化中，很少听到家人之间说"我爱你"，而是将这份心意变成行动，"相敬如宾""举案齐眉""夫唱妇随"都是一种爱的体现。

孔子所处的时代更是如此。孩子要表示自己的孝心，就要听从长辈的教诲，甚至是拿自己的想法去交换父母的安心。这也是为什么孔子说"父在观其志"的原因。如今，西方的文化逐渐被我们接受，用语言表达出自己对父母的爱，也是表现孝心的一种行动。

孝顺父母，现在就去做，不要等父母都不在了而空留遗憾。父母照顾孩子尽心竭力，他们的青春就这样逝去了，青丝变成了白发，我们在年少时却不能完全理解父母的爱。等自己也为人父母，理解了父母的苦心时，父母已经牙齿稀疏、目光浑浊，没有精力感受我们的爱了。所以，孝敬父母要及早，不要等父母都不在了才想起要孝顺，那就已经为时已晚，只能空留遗憾。

不忘父母恩

近代余治写的《续神童诗》中写道："乌有反哺义，羊伸跪乳情。人如忘父母，不及畜生身。"意思是乌鸦长大后会衔食喂自己的母亲，羊羔在吃奶时跪在地上，就像感谢母亲的恩德，人如果不孝顺父母，那就连畜生都不如了。也就是说，人应该孝顺父母。

曾参，孔子的弟子，奉养父母十分孝顺，白居易曾把乌鸦比作是鸟中的曾参。

孔子说，看一个人是不是真的有学问，先要看这个人能否对父母尽孝，对兄弟姐妹、亲朋好友乃至陌生之人是否友爱，其次才是看他的谈吐学识。"人不孝其亲，不如禽与兽。"语句直白而深刻。

对于义乌，大家应该都不陌生，因为它现在是全球最大的小商品集散中心，关于它名字的由来，有这样一个感动人心的故事。

相传在先秦的时候，有一对颜姓父子，父亲叫颜凤，儿子叫颜乌，他们从山东一路南下避难，到达了今天的义乌境内，父子俩初来此地，无依无靠，就靠给一家财主做工为生，他们的住所更是简单，就是野外的一处山洞。虽然生活十分艰苦，但是颜乌对待父亲十分孝顺，夏天为父亲赶蚊子，冬天为父亲暖被窝，父子俩生活得也算和美。颜乌的孝行感动了乌鸦，在夏天的

曾参

时候，它们竟然还帮着吃蚊子，日子长了，严家父子也常常喂乌鸦一些粮食。

但是好景不长，颜凤因为劳苦过度，一病不起，颜乌十分忧心父亲的病情，但无力回天，在一个凌晨，颜凤去世了。颜乌日夜流泪不止，痛哭哀号父亲的仙逝，等到悲痛稍轻之后，他就开始用工具，后来索性用双手挖坑准备葬父，一直挖了几天几夜都没停息，直到双手血肉模糊，累晕过去。

这时候，成千上万只的乌鸦飞过来，每只乌鸦都衔着泥块，把泥块放在颜凤的身上，就这样，它们一趟趟地飞来飞去衔泥块帮助颜乌葬父，后来，乌鸦咀喙受伤了，一滴滴的血染在泥块上……终于，它们垒起一个坟堆，使颜凤得以安葬。

而颜乌呢，因为劳累、伤心过度，累晕之后竟然没能醒过来，乌鸦在颜凤坟的旁边又衔泥成坟葬了颜乌。

人们为了纪念这些乌鸦的义举和颜乌的孝心，就把这片地方叫作"乌伤"，后来，秦始皇在这里建县名"乌伤"，公元624年，乌伤、华川两县合并，定名义乌，一直沿用至今。

孝是一切道德和爱心的根源，是反哺的精神，是一个人为人处世的根

本，是做人的基本要求。其实，孝敬父母，不需要做出多伟大的事业。每天早晨，我们用一句关爱的话语、一个亲热的动作，或任何一个微小的进步，就可以表达我们对父母的爱与孝心。最重要的是，当父母需要我们的时候，我们一定要在他们视线可及的地方，让他们感受到我们对父母的爱，这也是反哺的精神。

我们已经习惯父母为我们所做的一切：一顿顿可口的饭菜；一次次关爱的叮咛；生病时不舍昼夜地守护……我们把它视为理所当然，但是我们是否可以换上一颗感恩的心呢？多多体贴我们的父母吧，等他们老了，我们也要像父母照顾我们一样照顾他们。

从前，有一棵巨大的果树。一个小男孩每天都喜欢在树下玩耍。他爬树，吃果子，靠在树下睡觉……他爱树，树也爱和他玩。

时间过得很快，小男孩长大了，他不愿意每天都来树下玩耍了。

一天，男孩来到树下，注视着树。

"来和我玩吧。"树说。

"我不再是孩子了，这里已经不好玩了。"孩子回答道，"我想要玩具，我需要钱去买玩具。"

"对不起，我没有钱……但是，你可以把我的果子摘下来，拿去卖掉，这样你就有钱了。"男孩很高兴，把所有的果子都摘下来，离开了。男孩摘了果子后很久都没有回来。树很伤心。

一天，男孩回来了，树很激动。

"来和我玩吧！"树说。

"我没时间玩，我得工作，养家糊口。我们需要一幢房子，你能帮助我吗？"

"对不起，我没有房子，但是你可以砍下我的树枝，拿去盖你的房子。"男孩把所有的树枝都砍下来，高兴地离开了。

看到男孩那么高兴，树非常欣慰。但是，男孩从此很久都没回来，树又一次陷入了孤独、伤心之中。

一个炎热的夏日，男孩终于回来了，树很欣喜。

"来和我玩吧！"树说。

"我不能和你玩。我现在过得不开心，我想去航海放松一下。你能给我一条船吗？"

"我没有船，但你可以用我的树干造你的船，你就能快乐地航行到遥远的地方了。"男孩把树干砍下来，做成了一条船。

他去航海了，又消失了很长很长时间。

最后，过了很多年，男孩终于回来了。

"对不起，孩子，我再也没有果子可以给你了……"树说。

"我已经没有牙咬果子了。"男孩回答道。

"我也没有树干让你爬了。"树说。

"我已经老得爬不动了。"男孩说。

"我真的不能再给你任何东西，除了我正在死去的树根。"树含着泪说。

"我现在累了，只想找个地方休息。"男孩回答道。

"太好了！老树根正是休息时最好的倚靠，来吧，来坐在我身边，休息一下吧！"

男孩坐下了，树很高兴，含着泪微笑着……

这是每个人的故事，树就是我们的父母。当我们年幼的时候，我们愿意和爸爸、妈妈玩。当长大成人，我们就离开了父母，只有我们需要一些东西或者遇到麻烦时，才会回来。不论怎样，父母总是支持我们，竭力给我们每一样能让我们高兴的东西。

你也许会想，男孩对树太残酷了，但是，那正是我们所有人对待父母的方式啊！

对于等待的人，时间过得太慢。对于恐惧的人，时间过得太快。对于悲伤的人，时间总是太长，对于享受的人，时间总是太短……但是，对于那些在爱的人，时间却是永恒的。父母的一生都在为我们默默地做着贡献，我们要明白，已经到了我们回报父母的时候了啊。

不要把老人遗忘在家里

三口之家的生活是现代社会的一种典型，因为工作，因为生活，子女们不得不远行，空巢老人就越来越多，老人们只能在思念子女的无奈中度过余生。

有两位退休的老教师，经常一起在公园里散步，熟悉他们的人都知道，他们的女儿移居美国，已经五年没回来了。说起女儿，老两口眉宇间有骄傲，但更多的是落寞。

老先生说："远在天边的亲情形同虚设，我有时真的宁愿女儿不搞那些科研，有个平常的工作，那样我们会幸福得多。"平时看到别家老小团聚，其乐融融，他和老伴儿常常忍不住偷偷流泪，特别渴望亲情。

每当收到孩子们寄回的礼物，老伴儿开心至极，甚至会在朋友中"炫耀"一番。他说：老伴这样的"炫耀"，其实是想念孩子。

如今，中国正在步入老龄化社会，像他们这样的老人会越来越多，据全国老龄工作委员会发布的《中国城乡老年人口状况追踪调查》透露，到2006 年底，我国 60 岁及以上老年人口数为 1.49 亿人，占总人口比重的 11.3%，近年来，"空巢"老人家庭比例显著增加，城市地区中，49.7% 的老人独自居住。几年过去了，这个数据还在上升，情况越来越严重。

随着社会保障机制的健全，"空巢"老人虽然衣食无忧，但内心的孤独和对亲情的渴望更甚。离家不太远的孩子常回家看看，会增加父母的幸福感，有利于老人的心理和生理健康。

找点空闲，找点时间，

领着孩子，常回家看看；

带上笑容，带上祝愿，

陪同爱人，常回家看看；

妈妈准备了一些唠叨，爸爸张罗了一桌好饭；

生活的烦恼跟妈妈说说，工作的事情向爸爸谈谈；

……

《常回家看看》，这首曾红遍大江南北、耳熟能详的歌曲，代表了千千万万父母的心声。当这首歌响起的时候，是否勾起了你对父母的思念？也许你非常希望能经常回家看看父母，陪他们聊聊天，可是因为工作的繁忙，一次次地推迟了回家的计划。不知你与父母有没有过类似的对话：

一、假期临近时

妈妈试探性地问："放假回来吗？"看似不经意却充满了期盼。

"事情太多了，恐怕回不去了。"你一边看着工作材料，一边听着电话。

"哦，"电话那一头沉默了一会儿，"不回来也好，路上这么累，要注意身体，天气冷了，多穿点衣服……"

"好了，我知道了，我又不是小孩子了，我现在很忙，先挂了，有空给你们打过去。"等着开会的你匆匆挂断了电话。留给电话那头妈妈的只有失望。

二、准备回家时

忙里偷闲打电话给家里："爸爸，我准备五一回家。"

"哦，好啊，你妈妈刚才还在念叨你呢。"爸爸一贯平静的声音中略带激动地说。

"嗯，家里需要买什么东西吗？"

"什么都不用买，家里什么都有，你那的东西都太贵，别乱花钱，人回来就行了。"爸爸说。

"哦，那行吧。"然后你就按着自己的想法去买了一些东西。

其实，父母并不希望你带多么贵重的礼物，也不希望你多么风光地回家，他们就希望你能常回家来，让他们看看你是瘦了还是胖了，然后为你做几顿可口的家乡饭菜。然而，很多时候父母连这么一点简单的愿望都实现不了。

有人说："天下最不能等待的事情，莫过于孝敬父母。"是的，父母一天天变老了，在外奔波的子女，可别忘了常回家看看自己的父母。毕竟，孝敬并非一定需要多少金钱，在力所能及的范围，做子女的能时时牵挂着他们也许就是父母最大的希望。常回家看看，哪怕听听父母前言不搭后语的唠叨；饭后，给老两口端杯热茶；阳光灿烂的日子，陪他们出门散散心，和邻居聊聊天，也许做父母的就已经十分开心了。

子欲养而亲不在，千万不要让这种遗憾发生在你的身上。人生需要关怀，"常回家看看"就是关怀和爱！这无疑是一种人生的修养，一种敬老的美德。常回家看看，让年迈的父母感受你的赤子情怀。

一次，一个小镇上的一位古稀老人过生日，当地的记者也来向这位寿星祝贺，并对他进行了采访。在采访中，老人说道："我是这儿最富有的人。"

不久，这句话传到了镇上的税务稽查人员那儿。稽查员马上登门拜访他，开门见山地问："你自称是这里最富有的人，是吗？"

那位老人毫不犹豫地点了点头："是的，我确实这样说过。"

稽查员一听，马上从公文包里拿出笔和登记簿，继续问道："既然如此，那你一定有很多企业了，如果你是大企业的老板，纳税可是公民的义务，可是我看你没有企业所应该交纳的税，能具体说一说你的财富吗？"

老人兴奋地说道："第一项财富是我身体健康，别看我已经70多岁了，但我能吃能走，身体可不输给你喔！"

稽查员有些吃惊，但仍然耐心地问："但你还有其他财富吗？"

"除此之外，我还有一个贤惠温柔的妻子，我们生活在一起将近60年了。另外我最大的财富，就是我还有好几个聪明孝顺的孩子，这儿的所有人看了都很羡慕，这不也是财富吗？"

稽查员打断他，单刀直入地问："你没有银行存款或任何有价证券吗？"

老人十分干脆地回答："没有。"

稽查员问："你没有其他不动产吗？"

他得到的仍然是老人诚恳的回答："没有，除了刚才我说的那些财富，其他我什么也没有。"

稽查员收起登记簿，肃然起敬："老人家，确实如你所言，你是我们这个镇上最富有的人。而且，你的财富谁也拿不走。"

老人的财富就是一家人开开心心地过日子，有这样的生活足矣！这是任何人都比不了的财富。然而当代社会像老人这样的温馨生活是很少见了。

现在的年轻人，由于工作时间长，往往把老人遗忘在家里，还有一种情况是，现在的年轻人排斥与老人同住，因为他们认为这样会没有一个自己独立生活的空间，然而孝顺不是给老人钱就行了，还需要在床前行孝。所以，我们应该多陪陪老人，让父母也能成为最富有的人。

孝行比说孝更重要

思想家、教育家孔子总是劝告弟子们对父母尽孝，作为子女，一定要抽出时间，多陪陪父母，不要等到想要孝敬时，父母却已经亡故而让自己空留遗憾，对于"孝"这个字，孝行比说孝更加重要。

《三字经》中有"香九龄，能温席"一句，说的是东汉时一个人名叫黄香的孩子，很小的时候就知道亲近、孝顺父母。在他九岁时，母亲去世了，父亲一人养育他。他深知父亲的辛苦，对父亲倍加孝顺，一切家务活都由他一个人承担。别的小孩子在玩耍时，他在家里劈柴做饭，好让父亲有更多的时间休息。

夏天的时候，天气炎热，黄香的父亲干完活，坐在院子里乘凉。黄香就用扇子把床扇凉，然后伺候父亲上床就寝。冬天，天寒地冻，他先用自己的身体把被窝暖热，才让父亲躺下睡觉。日久天长，黄香对父亲的孝道深得乡邻的称赞。

在黄香十二岁时，江夏的太守称他为"至孝"，汉和帝也曾嘉奖过他。

长大后，人们推举黄香当地方官。黄香担任太守时，体恤百姓们的疾苦，爱护子民，为百姓谋利。有一次，黄香出任太守的地区遭受了特大水灾，他毫不犹豫地拿出自己历年的俸禄，赈济受灾的百姓；同时上奏皇帝，请求减免百姓当年的税务。百姓们都十分爱戴这位爱民如子的好官。在当时流行着这样的一句话："天下无双，江夏黄香。"

有句古语说得好："百善孝为先。"意思是说，孝敬父母是各种美好品德中最为重要的品德。人生在这个世界，长在这个世界，都源于父母。父母给了我们生命，哺育我们成长。因此，孝敬父母，尊敬长辈，是做人的本分，也是各种品德形成的前提。

快过年了，小李忙着给家里买过年的东西，因为春节过节买火车票难，所以他们决定一家三口在城市里过，不回老家了，小李想想，自己已经几年没有回家了。

正在这时，"丁零零——"响起了一阵电话铃声，小李拿起话筒，这时电话里有一个老人的声音："快过年了，还好吧？"他一听这声，一定是妈妈打来的，就回了句："现在都挺好，只是过年忙了一些，您老还好吗？""我很好，你不用担心。"可是，小李听着听着，又不太像妈妈的声音，小李正疑惑，电话那头却开始说个不停，"你说年三十回来的，怎么又不回来啦？别人家老老少少都等着高高兴兴地庆团圆，而我和你爸却只有孤灯伴双影……"电话里的声音有些哽咽。

这时小李感觉不对，下意识地看了一下显示屏，这是一个陌生的电话号。他确定电话那头的老人是打错电话了。可是，听着老人的无奈，小李仿佛见到了一对风烛残年的老人翘首盼儿回家团圆的希望破灭后，那种孤寂失落的冷清情景。

于是，小李不忍心再告诉她是打错了电话。他对着话筒说："妈妈，您别难过，儿子是会回来看你们的。你们自己要多保重。您放心，您马上会看到我的。"

"哎，我们会知道照顾自己的，倒是你们常年在外，自己混生活很不容易，处处要多小心。天气冷，要注意保暖。你的孩子今年长高了吧？现在小伙子是不是很可爱啊！我都好久没看到他了。"听着电话那头"老人"的唠叨，小李的眼眶有些湿润。放下电话后，小李想起了自己的父母。

小李的父母也都七十多岁了，退休后一直住在乡下老家。平时，小李的一家在城里忙，每天工作、生活、照顾孩子，也难得回家一次。有时回去一次，老人高兴得就像过节似的。

这时，小李就决定，今年过年一定要回家去，所以他们买了回家的票，回去过年了。

两个月过去了。这天，小李突然想起了那个打错电话的老人，所以下意识地拨了过去。接电话的是一位男子，他听明白了小李的意思后，沉默了好一会儿，突然抽泣起来。原来他就是那位母亲的儿子，他的母亲因心脏病发作去世了，他是赶回家办理丧事的。

电话里，他难过地告诉小李："我在城里经营着一家超市，原本打算回家过节的，可是那几天生意特别好，因为忙，所以未能回来。谁知道妈妈就这样走了……想起来，我好悔恨呀！"

有一个旅行者在沙漠看到这样的一幕：

无人区里有一只母骆驼带着几只小骆驼一路低着头，不时地停下来闻着干燥的沙子。按照常识，旅行者知道这是骆驼在找水喝。

它们显然渴坏了，几只小骆驼无精打采地走着。在太阳的炙烤下，它们的眼睛血红血红的，看起来有些支撑不住了。

旅行者还发现，小骆驼们紧紧地挨着骆驼妈妈，而母骆驼总是根据不同的方向驱赶孩子们走在她的阴影里。

终于，它们来到一个半月形的泉边停住了。几只小骆驼兴奋异常，打着响鼻。

可是，泉水离地面太远了，站在高处的几只小骆驼不论怎么努力，也无法把嘴凑到泉水边上去。

惊人的一幕发生了。骆驼妈妈围着她的孩子们转了几圈，突然纵身跃入深潭……水终于涨高了，刚好能让小骆驼们喝着。

老人们为子女含辛茹苦一辈子，甚至为孩子牺牲生命也在所不惜。可是，做子女的心中又能有多少老人的位置？

当你在外面玩疯了、忘记时间时，母亲一直站在门口等你回去；当你闹别扭不吃饭，母亲热了又热，只怕饿坏了你；当你过生日邀请同学来家里的时候，母亲忙前忙后，准备了丰盛的饮食，只为了让你与同学玩得开心……你平安、快乐，便是她最大的幸福。

人的一生中，事情总忙不完，但亲情的报答机会是有限的，因此，我们一定要时时刻刻记挂着报答父母，不给自己留下遗憾。

孝子李密与《陈情表》

李密是一个大孝子，他写的陈情表让无数人景仰，这种景仰缘于他是一个孝子。

李密（公元 224—287 年），字令伯，晋初散文家。父早亡，母改嫁，由祖母刘氏抚养成人。年轻时曾任蜀汉尚书郎，多次出使东吴，很有才能。蜀亡国后，一直在家奉养祖母，政府多次让他当官，他都没有答应，是出了名的孝子。司马炎建立晋朝，征召他为太子洗马，官府上下都催他尽快上任，这时候，李密以祖母"供养无主"为由，写了此表。

《陈情表》全文的意思是：

我因为命运不好，幼年时就遭到不幸。生下来只有六个月，父亲就去世了；长到四岁的时候，舅父强迫我的母亲改嫁。祖母刘氏怜惜我孤单弱小，亲自加以抚养。我小时候经常生病，九岁还不能走路，孤独无靠，直到长大成人。既没有叔叔伯伯，也没有哥哥弟弟，门庭衰微没有福泽，很晚才得到儿子。外面没有比较亲近的亲戚，家里没有照管门户的僮仆。孤单无靠地独立生活，只有和自己的影子相互做伴。而祖母刘氏很早就为疾病所纠缠，经常卧病在床，我侍奉饮食医药，从来没有离开过她。

到了晋朝建立，我沐浴在清明政治的教化之中。前些时候太守逵推举我为孝廉，后来刺史荣又推举我为秀才。我因为没有人能照料祖母，就辞谢掉了，没有遵命。朝廷又特地颁下诏书，任命我为郎中，不久又受国家恩命，任命我为洗马。以我这样卑微低贱的人去侍奉太子，这实在不是我杀身捐躯所能够报答朝廷的。我将以上苦衷上表报告，加以辞谢不去就职。但是诏书急切严峻，责备我回避怠慢；郡县长官催促我立刻上路；州官登门督促，比星火还要急。我很想奉命为国奔走效力，但是祖母刘氏的疾病一天比一天严重，想姑且迁就自己的私情，但是报告申诉又得不到准许。我现在是进退两难，处境狼狈不堪。

我想圣朝是以孝道来治理天下的，凡是故旧老人，尚且受到怜惜抚育，何况我的孤苦尤其严重呢。再说我年轻的时候曾经做过蜀汉的郎官，本来希望能够得到更为显达的官职，并不自以为清高。我现在是卑贱的亡国之俘，实在微不足道，承蒙得到提拔，而且恩命十分优厚，怎敢徘徊观望而有什么另外的企求呢！只因为祖母刘氏已是像太阳将要下山的人，生命不可能维持太长的时间，已经处于朝不保夕的境地。我如果没有祖母抚养，就不可能活到今天，如果祖母没有我的照顾，也不能够安度她的晚年，我们祖孙二人，相依为命，正是由于这种出自内心的感情使我不能弃养而远离。我今年四十四岁，祖母刘氏今年九十六岁，因此我效忠于陛下的日子还很长，而报答祖母刘氏的日子已很短了，我怀着像乌鸦反哺一样的私情，希望能够准许我对祖母养老送终的请求。

我的苦衷，不仅蜀地的人和益州、梁州的长官所亲眼目睹，连天地神明也都看得到，祈望陛下能怜惜我愚昧至诚的心意，同意我这点微小的愿望，使祖母刘氏能够侥幸保全她的余年。我活着愿意献出生命，死后愿意结草来报答陛下的恩惠。我怀着像牛马一样不胜恐惧的心情，谨此上表禀告。

《陈情表》辞语恳切，委婉动人。表到朝廷，晋武帝看了，为李密对祖母刘氏的一片孝心所感动，赞叹李密"不空有名也"。不仅同意暂不赴诏，还嘉奖他孝敬长辈的诚心，赏赐奴婢二人，并指令所在郡县发给他赡养祖母的费用。《陈情表》以侍亲孝顺之心感人肺腑，千百年来一直被人们广为传诵，影响深远。

李密

这篇表之所以成为千古传诵的名篇，就是因为它字里行间闪耀着中华民族几千年最宝贵的美德之一——"孝"。李密从小靠祖母刘氏抚养成人，故待刘十分孝顺。所以《晋书孝友传》将他名列首位，誉之"以孝瑾闻"。他身体力行做到了孝，他的文章中每一个字都发自肺腑，情深理切，动人心弦，催人泪下。

为父母多做点事

清晨树叶上的露珠是那么饱满晶莹，在阳光下格外美丽，那是因为经过了一夜的酝酿，这就如同我们，想要聪明茁壮地成长，一定离不开父母辛劳无私的付出。所以，为了回报父母的爱，我们应该多为爸爸妈妈做些事，从力所能及的小事做起，来表达我们的这一份孝心。

在家里，杨柯是个很懂事的孩子，爸爸妈妈非常疼爱他。为了让他生活得更好，满足他的生活和学习需要，爸爸妈妈每天都努力地工作，晚上下班回来还要拖着疲惫的身体干这干那，每天一直要忙到很晚才睡觉。

杨柯看在眼里，疼在心里。所以他学习也比以前勤奋、刻苦了，一天晚上，杨柯早早地写完作业后，看见妈妈还在忙碌着，自己想帮忙，但不知道能做什么，所以就早早地上床睡觉了。

大约又过了一个星期，这天杨柯写完作业又上床睡觉了，半夜，突然被一阵咳嗽声惊醒了，他睁开眼睛起来一看，已经12点多了，原来妈妈还没睡觉，她正在卫生间替自己洗衣服呢。

杨柯披上衣服来到妈妈身旁，对妈妈说："妈妈，你看，我都这么高了，我已经长大了，是个男子汉了，以后你就让我帮你干点活儿吧！我要帮助爸爸妈妈做更多的家务！"

妈妈听了杨柯的话，眼睛顿时湿润了，她把杨柯紧紧地搂在怀里，泪水止不住流了下来。

妈妈心疼地说："我的好儿子，你确实长大了，也懂事了，快！别冻着，赶快回去睡觉吧，妈妈一会儿就洗好了！"

从此以后，杨柯就成了妈妈的小帮手，他做事又快又好，还真帮妈妈做了不少家务活，得到了爸爸妈妈的肯定和夸奖。

杨柯也通过帮爸爸妈妈做家务，了解了很多的生活常识，明白了很多以前不明白的事情，同时很好地锻炼了自己的自理能力……

做家务劳动既不会浪费你的时间，也不会影响你的生活，所以多做一些力所能及的事，在劳动实践中能增强我们的独立意识，树立自信心，促使我们的身心健康发展，更能帮助父母减轻一些负担。

现代社会，多数的家庭都是独生子女，父母宠爱孩子还来不及，更何况让他们去做家务呢？但是孩子从小就要有为父母做事的良好习惯，这样他长大了，才会孝顺父母，真正地为父母排忧解难。

而作为子女，父母给了我们太多的爱，有些爱是无以回报的，我们能做的就是点点滴滴地回报，从小就要养成自己动手帮助父母的习惯，为父母做点事，他们感到无比温暖的同时，自己也会感到幸福。

六年级三班的班会课上，静悄悄的。

大家目不转睛地盯着幻灯片：

"我的小祖宗，赶快吃菜啦！"爸爸端着碗，追着满屋子跑的你。

"宝宝，把脚给妈妈。"妈妈先试了试水温，然后仔细地洗着你的脚。

"囡囡，今天的舞蹈课老师表扬你了吗？"为了陪你，寒风中妈妈已经在舞蹈中心的门口站了整整两个小时……

一行字幕出来：你是否记得你的小时候也曾有这样的情景？

画面继续：孩子长大了，但父母还是忙得团团转，不是洗衣做饭，就是四处奔波选学校、选兴趣班、选参考书，还有带孩子去公园、游乐场、风景旅游胜地……

放映结束了，和蔼的王老师静静地看着同学们。

好一会，王老师才缓缓地说："同学们，我们生活中的点点滴滴的成长都离不开爸爸妈妈，没有他们的辛勤付出，就没有我们的今天，但是，我们为他们都做过什么呢？想想看，你又可以为他们做什么呢？"

"我不高兴的时候会向爸爸妈妈发脾气，真不懂事……"

"妈妈让我帮她洗菜的时候我在看电视，我不乐意，我错了……"

"我们吃水果和蛋糕的时候，可以把大的留给爸爸妈妈，小的留给自己……"

"我们可以帮助他们做饭买东西……"

教室里讨论的声音越来越热烈，同学们纷纷地说出了自己的想法，并决定要为爸爸妈妈做事，看着一张张激动的小脸，王老师无比欣慰地笑了。

我们每个人都可以为父母做点事情。哪怕是小小的事情，他们也会欣慰的。没事的时候，主动承担一定的家务劳动，并把这看作是自己分内的事。小孩子尚且可以主动地去做力所能及的家务劳动，如洗碗、扫地、擦桌子，成年之后的我们，更是可以与家人面对困难，一起排忧解难。

父母对子女的爱浓烈无私，源自天性。而子女对父母的爱却是一个需要不断培养、不断锤炼的过程，这种爱显然又无比重要，因为它是一个人道德的基础，一个人都不爱自己的父母，更遑论爱他人。所以，培养出不孝敬父母的孩子，做父母的首先应该反思，而培养一个孝敬父母的孩子，不光是为人父母者的福利，更是一种责任和义务。

其实，今天，对我们来说，孝敬父母，回报父母，不必要做一番惊天动地的事情。我们只要在平时多注意从身边小事做起，从一点一滴做起，就完全可以尽到我们对父母的孝敬之心。

六、尽孝道，就要尊敬父母

孔子在《论语·为政》中说："今之孝者，是谓能养。至于犬马，皆能有养。不敬，何以别乎？"孔子在这里以犬马做比喻，是说如果子女奉养父母就像犬马服侍人一样，只是完成任务，而没有尊敬之心，那跟犬马又有什么差别呢？所以我们要孝敬父母，就要尊敬父母。

《弟子规》对如何尊敬父母有较为详细的规定："父母呼，应勿缓；父母命，行勿懒；父母教，须敬听；父母责，须顺承。"意思是：父母呼唤，要马上回应；父母叫你做事，要立马去做；父母教导，要听进去；父母责备，要坦白承认。

对父母要有尊敬之心

孔子在《论语·为政》中说："今之孝者，是谓能养。至于犬马，皆能有养。不敬，何以别乎？"孔子在这里以犬马做比喻，是说如果子女奉养父母就像犬马服侍人一样，只是完成任务，而没有尊敬之心，那跟犬马又有什么差别呢？所以我们要孝敬父母，就要尊敬父母。

《弟子规》对如何尊敬父母有较为详细的规定："父母呼，应勿缓；父母命，行勿懒；父母教，须敬听；父母责，须顺承。"意思是：父母呼唤，要马上回应；父母叫你做事，要立马去做；父母教导，要听进去；父母责备，要坦白承认。

某中学曾做过一项名为"你最尊敬的人是谁"的抽样调查，请学生在调查问卷上写下三个自己最尊敬的人。结果出乎老师们的意料。有65%的学生选择了伟人和港台明星作为最尊敬的人，其中周杰伦、S. H. E等港台歌星人气特别旺。而每天和他们朝夕相处的父母却只有35%左右的支持率。很多孩子根本就没有把父母列入最尊敬的人的前三名中。

一名学生家长得知孩子没有选择他为尊敬对象后，非常伤心："平时我在孩子面前很注意形象的，我一直以为我在他心中很有威信，哪晓得，他根本就不尊敬我！"

很多家长也反映，自己的孩子不尊敬长辈，不孝顺父母，任性妄为，反叛，甚至辱骂长辈，和长辈动手打架。

小毅是在父亲43岁那年来到人世间的，对此小毅父亲很是高兴。说起儿子小毅的童年，小毅父亲也是满脸欣慰。"儿子小时候活泼、聪明、帅气。"小毅父亲说，在其他孩子还不识字时，小毅就认得好几百个汉字。后来上学，儿子的成绩一直名列前茅。

"我记得，上小学时，小毅所写的散文就在当地日报上发表。"小毅父亲介绍，不仅如此，儿子小时候还爱好乒乓球、足球等体育运动，算是个德智体美劳全面发展的好孩子。

在邻居的眼中，小毅小时候的确是个品学兼优的好孩子，不仅成绩好，待人也很有礼貌。

但小毅上初二时，一切都改变了。在初二期末考试时，小毅无故缺考，随后便表示不再读书。无奈之下，父母与小毅商讨后，决定将小毅转到凤凰中学上学，不料，准备报到时，小毅因一个"文具盒不合心意"毅然决定不去念书。

"不能眼睁睁看着孩子不读书了。"小毅父亲说，于是他把小毅带到其他中学，希望重头来过，但也无济于事。在这期间，小毅的脾气变得很暴躁，经常对父母和周围人发脾气，甚至因一点小事打断了别人的三根肋骨！

小毅仗着父母从小对他的溺爱纵容，真把自己当成了"小皇帝"，想要什么，就硬逼着父母买给他。稍有不顺心，就破口大骂，有时候不顺着他，他甚至拳打脚踢。

有一次，一帮朋友到家里庆祝他的生日，他觉得父母在家里碍手碍脚的，就把父母赶出去，一天一夜不能回来，好让他和朋友们闹个通宵。小毅的父亲现在对他很绝望，见到人就摇着头，一边流泪一边叹气说："哎，这孩子，我是当作没有了，养他还不如养头猪，卖了还能赚钱呀！"

"哎呀！真是太不懂得尊敬自己的父母了，生出这样的小孩，简直是造孽呀！"周围的邻居都这么指责小毅。

生自己的是父母，养自己的是父母，对自己付出最多的还是父母。不讲孝道，不敬父母，又怎为人！

有的人常常将父母的爱视为理所当然，因此经常将父母使唤来使唤去，完全不顾及父母的感受。如："喂，老妈，我的语文书忘带了，你给我把语文书送来，一点钟前必须送到。"很多人在和父母沟通的时候总是以一种高高在上的态度、命令的口吻与父母说话，连最起码的讲文明有礼貌都没做到，又怎么会让父母为他感到自豪，又怎么谈得上孝敬父母呢？

还有些青少年因为爱面子，对自己从事体力劳动的父母很是看不起，也羞于跟自己的同学说起父母的职业。

达维的父亲是一位美国的蓝领工人。一天。当这位父亲走过院子的时候，发现他最小的儿子达维正和他的小伙伴们说话，他静静地停下脚步，在门的遮掩下偷听起来。其他孩子正在夸耀他们爸爸的身份和地位，诸如他们都是工程师、老板、律师之类……

"你父亲是做什么的？"其他的孩子问达维。"他是个与工作做斗争的人。"达维的声音很小，显然回答得很不自然。当时，达维的妈妈也在厨房，细心的妈妈一直等到其他孩子走后，才把达维叫回屋里来。

她说道："我有事情要告诉你，儿子。你说你父亲是个与工作做斗争的人，你说得对。但我怀疑你能否真正理解那其中的含义，下面听我向你解释：在所有的单位里，普通人的努力使我们的国家更强大；在所有的行业里，繁重的工作使我们每天竭尽全力。正是普通的、与工作做斗争的人来完成伟大的事业！

"当你看到一座新房子建起来的时候，虽然那些老板和工程师坐在优雅的办公室和整洁的环境中，就可以完成自己的工作，但是把他们的梦想变成现实的，正是那些普通的、与工作做斗争的人！而当老板和工程师们离开他们的办公桌时，单位仍能够高效率运转。如果像你爸爸那样的人一天不上班，工厂就运转不起来了。正是普通的、与工作做斗争的人在完成伟大的工作！"

听到这里，达维爸爸的两眼变得朦胧，喉咙不禁有些哽咽，他走过去，双眼望着妻子，眼中充满感激。当他跨过门槛的时候，达维立即从地板上跳起来，眼里放出了自豪的光芒。达维拥抱着爸爸说："我为您感到自豪，爸爸，因为您正从事着伟大的事业。"

有句话说："狗不嫌家贫，儿不嫌母丑。"一个连自己的父母都不尊敬的人，他本身也就不值得尊敬。

父母是养育我们的人，他们在照料我们时总是尽心尽力，无怨无悔，可以说父母的恩情一辈子都还不完。有句话说："孝敬父母不能等待。"虽然对于青少年来说，我们没有能力从物质上孝敬自己的父母，但是我们可以在生活中用自己的行动来尊敬自己的父母，让父母感到宽慰未尝不是一种孝敬。

由此可见，尊敬自己的父母是一种让父母高兴和欣慰的行为，也是一种孝顺的行为。要孝顺父母，我们青少年对父母就要有尊敬之心。

要尊敬自己的父母，就要做到以下几点：

第一，听父母说话要专心，父母招呼要立刻答应。

第二，对父母说话要恭敬，要听从父母的正确管教。

第三，在家外的情况要常对父母汇报，不要隐瞒。

第四，需要父母帮忙时，要说"请"，得到父母帮助后，要表示谢意。

第五，回到家里，一进家门，看到父母在家，要说"爸爸妈妈好，我回来了"。

第六，要去哪里，先和父母讲，出去之前要说"爸爸妈妈，我出去了，再见"。

第七，父母煮好菜，端上桌，要懂得说"您辛苦了"；

用餐时，有我们自己喜欢吃的菜，不能霸占着自己吃；

让父母先动筷子吃，自己再接着吃。

第八，不要以自我为中心，想干什么就干什么；

懂得控制自己的欲望，不能哭闹着逼父母给自己买东西。

对父母的意见要尊重

每个人都有被尊重的需要，根据马斯洛的需要层次理论，被尊重的需要是人类较高层次的需要。一旦这种需要无法获得满足，人类就会产生沮丧、失落等负面情绪。

父母也是如此，他们也有被尊重的需要。一般而言，如果孩子对自己的意见能够听取，他们就会觉得自己受到了尊重。因此，要孝敬自己的父母，就要尊重自己父母的意见。

从初中到高中这个阶段，是青少年最懵懂的时期。在很多事情上他们都是似懂非懂，可偏偏喜欢装得什么都懂似的。所以，他们老是喜欢跟别人唱反调，尤其是父母。大人觉得应该这样，他们就偏要那样。他们总觉得，按大人的方法做，就很受委屈，很不甘心。

如：有些孩子在父母面前十分任性，他们脾气很大，一旦自己的一些要求得不到满足，就向父母和他人发火，甚至闹个不停，不达目的不罢休；有些孩子倔头倔脑、软硬不吃，对父母的要求和意见几乎是充耳不闻；还有些孩子在家里或学校里，明明自己有过失，却对老师、家长的批评置若罔闻，甚至"横眉冷对"，摆出一副唱对台戏的架势。

可以说，孩子不听话是目前父母们在家庭教育中普遍感到头疼的问题，面对执拗、对抗的孩子，一些父母无所适从，不知如何是好，少数父母用惩罚来对付孩子，而结果却事与愿违——面对父母的惩罚，孩子又"变本加厉"，变得更加不听话。

的确，目前的孩子绝大多数都是独生子女，生活条件一般比较优越，父母对孩子的要求总是尽量满足。一些孩子主观性强，想怎么做就怎么做，不管事情对错，都要别人迁就才肯罢休，否则就顶撞父母。

一个15岁的男生，从小没有养成做家务的习惯，自我管理能力也比较差。上初中以后，父母认为孩子应该帮家里做一些事情，但孩子却不会做，因而责备增多，有时打骂。到了初二期末考试时，孩子三门功课不及格，他认为自己成绩不佳是父母造成的，从此表现出对父母的强烈反感情绪，尤其是对父亲。

他不让父亲进他的房间，不许父亲动自己的东西，动辄就发火、骂人、毁物。一天，他用旧报纸在厕所里点火，母亲劝阻他，他就和母亲大吵起来，扬言要改名，单立户口，自己独立生活。

我们要知道，从嗷嗷待哺的婴儿到长大成人，父母在我们的身上花费了一辈子的精力，他们是真正关心我们的人，不虚伪，不造作，所以他们的意见是充满感情的。

虽然很多青少年希望自己拿主意，或按照自己的意愿行事，并且认为对父母言听计从，父母要他们学什么他们就学什么，是毫无主见的表现，但是人生不是什么事情都可以凭一己之力解决的，有时候我们需要多听听别人的意见，看看别人的主意。并且青少年尚未成年，缺少社会生活经验，许多事情需要听从父母的意见和教导。

常言说"不听老人言，吃亏在眼前"，父母的人生经验毕竟比较丰富，他们的意见都是有一定道理的。"父母之爱子女，则为之计深远。"多听听父母的意见，对青少年来说只有好处，没有坏处。

另外，父母也总是有维护自己权威的心理。虽然他们并不见得在生活中表现出来，在孩子面前都是有求必应的样子，但是他们的心中都期望孩子能遵守自己的意愿和听取自己的建议，希望自己的孩子是一个听话孝顺的孩子。

小兰是一个听话的孩子，父母说的话她基本上都会遵从。一次，她看中了一个玩具，但是爸爸觉得这个玩具不适合女孩子，她便不坚持买了。

另外，父母曾告诫她不要拿家里的零用钱。即便家里的所有抽屉都没有上锁，她可以翻看任何东西，也可以随便拿到钱，但她从没乱拿过家里一分钱。因而父母对她很是放心，认为她很懂事孝顺。

不过，并不是所有孩子都跟小兰一样，当一些孩子与父母意见不一致时，他们往往希望父母能够站在他们的立场上思考问题，尊重他们的意见。如果他们是对的，父母尊重他们的意见无可厚非，但重要的是，有些事明明不能尝试，他们却还要坚持去做，这就难免会让关心他们的父母伤心。

如果我们青少年在考虑问题时，只以自己的感受为前提，从不顾及家长心里怎么想，长此以往，就很容易养成事事以自我为中心的不良性格，即把只考虑自己想法、不顾及他人感受的思维方式逐渐定格为一种习惯。这样，对我们的健康成长和发展都是非常有害的。

那么，对于青少年来说，我们在面对父母的意见时该如何做呢？下面几个做法可以借鉴：

第一，虚心听取父母的教导，并认真按父母的教导去做。

第二，不逃避自己的责任，不为自己的过错狡辩。

第三，批评时不顶撞，不任性。

第四，和父母有分歧时，要心平气和，不要以自我为中心。

第五，提出要求时，父母没答应，不要横、任性。

说话要照顾父母的感受

孝的根基是亲情，儿孙满堂、含饴弄孙、家庭和睦始终是中国人理想中美满人生的重要部分。孝最重要的价值是让我们体会到代与代之间感恩反哺的道德美感，也为生命提供了一种终极价值。

孔子曾说，孝的根本在于礼敬。也就是说，通过礼敬满足父母的心理需要，是很重要的。就像《礼记·祭义》上说的："孝子之有深爱者必有和气，有和气者必有愉色，有愉色者必有婉容"。也就是说，孝敬父母，必须对父母和颜悦色，让父母感到愉悦。

因此，如果子女说话做事能照顾父母的感受，让父母不对子女的行为感到愤怒和失望，也是一种孝敬父母的表现。

但也许因为是一家人吧，很多青少年与父母说话时，往往不注意他们的承受能力和情绪，不假思索、毫无顾忌地说出一些不该说出的话，以致伤了父母的心。

在生活中，我们时常听到一些青少年这么对自己的父母说话：

当父母对他做某件事持不同态度或指出他不该这么做时，他就会生气地对父母说："不用你管我！"父母本来好心好意，但是，他这么一句不假思索的话，却让父母难以接受。

如果我们注意一点，这么说："现在，我已经成人了，让我自己来处理吧。"父母也会尊重我们的意见，而不会对我们指手画脚和继续唠叨了，同时父母的心里也会舒服。

当父母好心好意地为他帮忙，但是因为某些原因而出了点差错时，他觉得不满意，于是就会责怪地对父母说："看看你们干的事！"父母本来忙东忙西很是辛苦，不料不但没得到理解，反而讨了没趣，心里难免觉得憋屈。

如果我们这么说："爸妈辛苦了。这么点问题不碍事。"父母多少会觉得很宽慰。

当父母对他说，这个月花了很多钱，要节俭一点时，他不体谅父母希望他学会过日子的想法，反而认为父母小气，于是他就无情地说一句："我会还你们的。"俗话说养儿防老，自己的孩子还没成家就跟自己分你们和我，父母心里肯定会难过。

如果我们对父母这么说："我会注意的。"父母一定会为我们的体谅感到高兴。

当父母为了他东奔西跑，尽心尽力但还是无能为力的时候，他不但对父母的辛劳视而不见，而且为此大为光火，埋怨地对父母说："你们真没有用！"对于奉儿女的话为圣旨的父母来说，这句话一出口，不亚于抽了父母一个耳光。

如果我们这么说："谢谢爸妈，我知道你们尽力了。"父母本来就很内疚的心才会得到安慰。

当父母让他去做某事而他不情愿的时候，父母催促再三，他就倔强地对父母说："就不！"这么一句斩钉截铁的话，顿时把父母气得目瞪口呆，哑口无言，但又无可奈何。

如果我们这么说："我现在正有事，等会儿再做好吗？"我们也就不会给父母添堵了。

当父母一遍遍提醒他注意安全、注意保暖时，他却很不耐烦地对父母说："哎呀，知道了，烦不烦呀！"其实，这些啰唆正是儿女出行的镇静剂，父母在家的定心丸，是儿女最大的幸福。父母的一片好心被他当作驴肝肺，心中自然不悦。

如果我们能简单地回应一句："放心吧"。父母那颗不安的心便可得到安抚。

父母毕竟是上一辈的人，他们大多数的确与自己的儿女合不上拍，但千万不要和父母这样说话，伤了父母的心。其实，只要多些理解，多些耐心，多些沟通，三思而言，父母就会感到踏实、安心，这也是一种孝敬父母的行为。

有一个孩子，名叫同同，平时待人礼貌热情，总是大方地打招呼，在学校里也很尊敬老师，深受老师和周围邻居的喜爱。

但在家中，同同就是不尊敬他的爸爸，经常对爸爸呵斥有加，有时还说"我不需要你""你走吧""讨厌""你走就走，这么啰唆干吗"等话语。放学了，爸爸等候在校门口接他，想不到同同开口就说"走开走开，谁让你来了"。同同的爸爸习惯了同同的做法，同同的妈妈非常生气，却一点办法也没有。

虽然，很多父母对自己的孩子说话无所顾忌不在意，不会放在心上，但是作为他们的儿女，应该懂得孝敬自己的父母，应该知道什么话该说，什么话不该说，要懂得照顾父母的感受——至少一句宽慰的话，能让父母乐呵半天！

父母是生我们养我们的人，孝敬他们是天经地义。因此，对于青少年来说，说话做事就要收敛自己的性子，要照顾自己父母的感受，让父母为我们感到宽慰、高兴，只有这样，我们才算尽到了孝敬父母的本分。

规劝父母，言辞应委婉

说话委婉，就是不直言其事，故意把话说得含蓄、婉转一些。言辞委婉，一方面可以让原本不方便说出来的话，能顺利表达出来；另一方面，也可以让别人更好地接受自己的意见。

在古代，君父尊长有不可动摇的权威，古人对于君父尊长的所作所为不赞成时也不敢直说，通常采取委婉的方式来表达。

人无完人，父母也难免有过错。作为子女，有劝导、帮助父母的责任。那么我们该如何规劝自己的父母呢？

《孟子·告子下》中说："亲之过大而不怨，是愈疏也；亲之过小而怨，是不可矶也。愈疏，不孝也；不可矶，亦不孝也。"意思说，对父母的重大过失毫无怨言，实际上越显出与父母的疏远；对父母的小过错抱怨不休，这就显得做子女的斤斤计较。过分疏远父母，是不孝，因小事而苛责父母，也是不孝。

《弟子规》中说："亲有过，谏使更。怡吾色，柔吾声。谏不入，悦复谏。"意思是说，当父母有过错时，你要耐心劝说他们改正。规劝时要和颜悦色，说话要轻声细语。如果父母听不进去，那就等父母高兴时再劝。

在今天而言，虽然现在的家庭较为民主、平等，家长的地位不似以前那样至高无上，但是家长仍然是权威，作为子女应心存尊敬之心，说话不能没大没小。

因此，即便父母有错，也不能仗着自己有理而对父母呵斥有加，或把父母贬得一无是处，而要时刻记住自己是父母的孩子的身份，不要"以下犯上"，一定要注意劝导的口气，采取委婉的语气对父母进行劝导。

有这样一对夫妻，他们对七旬老母十分不孝敬。他们自己吃好的穿好的，住在明亮而宽敞的大房子里，而不让他们的老母亲上桌吃饭，只留些残羹剩饭给她吃，晚上让她住在阴冷的地下室。老母亲因年迈力衰，拿东西不稳，经常打碎碗碟什么的，每次都遭到儿子媳妇辱骂。

老人12岁的孙子很有孝心，看到父母这样虐待奶奶很替奶奶难过，也很想让父母改正错误，但是却不知怎么跟父母说。他想了几天，终于想出一个好办法来。

一日，这家三口吃很好的饭食，而这对夫妇仍然把剩汤剩饭端给老母亲吃，老母亲在接碗筷的时候，没有接住，碗筷一下子掉在地上，连汤带饭撒了一地。这对夫妻刚要开口骂老母亲，他们12岁的儿子跑过来说："爸爸妈妈，你们不要骂奶奶了。奶奶年纪大了，碗筷拿不住很正常。一家人能开开心心的，比什么都好。每一个人都会老，我想爸爸妈妈也不想儿子这样对你们吧。"说完，他又对奶奶说："您也真不小心，这只饭碗是我亲自挑选的，本想您用完后，等将来爸爸妈妈老了，好给他们用，这是我们家的传家宝！"

儿子的话，使他的父母心中一震。想到儿子将会模仿他们，为使自己年老时能得到儿子的孝敬，他们决定孝敬老人，给自己的儿子树立榜样。就这样，12岁的孩子智劝了父母改过。从此，这对夫妻对老母亲好了，一家人同吃同住，好不温馨！

《后汉书》里有篇《乐羊子妻传》，其中的故事也很值得我们借鉴：

乐羊子外出求学，有好几年没有回来。因为没有体壮的劳力，家里的日子很艰难，好多天吃不到荤菜了。一天，婆婆嘴馋，就把邻家的鸡偷来宰杀了。乐羊子的妻子也是知书达理的人，对婆婆这种行为很不满意，但她没有正面批评婆婆。

当婆婆把鸡肉端上来的时候，乐羊子的妻子伤心地哭了。婆婆很奇怪，问她为什么哭，她答道："我很伤心，因为自己能力有限，没侍奉好婆婆，使得饭桌上有了别人家的肉。"婆婆听了，十分惭愧，再也举不起筷子吃那鸡肉了。

就这样，乐羊子的妻子以自责的方式规劝了婆婆，又达到了她关心、爱护婆婆的目的，可谓是用心良苦。

不同父母，有不同的性格。有的父母通情达理，有了过失时，容易接受儿女的规劝；有的父母比较固执，明明错了，却硬是不肯承认，或是知错却不愿悔改。碰上这种情况，又该怎么办呢？这个时候，我们更不应和父母吵闹，而应有策略地提醒、规劝父母。

不论我们采取的是什么样的策略，只要我们的动机是关心和爱护父母的，做法是礼貌和婉转的，终究能奏效。

一个女生，有一次说要将同班一位男同学带回家吃晚饭。妈妈以为女儿找了男朋友，不容她分辩就狠狠地训了她一顿。这个女生很爱妈妈，理解妈妈此刻的心情。她不急不恼，等妈妈说完之后，心平气和地解释说："要来的男同学，家住农村，今天是星期六，学校不做晚饭，他又回不了家。再说，他家不富裕，没钱上街去饭店吃，若我不带他来，他就只好吃昨天的剩饭了。我是他的同学，您说我能看着不管吗？"

妈妈觉得女儿说得有道理，于是，不但愉快地接待了那个男同学，星期日又另外招待了他一天。由此，这个女生更加感受到了母亲对自己的理解。可见，用一颗爱心去理解自己的父母，是多么的重要。

父母也会做错事，青少年需要适时地站出来规劝父母。但父母毕竟是长辈，学识和经验都比我们丰富，所以我们规劝父母的方式要委婉，不能够疾言厉色，好像老师教学生一样，那样父母是不会接受的，不但达不到我们想要的效果，反而会让父母觉得我们忤逆不孝。

如果规劝实在行不通，孔子说做子女的仍然要谨守"不违不怨"的原则，还是很尊敬他们，努力做好该做的事，不要抱怨。作为子女，遇上父母有失误时切不可得理不让人，与父母大吵大闹或对其不理不睬。这样做只会适得其反，深深伤害父母的心。

因此，如果我们发现父母有错，一定要对父母进行委婉的规劝，这样才是爱自己父母的表现，也是孝敬父母的行为。

不要对父母乱发脾气

在子女的心里，父母是安全的港湾，而且，子女也知道，无论他们怎么跟自己的父母发脾气，父母都不可能永远生他们的气，所以他们往往会无所顾忌地对父母发脾气。

小周是一名高三学生，平时在学校他跟同学相处融洽，有说有笑，同学跟他开一些玩笑他都不放在心上。然而，小周一回到家中，只要他稍有不高兴的事，就会把不满发泄到父母身上，和父母争吵，不理父母，他觉得回家了，就不用像在学校一样，应该放松自己，自己的父母怎样对待都可以。

但是每次发泄完后，他都感到自己做得太过分了，觉得自己从来没有顾及父母的感受。而且想想自己和父母发泄后，父母伤心的样子，小周心里非常难受，后悔自己因为一点小事，就和父母发脾气。

小周想，自己常常任性地向父母发脾气，而父母却从来没有因此而和自己生气，父母对自己的宽容，对自己的爱也从没有因此而减少一分一毫，想想这些，自己还有什么理由再去和父母争吵发泄呢？小周下定决心，以后再也不能对父母发脾气了。但是，没过多久，他还是忍不住对父母发脾气。

另外，青少年常会有心理与生理上的问题，时常烦躁不安，有时便需要找个对象发泄，而身边最亲的人最合适了，因此首选对象也肯定是父母。

元元是外国语学校的一名中学生，成绩又好，又有礼貌，各方面看上去都不错，因此很多人都很喜欢她。但每当别人对元元妈说"你真幸福，有这么好的一个女儿"时，元元妈就笑道："她在外面人人说好，可是在家对我说话特不客气，经常吼我呢。"

作为青少年，我们一定要明白父母的良苦用心，也要体谅父母亲工作的艰辛和生养我们的不容易。父母也有自己的烦恼，父母也需要不良情绪的发泄。如果我们没完没了地跟父母发脾气，那么可能会影响父母的情绪，甚至还可能影响父母的健康。

成成这段时间几乎每天都要发脾气，比如，早上成成妈帮他煮了一碗鸡蛋汤，因为成成妈自己喝了一勺子，成成就不干；上学前，成成妈给他穿凉鞋，他非要穿布鞋，不合他意就哭着闹着不去上学；晚上成成在电脑上看电影，不管成成妈什么时候关电脑他都要跟她闹，一闹就是个把小时。

因为成成总是乱发脾气，不但影响了成成妈的生活作息和工作，而且还影响了成成妈的身体，如今，成成妈经常头痛，而且还失眠。

对于大多数青少年来说，他们往往脾气急躁，遇事容易冲动，特别是对一些不顺心或自己看不惯的事，常常容易生气或怄气，有时还同家人争吵，说出一些使人难堪的话。

我们应该知道，发脾气是一种消极的情绪反应，害人又害己。特别是亲人之间，如果我们不收敛自己的脾气，对父母乱发脾气，那么如果伤害到父母，这种伤害将会很重。

孝有孝身与孝心、孝意、孝志的区别，孝身就是满足父母的"身体需求"，如给父母买一点吃穿住行的东西，给父母以经济的保障，这是孝的基础。但仅有这些是不够的，重要的是孝心。

对于青少年来说，要做一个孝敬父母的孩子，在平常生活中，一定要控制自己的脾气，不要因为父母宠自己，对自己很宽容，就可以无所顾忌地冲父母发脾气。要知道，自己不节制的脾气会增添父母的烦恼，而烦恼会给他们带来疾病。

所以，青少年要多思父母工作的艰辛，要长思父母的恩德，要顺父母的心，而不要对父母乱发脾气。

而要做到不乱发脾气，就要做到以下几点：

第一，要用意识控制自己。当怒火即将爆发时，要用意识控制自己，提醒自己应当保持理性，还可进行自我暗示："别发火，对父母发火是不对的，而且会伤身体。"

第二，要将心比心。如果在与父母发生矛盾时，我们能站在父母的角度来看问题，那么，很多时候，我们会觉得自己没有理由迁怒于人，自己的脾气也会消减大半。

第三，要保持冷静。有的时候父母可能因不了解情况而误会了我们，那么我们应该心平气和地让父母理解我们，而不要小题大做，借题发挥。

第四，要加强思想修养。只有心中经常想到父母，尊重父母和感觉到父母的心理需要，才会对父母体贴、孝顺。因此，我们应加强自己的思想修养，强化我们心中"孝"的意识。

不要看不起父母

很多父母抱怨说，小时候，孩子对自己言听计从，令他们感到欣慰。可是，当孩子逐渐长大，特别是当孩子上初中后，他们对父母却欠缺足够的尊重，甚至完全看不起父母。

"儿子总是说我很老土，说话大嗓门，一点都不淑女。"在广州务工的黄女士在一次家长会上对其他家长大吐苦水。她说，儿子升中学后，开始对自己百般挑剔，为了迎合儿子口味，她开始听起周杰伦的歌，还勤练广东话。她的用心良苦却未得到儿子肯定。

"有时在家里孩子常常懒得听我说话，甚至直接叫我闭嘴！真是让人心寒啊！"同样是打工者的宋女士也如此说道。

还有的家长说，每次当他到孩子的学校去看孩子的时候，孩子是绝对不会让他进入校门的，也不会让别的同学看到。

的确，现代社会发展速度较快，很多父母接受新事物的能力不及爱赶时髦的青少年，同时，在一些观念上也让孩子诟病。而孩子们乐于接受新事物，同时接收信息的途径也很多，这使得他们在某一方面的知识储备，的确极有可能已经超过了父母，这就使得部分孩子容易以偏概全，认为父母不如自己。综合这些因素，这使得很多青少年常常不把父母放在眼里，出现孩子看不起父母的现象。

华华上小学的时候，在父母眼里是个乖巧听话的孩子，父母的意见也都能听得进去。可是，从进入初一开始，华华母亲就发现儿子越来越听不进自己的话了，她甚至觉得孩子现在不仅没把自己放在眼里，甚至还有些看不起自己。因为她发现儿子对她显得特别没耐心，有时候不仅给她脸色看了，还会对她大声嚷嚷。

华华母亲虽然没有上过大学，在功课上帮不了孩子什么，但她自认为还不是太落伍。在单位里，她的工作各方面并不输给他人，活得有自己的尊严。可回到家里，和孩子聊起学校的话题，当她发表看法时，儿子却总说："老妈，你已经过时了，你一点都不懂我们。"

晚上，儿子做作业时，她送些水果、点心给他，有时她站在边上，想看看他作业做得怎么样，心情好时他会不吭气；心情不好时，他会把她轰了出来，并说"老妈你又看不懂"，这真让她生气。

最近天气很冷，儿子上学时老爱把校服拉链拉得很低，因为担心他着凉，她让他拉高些，儿子竟然说："老妈你好土，我们同学都喜欢这样穿！"

星期天，她劝他晚上早点休息、少玩些游戏而多唠叨了两句，儿子听不进劝告不说，竟然还说："你少啰唆几句行不?!"

面对孩子的不屑，说实在的，华华母亲真是既伤心又难过。

此外，因为虚荣心的原因，使得很多孩子什么都要求比别人强，比别人好，一旦觉得自己父母不如别人父母，或自己父母会给自己丢脸，也会导致孩子看不起自己的父母。

鹏鹏是初二的学生，元旦前夕，班主任给学生家长发了一封信，邀请家长到学校参加联欢会。可是，鹏鹏并没有将这封信交给父母，而是一直藏在了抽屉里，让自己的大姨去参加，还嘱咐大姨一定要开车去学校。

鹏鹏的妈妈一直不知道参加联欢会的事，后来从邻居那儿才得知此事。回家后，妈妈不悦地质问儿子："你们学校有联欢会怎么不告诉我？"鹏鹏嗫嚅半晌，支支吾吾地说："我不想让你参加……"

妈妈很不高兴，质问道："为什么不要我去？难道你妈妈会丢你的脸不成？"鹏鹏沉默了片刻，终于鼓足了勇气说出了内心的真实想法："你只是给人家当保姆，没有一份体面的工作，去了会被同学看不起，而且也不如别的同学的妈妈会打扮，还有，你说话的时候嗓门很大，同学都笑话我……"

妈妈一听气就不打一处来："儿子啊，我是没什么体面的工作，但吃的、穿的，妈妈一点都没委屈你，妈妈是不怎么打扮，可整天忙着生计，哪有闲暇顾得上打扮啊？"

鹏鹏不再说什么，虽然心里觉得自己有点对不起妈妈，但还是坚持以后开家长会什么的，绝对不会再让妈妈出面了。

俗话说："子不嫌母丑，狗不嫌家贫。"我们每一个青少年都应该知道，金无足赤，人无完人。父母对我们通常都付出了最为真挚的感情，他们总是呵护我们，总是为我们避风挡雨，让我们无忧无虑地成长。父母为我们付出这么多，无论他们是贫是富，是美是丑，都值得我们每一个子女尊敬和敬重！而一个看不起自己父母的人，只会让父母心酸和心寒！

家境贫寒的琴琴考上重点高中时，母亲体弱多病，父亲是个下岗工人，为了维持生计在街边摆了个修鞋摊。琴琴从来不把同学们带回家中，因为父亲很显老，以至于有的同学会傻乎乎地叫声"爷爷"；她也从不在同学们面前提起父亲的职业。

高二那年，琴琴被评为区优秀学生代表，到市里参加表彰大会。散会后，她和几个同学走在路上，恰巧经过父亲的修鞋摊。琴琴忽然发现，老父亲的头上多了许多白发，便忍不住轻轻地叫了一声："爸！"父亲抬起头，惊讶地望着女儿，随后很快地朝她摆了摆手。"这是你爸？"一个同学吃惊地叫道。琴琴点点头，脸上不由得有些发烫。

那天晚上，父亲回家时心情特别好，还破天荒地喝了点酒。后来，母亲告诉琴琴，父亲那天真的很高兴，因为自己的女儿居然当着一大群最优秀的孩子的面，叫了自己一声"爸"！

从那以后，琴琴再也不会在同学们面前羞于提起自己的父亲了，她还把父亲辛苦养家的事写进了作文，念给全班同学听，大家都深受感动。

虽然，作为一个孩子，叫自己父亲一声"爸"理所当然，但是琴琴不在乎同学的眼光，不因为父亲从事"不体面"的工作而看不起自己的父亲，这体现了琴琴对父亲的尊重和关爱。所以父亲也为此而高兴。

流淌在血液里的骨肉亲情，永远是生命中最温暖的成分。尊重自己的父母，永远是子女做人的本分。

对于每一个子女而言，孝敬父母不在厚薄，贵在诚敬；不重物质，重在精神。若事亲不敬，即使吃山珍海味，穿名牌服装，住高楼别墅，物质生活再丰富，也不能让父母开心。反之，若诚心供之以粗菜淡饭，简易平房，虽然生活清贫也可让父母安乐。

所以，对于我们青少年来说，要孝敬自己的父母，让父母为自己而高兴，就要在对待他们的态度上做到诚敬，而不要看不起自己的父母。

孝敬父母，要发自内心

《诗经》中说："哀哀父母，生我劬劳。"父母的养育之恩比天高，比海深，孝敬父母是子女应尽的义务、责任，也是一个人的道德底线和法律底线。那么，是不是说赡养父母就算尽到了孝敬的义务呢？

子游被列"孔门十哲"之一，他继承了孔子的儒家思想，在思想上很有造诣，在文学方面也是功底深厚；另一方面，他个性粗犷，不拘小节，在侍养父母的时候，往往有些疏忽大意，在细节上，常常无意当中表现出对长辈的不敬。

《诗经》书影

一次，当子游向孔子请教"什么是孝"时，孔子就因材施教，回答道："今之孝者，是谓能养。至于犬马，皆能有养；不敬，何以别乎？"

意思是说，如果子女奉养父母就像犬马服侍人一样，只是完成任务，而没有尊敬之心，那跟犬马又有什么差别呢？因此，要孝敬父母就要发自内心，完全真诚，没有丝毫保留，否则就是不孝。

试想一下，父母下班回家，疲惫不堪，而父亲吩咐儿女倒杯茶给他喝，做儿女的茶是倒了，但端过去时，一副很不情愿的样子，将茶杯在桌几上重重一搁，用冷硬的语调说："给！"父母见到儿女如此态度，将做何感想？

陈毅一生十分孝敬父母，投身革命后，因为远离家乡，即便时局混乱，但他总是千方百计寄回家书，让父母知道自己的近况。新中国成立后，父母没有同陈毅一起居住，陈毅除了每月给父母寄上足够的生活费外，仍在百忙中挤出时间亲笔给父母写信，聊叙家事，宽慰老人。

1962年，身居要职的陈毅已62岁，这年春天，他工作途经成都，当时，他的老母亲已年过八旬，瘫痪在床，大小便不能自理，住在成都陈毅的弟弟家中。当天下午，他就与妻子前去看望。

陈毅进家门时，母亲非常高兴，刚要向儿子打招呼，忽然想起了换下来的尿裤还在床边，就示意身边的人把它藏到床下。

陈毅看到母亲神色有异，便拉住母亲的手关切地问道："娘，您把什么东西扔到床下了？"母亲连连摇头说："没什么，不关你的事。快坐下，跟娘聊聊天！"

陈毅笑了笑，对母亲说："娘，您怎么有事还不能跟我说？"说着，弯下身去，要看个究竟。母亲见瞒不住，只好将事情的缘由告诉儿子。

陈毅听罢，眼圈红了，动情地说："娘！您久病在身，我没能在您身边侍候，心里有说不出的难受。这裤子应该马上拿去洗了，还藏着干什么？"

说着，他一手拿过裤子，并对保姆说："我母亲的病如此沉重，平时不知给你们添了多少麻烦！今天，就让我去洗吧！"保姆怎么也不让，母亲也赶紧阻拦。

陈毅诚恳地说："娘，我不是说着玩的，您就答应了吧。小时候，您不知给我洗过多少尿裤屎裤啊，儿子怎么做，也难报答养育之恩。"

接着，他对妻子笑道："我们家乡有句俗话，'婆媳亲，全家和'。你这个长年不能照顾婆婆的媳妇，也该尽点孝道，今天我们俩一起来洗这条裤子好不好？"

孝敬，孝敬，要做到由内而外的敬，才能算是孝。很多人虽然也能照顾父母的饮食和起居，但是如果要为父母做倒尿壶、洗尿湿的裤子之类的事，恐怕难免会流露厌烦的神色。陈毅身为开国元勋，但却能放下身段，亲自为母亲洗被尿濡湿的裤子，由此可见，他孝敬母亲的诚意，而他的行为也得以为后人所崇拜和传颂。

另外，《弟子规》也讲："亲爱我，孝何难。亲憎我，孝方贤。"意思是说，父母爱护子女，子女能孝顺父母，那是极其自然的事。如果父母讨厌子女，子女却还能够用心尽孝，那才算得上是难能可贵。这也需要有发自内心的孝心，才能够做到。

一次，一位 65 岁的老人因脑出血住院，后来瘫痪在床近两年时间。她进医院后，做了开颅手术，在病床上昏迷了 20 天。在此期间，她的两个在国内的儿子轮流照顾。三儿子因为工作不便请假，只好每天晚上值班，要保证每半个小时给母亲翻一次身，否则很容易感染褥疮。

她在昏迷期间大小便失禁，大约两小时就要换一次尿布，并及时清洗。儿子们整晚几乎无法休息，直到 20 天后，老人苏醒后，情况才有所改观。老人出院后，主要由大儿子和儿媳照顾。

为让老人尽快康复，三儿子托人请来最好的针灸大夫诊治，先后请了 20 多个保姆来床前伺候，每次请保姆都颇费周折；二儿子远在美国，因不能及时回来而泣不成声，在电话中嘱托两位兄弟不惜代价，尽量照顾好母亲。

除了承担医疗费用外，二儿子还专门为家里安装了电话，购买了冰箱、彩电等电器，这些在当时都是极为奢侈的东西。在母亲生病期间，三个儿子应该说都尽心尽力了。这就是孝的表现！

因为母亲的脾气很不好，经常为一些小事生气，而她一生气，血压就高，全家都不开心。于是，三儿子作为小儿子，就会想办法逗母亲开心，做鬼脸，讲笑话，没话找话哄母亲忘掉生气的事。本来三儿子是一个很内向的人，做这些事情并不容易。而之所以他能忘掉自己的性格，成为另一个人，完全是孝心使然。

正是因为他们的精心照顾，老人最终也能缓慢行走了，这也应该是对他们的最大嘉奖。而他们三兄弟因为富有孝心，一直都能和睦相处，三个家庭都溢满了温馨和快乐！

家庭是一个人生命历程的起点，孩子以怎样的姿态走向社会、走向未来，取决于家庭环境、家庭教育。在今天，许多父母由于爱子心切，对孩子娇生惯养，盲目溺爱，致使孩子养成了好逸恶劳、养尊处优、任性、冷酷、自私等恶习，完全不懂得爱自己的父母，更无从谈起孝敬自己的父母。

有一位在外地上学的孩子，寄回一封家书，父母收到，喜出望外，但拆信一看，却不禁潸然泪下。原来，来信字迹潦草，只写了黑黑粗粗的一行字："速寄600元！"

一位妈妈送儿子上学，一手拿书包，一手拿水壶，到了学校门口还不住叮嘱：要听老师的话，别和同学打架……谁也想不到这儿子会骂出一句："滚！"

一位奶奶骑着小三轮车，接小孙子回家，孩子坐在后面，说要吃羊肉串，喝饮料，吃麦当劳，奶奶忙说："今天没带钱。"小孙子听后站在车上大喊："你是干什么吃的？"

父母含辛茹苦地供养自己的孩子，却得到这样的回报，怎么不让人心寒！请问哪个父母抚养孩子想要这样结果？

按照中国人的传统观念，做人最基础的是孝敬父母双亲。一个人对父母无情，对何人何物还复有情？孝既然是情感，就要有发自内心的爱，这样才会对父母和颜悦色，才会对父母尊敬有加，才会对父母照顾周到。

从小到大，我们成长的每一步都拉扯着父母的心，都牵动着父母的情。若我们只知道一味地、理所当然地向父母索取，他们再苦再累也总是毫无怨言地尽量满足我们的一切要求，而我们即便孝敬父母，也只是走走形式、摆摆样子，那我们又怎么对得起父母的养育之恩？

所以，我们每一个青少年都应该发自内心地孝敬自己的父母，这样我们才能回报父母给予我们的爱，才能让一家人和乐融融，齐家安康！

七、尽孝道，就要关爱父母

《论语》中说："事父母，能竭其力"。这句话主要指一个人孝敬父母的态度，换句话说。即使儿女不能保证让父母过上富足的生活，但只要能对父母发自内心地、量力而为地行孝，就是真孝。

古语说："原心不原迹，原迹贫家无孝子。"这句话的意思是说，只要尽心尽力便是孝，如果一定要拿物质来衡量孝心，那么穷人家里就不会有孝子了。所以说，只要将父母的一切放在心上，心中想着让父母过得更好，这样，即使孝养父母显得力不从心也会问心无愧。

要关心父母的健康

人的一生中，父母的关心和爱护是最真挚、最无私的，父母的养育之恩是永远也诉说不完的：我们在母亲的尽心陪伴下离开襁褓；在甜甜的儿歌声中入睡；在无微不至的关怀中成长；生病使父母熬过多少个不眠之夜；读书升学费去父母多少心血。可以说，父母为养育我们付出了毕生的心血。这种恩情比天高，比地厚，是人世间最伟大的力量。

中国是礼仪之邦，孝敬父母的传统源远流长。对于每个人而言，孝敬父母也是义不容辞的责任。孔子说："父母之年，不可不知也。一则以喜，一则以惧。"意思是说，我们的父母越来越老，一方面我们为父母健康感到高兴，另一方面我们要时刻担心、警惕，父母可能随时会离开我们。要孝敬自己的父母就要关心自己父母的健康。

廖承志是中国杰出的社会活动家、党和国家的优秀领导人。他为世界和平事业、为中日邦交正常化做出了特殊的贡献。同时，他对海外侨胞感情深厚，赢得了他们的尊敬和爱戴。

廖承志一直对母亲何香凝特别孝敬，母亲健在时，他每天早上要到母亲的房中请安问好，而母亲总是亲昵地叫他"肥仔"。"文革"期间，周恩来总理为保护廖承志免遭"四人帮"的毒手，就将廖承志藏在北京的一个地方。

他的妻子经普椿每周去看望他一次，一见面，廖承志总是先问母亲身体好不好，饮食如何。母亲也时刻惦记着儿子，发现儿子没有来看望她，就问经普椿，经普椿只好说，承志工作太忙不能回家。

1970年，他母亲不慎摔伤腿，住医院治疗。这时，全家人十分着急，经普椿就给周总理打电话，说明了这个情况，请求让廖承志去医院看望母亲。周总理当即同意，并立即派汽车来接经普椿，再由她去接廖承志到医院去。母亲好久不见儿子，现在看到了，非常高兴，母子俩亲切地交谈起来。过了一会儿，周总理也赶到医院来看望。

1972年9月1日，廖承志的母亲去世了，他将母亲的灵柩护送到南京与父亲合葬，并敬书了"廖仲恺何香凝之墓"。从此，每年清明节，他总不忘悼念双亲，并几次去为双亲扫墓。

对于很多青少年来说，在平常生活中习惯了父母的疼爱、关心和照顾，总是让自己处于一个接受爱的位置。但是，父母也不是铁打的，而且随着岁月的流逝，父母也会日渐年迈。

也许有一天，我们会发现他们老是咳个不停；他们因吃不动坚硬的食物，总是对桌上的食物挑挑拣拣；他们过马路时再也不像以前那样快速，而变得迟缓；他们仅仅爬四五层楼就气喘吁吁，有点吃力。这个时候，我们更需要关心他们的健康。

虽然对于青少年来说，没有什么经济能力给父母买一些昂贵的营养品来呵护父母的健康，但是可以多留意关心一下父母的身体健康状况，也可用一种简单而细微的方式学会珍惜、感念、回馈父母的关爱。

小莉是一名高一学生，她的父亲今年53岁，是一名出租车司机。为了维持这个家，她的父亲天天早出晚归，一天睡眠时间不足六个小时且从不能按时吃三餐。小莉很是心疼父亲，于是决定用实际行动来关心父亲的健康状况，让父亲在繁忙的工作中拥有一份好心情。

于是在一个深夜，小莉给父亲留了一张纸条："爸爸，你辛苦了，记得按时吃早餐和午餐啊！晚饭回家吃吧，我做菜给您吃。"第二天清晨，小莉的父亲看到了女儿留给他的纸条，平日里不怎么说话的他在纸条上写下："我可爱的女儿，你真的长大了！"

虽然小莉没有给父亲什么昂贵的物品，只是想做一道菜给父亲吃，还有就是写上几句关心父亲饮食的话，但是父亲却很高兴。也就是说，我们如果能让父母感受到我们的爱、我们的心，这也是一种对父母的回报。

小洁的父亲今年51岁，是一名技术工人。小洁的父亲作为工厂车间的核心技工几乎每天都要加班，工作超过12个小时。如此繁重的工作使他几乎没有时间锻炼身体。

看着父亲不懂照顾自己的身体而日益衰老，小洁意识到关爱父母身体健康的必要性。于是，她坚持每天给父亲发一条短信息，提醒父亲按时吃饭、注意休息。小洁说："爸爸的健康成了我心中的一份牵挂，随着时间的推移，我长大了，爸爸却渐渐苍老，该是我承担起照顾爸爸妈妈重任的时候了。"

提醒父母注意饮食有规律，或让父母注意休息，都是关心父母健康的表现，也是孝顺儿女应有的行为。有时，将丰盛而营养的食物留给父母吃，也能表达出关心父母的用意。

一次中秋节，爸爸出差了。妈妈给小雨做了一顿丰盛的海鲜晚餐。那红亮亮的大虾、螃蟹，还有那洁白无瑕的扇贝，小雨看到就想流口水。

正当她们要饱餐一顿之际，电话响了，原来妈妈所在的医院让她迅速去抢救病人。妈妈放下电话，抄起一个馒头就要走。小雨连忙喊："吃两口再走吧！"妈妈说："这么重要的事，还顾得上吃饭？"说着把门一带，出了楼。望着妈妈那单薄的身子、吐出口的白气，听着那急促的脚步声，小雨感觉自己对妈妈的关心太少，太少。小雨深叹一口气，回过头，望着那满满一桌的海鲜，食欲已荡然无存，觉得该享用它们的不该是自己，而是辛勤工作的妈妈。

于是，小雨找来了一张白纸，工工整整地写道："亲爱的妈妈，平素您总是节衣缩食，总让我吃好的、穿好的、用好的，您自己身体那么瘦弱，还要抢救那么多的病人，时间长了您的身子会垮的。妈妈，这些海鲜我没有吃，享用它们的应该是您，就把它都吃了吧，补补身子，也算是我应尽的一份孝心——爱您的女儿。"

小雨写完了信，把信压在盘子下。那天晚上妈妈加班到很晚，第二天妈妈一边微笑着读她的信，一边夸奖她是一个孝敬父母的好女儿。

很多青少年可能会说："我也想关心父母的健康，但是我又没钱，实在不知怎么关心自己的父母。"其实，关心父母的健康并不需要花费多少钱，有时甚至不用花费一分钱也可办到。除了上述办法外，我们还可以：

第一，用零花钱给自己的父母买一点需要的生活物品，比如手套、帽子等，以此来关心父母的健康。

第二，给父母建议一些良好的饮食习惯。比如很多父母喜欢自己在家腌制小菜，但这类食物一般含盐量高，而维生素含量低，如果常吃，容易引起胃肠道疾病及高血压。所以，我们可以告诉父母健康的饮食习惯，让父母改正不良的饮食习惯。

第三，经常给父母按摩。舒缓的按摩能放松全身肌肉，因此，我们可以在父母劳累的时候给父母按摩，减轻父母的疲劳，让父母得到放松。

总而言之，我们要孝敬自己的父母，就要关心父母的健康，要学会把关爱内化为一种品德，做一个对自己负责、对父母负责、对社会负责的人。

父母生病，要主动照顾

子曰："孝子之事亲也，居则致其敬，养则致其乐，病则致其忧，丧则致其哀，祭则致其严。五者备矣，然后能事亲。"因此，父母生病，儿女照顾自己的父母是孝敬的一个表现。

在古代，很多官员、士人都会以侍奉自己生病的亲人为己任，即便朝廷以高官厚禄相待，他们也会不为所动。

李密，西晋人，父亲在他六个月时就去世了，母亲后来也改嫁他人，他从小由祖母抚养长大。后来，他学有所成。一次，晋武帝立了太子，召李密去京都做太子洗马，连下几道诏书，地方官不断催逼，但是，因为祖母疾病缠身，李密决定留在祖母身边照顾她。

于是李密上书武帝，请求武帝允许他在家侍奉老祖母，暂不去上任。他在信中说，他自小命运不好，生下来六个月，父亲就去世，四岁母亲又改嫁，祖母刘氏怜悯他孤苦弱小，亲自抚养他长大成人。现在祖母疾病缠身，卧床不起，他想奉诏上任，可是祖母已经"日薄西山，气息奄奄，生命危浅，朝不虑夕"，"臣无祖母，无以至今日，祖母无臣，无以终余年。母孙二人，更相为命"。

李密又说，他今年才四十岁，祖母已经九十六岁，所以他向陛下尽忠的时间还长，而报答祖母的时间已经很短了。李密请求允许他奉养祖母到最后，待祖母去世，办完丧事再去上任。武帝同意了他的请求。

生病会使身体衰弱，为了尽快痊愈并恢复原来的体力就需要特别的照顾。病人得到的照顾常常是治疗疾病中最重要的一部分。有些疾病通常都不需要药物，但是好的照顾绝不可少。在父母生病的时候照顾父母，也是儿女应尽的本分。

小进是一名初三的学生，他的父亲47岁，因患有尿毒症，每星期还要上医院换两次血，每次换血费用要几百元。为了给他治病，家里花光了所有的积蓄。现在雪上加霜的是，小进的母亲又被诊断出骨癌晚期，急需四万元手术费用，但早就一贫如洗的家里再也拿不出医疗费为她治病，只能眼睁睁地看着她在病魔的折磨下一天天地虚弱。

现在，小进的父母都已卧病在床，失去劳动能力，母亲更是生活也无法自理。为了挣钱给父母看病，小进的姐姐小芹还坚持在工厂上班，每个月加班加点地工作也只能拿到1000多元的工资，但这是这个家现在唯一的经济来源。

小进看到父亲一人照顾母亲十分吃力，于是毅然向学校请假回家照顾母亲。

母亲的双腿已经不听使唤，而且经常疼痛，每当需要翻身或者大小便时，小进都会立即出现在母亲身边。原来，为了照顾母亲，他晚上就躺在一张椅子上休息，母亲随叫随到。帮母亲翻身后，他还帮母亲按摩。

如今，买米买菜、洗衣做饭成了小进每天必做的事。一天做三顿饭，邻居们看到小进做饭笨手笨脚的，有时候也主动过来帮他。

虽然很多人都为小进惋惜，认为这样他一辈子的前途都毁了。但小进说："以前放学回到家中，都是妈妈做好饭在等我，现在她身体不好我一定要照顾好她。"他还说："妈妈背部已经溃烂，我做儿子的不来照顾谁照顾？"

父母为我们的成长付出了一生的心血，照顾生病的父母，让父母减少病痛的折磨，让父母早日健康地生活，这本身也是一种让我们自己心安的行为。无论我们遇到什么样的困难与问题，作为子女就要为父母尽一份孝心，尽一份责任。

爸爸出差了，小勇和妈妈在家。一天早上醒来，妈妈忽然觉得头很沉，第一时间便叫小勇，小勇得知妈妈感冒了，马上紧张起来。他拿手去摸妈妈的额头，说："很热，不会发烧吧？"

随后他拿来体温表叫妈妈夹住试表，和妈妈平时照顾他一样，说："不许动哦！"由于他不会看体温表，所以很严肃地叮嘱妈妈："时间到了自己看看。"幸好当天是周末，小勇不用去上学。妈妈让小勇自己找点吃的，便又躺下了。

没一会儿，妈妈听到小勇说："妈妈，我去给您买早餐。"之后听到关门的声音。妈妈躺在床上又高兴又担心，时间过去越久妈妈越担心，因为小勇才6岁，家离买早餐的地方还有一段路。

想到这里，妈妈顾不得晕乎乎的头，走下楼梯。在楼下的拐角处，她看到不远处正匆匆往回走的小勇，她没有迎上去，而是赶快跑回家，继续躺下来，假装什么都不知道。一会儿，听到小勇上楼的声音，看着小勇给自己买了包子和稀饭，妈妈内心充满了感动。

而小勇虽然累得气喘吁吁，但仍自豪地说："妈妈，我能照顾您了。"而且还算账给妈妈听，算得有板有眼。妈妈问小勇："你觉得照顾妈妈高兴吗？"小勇说："当然了，我跟爸爸说了，让他放心去出差，我一定会照顾好妈妈的。"妈妈笑得非常开心。

当一个人主动去照顾父母时，他才会懂得去关心、去爱护父母，才会懂得去感恩和回报。唯有这样，他才能懂得去爱别人，尊敬别人，也才能为别人所接受。

那么，在父母生病时，我们青少年应该如何照顾他们呢？

第一，要按时喂父母吃药。要照顾生病的父母，按时喂父母吃药是最基本的。如果因一些原因无法做到，那么就应该将开水、药放在父母方便拿到的地方，以便父母自己吃药。

第二，要多为父母准备开水之类的液体。几乎所有的病，特别是发烧及腹泻的时候，都应该给病人喝大量的水，如白开水、果汁、清汤，这样才有利于恢复健康。

第三，要注意环境的舒适。舒适的环境有利于身心的愉悦，也可避免一些干扰，所以要给生病的父母营造一个尽量安静、舒适、空气和阳光都充足的环境。

第四，要注意气温对病情的影响。不要太热也不可太冷，如果气温很低或父母发抖，就替他们盖棉被。但是如果天气很热，或者父母发烧，则要适当为他们降温。若父母满身是汗，要及时为父母换上干衣服。

第五，要注意食物的营养。如果父母身体很虚弱，可以把食物熬成粥或汤让他们吃、喝。如果父母有胃口，就要尽量让他们多吃。生病的人应尽量吃有营养的食物，如牛奶、蛋、豆类、绿色蔬菜及水果，若可以吃，一天可进行多次进食。

第六，保持父母身体的清洁很重要，应该每天协助父母洗澡。如果实在病得无法起床，就在床上用海绵或毛巾沾温水为他们擦拭身体。衣服、床单、棉被也应保持清洁，小心不要把食物残渣留在上面。

第七，要在心理上关心父母。由于生病的人大多行动不便、生活不能自理，容易产生悲观厌世等心理问题，因此我们应倍加关心体贴他们，生活上照顾，精神上支持，协助并鼓励他们战胜病魔。

自己的分内事，不劳烦父母

现在很多青少年在家里基本上是过着"饭来张口，衣来伸手"的生活，无论什么都很依赖父母。饭要父母做，桌子要父母收拾，地板要父母拖，床铺要父母整理，房间要父母收拾，衣服要父母洗……这无疑会让平日里上班的父母得不到足够的时间休息。

有位母亲抱怨说：自己的女儿不理解父母。父母每天白天工作很紧张，晚上回家后还得操持家务，特别是对女儿照顾无微不至。可女儿呢，不管父母多么忙和累，她都跟没事人似的看她的电视或玩她的电脑，连最基本的关心问候都没有。

还有的青少年不仅家务从不插手，甚至自己完不成的作业也要父母代劳。

小明是一名初一学生，平时作业多的是满天飞，真是怎么做也做不完。一天，老师仍是布置了大量的作业，小明放学后就立即快马加鞭地赶回了家，开始奋笔疾书。小明妈妈正在厨房做饭。

过了不久，小明妈妈就将晚饭做好了，她把饭菜拿进来，小心翼翼地放在书桌上，对小明说："小明，先把饭吃了吧，等会儿再做作业，妈等下吃完晚饭，小明便又开始做起作业来。时间一分一秒地过去，不知不觉已经到了十点了，小明还在为三道题伤脑筋。这时，小明已很困了，于是对妈妈说："妈妈，我想睡了，你能不能帮我把作业做完？"

小明妈妈很心疼自己的孩子，于是二话没说就答应了。小明倒在床上一会儿便睡着了。两点整，小明无意中醒了过来，看见书房的大灯还开着，心想：妈妈不会还没睡吧？想到这儿，小明冲了进去。

只见妈妈静静地趴在书桌上，身上不时地打着冷战，小明二话没说，拿了件外套披在了妈妈的身上，妈妈被惊醒了，说："你怎么又起来了，我算出来了！"原来小明妈妈因为疲劳而睡着了。

第二天，小明妈妈因为前一天晚上没有得到很好的休息，同时因为不小心睡着而着凉了，生了一场大病。

对于任何一个人来说，适当的休息是必需的。适当的休息可以使身体各个器官有修复的时间，这样它们才能正常运转，人才能有足够的精力去做未完成的事。如果休息不好，也会让一个人的心理很疲惫，长此以往，就会伤害到人的身体。

因此，对于青少年来说，应该尽量完成自己的分内事，而不要劳烦自己的父母，使得父母可以有多一点时间休息，从而让父母的身体更加健康。这也是一种关爱父母的表现和孝敬父母的行为。

一天，小悦不小心把奶奶刚送给她的白色底衬着兰花的新衣服扯坏了，这可怎么办呢！要是奶奶知道会生气的，小悦很着急。

正在这时，妈妈发现了，对小悦说："孩子，别着急，我来帮你把新衣服缝上吧！"虽然小悦很想让妈妈帮忙，可是看到妈妈平时忙这忙那，还要天天加班，心里觉得这点小事还要麻烦妈妈，真是很过意不去。

于是，小悦对妈妈说："妈妈，您上班辛苦了，还是让我自己来吧！"妈妈听后微笑着点点头，就出去了。于是，小悦便想应该怎么缝，忽然她眼前一亮，有了！就在那个地方缝一个采兰花的小兔子吧。

但小悦毕竟是第一次用针线，线和针都仿佛和她过不去似的，穿针眼用了五分钟，就是因为那线分了岔。穿完针眼后，她在衣服上画了一个小白兔，正在采兰花，便开始缝。缝着缝着，

孝字窗花

突然小悦尖叫了起来，原来是针把手扎出血了。

小悦越想越气，随手就把衣服、针和线一起扔在了一个角落里，呜呜地哭了起来，妈妈闻声走过来，才知道小悦的手被针扎破了，很是心疼。于是对小悦说："孩子，还是让我帮你吧！"

但是，小悦坚持不肯，因为她觉得如果遇到了一点挫折就让妈妈帮忙，那么，将来还是什么都要妈妈帮忙，自己也就不能给妈妈减轻负担了。所以，她坚持自己补衣服。经过一番努力，小悦终于成功地补好了衣服。

妈妈看到小悦这么体贴自己，很是感动，同时也感觉小悦比以前要懂事多了。

那么，对于青少年来说，哪些事是自己的分内事，需要自己去完成，而不要劳烦父母呢？

第一，清洗自己的衣物和鞋子。很多青少年在换完衣物和鞋子后，总是将清洗它们的任务交给自己的父母完成。要知道，这些事本是我们自己的事，而且都是很简单的事，完全可以自己完成，这样，父母就可以多一点休息时间。

第二，整理自己的床铺和房间。很多青少年不喜欢在起床后叠被子，同时还有乱扔东西的习惯，从而导致自己的床铺和房间凌乱不堪。很多父母出于关心自己的孩子，总会为孩子整理他们的床铺和房间，而这些本来就是青

少年自己应该做的。

第三，完成自己的作业。很多青少年做作业时十分依赖父母，这导致父母不得不帮他们解决一些疑难题目。虽然，请教父母无可厚非，但是如果一些问题可以通过查字典、网络查找等途径解决，那么就大可不必麻烦父母。这样，就可以节省父母很多精力，也可以培养自己的自学能力。

总而言之，只有我们完成自己的分内事，而不劳烦自己的父母，父母才可以不用太操劳，才可以多休息一下，我们才算是孝敬父母的人。因此，做好自己的事，不劳烦父母，是每一个青少年应该在日常生活中履行的原则。

父母遇到不开心的事，要开导父母

人生的道路不平坦，逆境常多于顺境。身处逆境，面对不幸，当事者难免会产生一些消极的心理，轻者唉声叹气，重者悲观厌世，迫切需要别人的安慰。心情不好的时候，如果有人开导、安慰和分担，不良情绪就会少很多，心里就会舒坦很多，人也会更容易走出失败的阴影，重燃生活的勇气和拼劲。

父母也是普通人，他们也难免会遇到各种各样不顺利的事。他们也会因为遇到不顺利的事情，而出现消极的情绪，如不及时疏导，他们的情绪可能越来越糟糕，陷入谷底。虽然，他们不愿让自己的孩子承担自己的痛苦，但是这个时候，孩子自己要站出来，去开导自己的父母，像一阵清风一样，让父母的心情拨云见日。

全国十佳少先队员季洪波的父母都是残疾人。父亲本是火车站的调车工，一次，因替别人值班不慎被轧断了双腿和手臂；母亲因一次意外的事故从火车上摔下来，她失去了右腿、左臂和右手的三个指头。

五六岁时，小洪波已经成了爸爸妈妈离不开的小帮手。爸爸生炉子，他添煤；爸爸要洗菜，他倒水；爸爸去做饭，他淘米；爸爸洗衣服，他晾上；爸爸摇着轮椅上街买东西，他站在轮椅的横梁上，跟着帮忙。

不知从什么时候起，爸爸妈妈反又成了他的助手。儿子要做饭，爸爸帮添水；儿子蒸馒头，妈妈放碱面。做饭，对于一个成人来说都是体力加技术的活计，更何况一个未上学的孩子？

一天，洪波不小心把裤子刮了一个洞。爸爸知道了，用残留的右肢按着裤子，左手攥着针线，吃力地缝啊，缝啊，大汗淋漓。他默默地看着爸爸，鼻子酸酸的，直想哭。从此，衣服破了，扣子掉了，他再也不让爸爸费心。

虽然爸爸行动不方便，可他离不开爸爸。从爸爸那里，他懂得了好多事，学会了好些活。然而，就连这么点欢乐也被生活剥夺了：在洪波十岁的时候，他的爸爸，因为心脏病突发而与世长辞了！

妈妈经不住这个打击。她不吃，不睡，一会儿哭，一会儿笑。妈妈也不想活了，口口声声要跟了爸爸去。小洪波又何尝不想念永远也不再回来、不再驾着轮椅带他到外面去玩了的爸爸呢？

可是，他不能哭，不能在妈妈的面前哭，不能让苦命的妈妈难过啊！他给妈妈做她爱吃的饭，炒她爱吃的菜，他一次又一次地央求妈妈："妈妈，俺爸不在了，你别难过，还有我……等我长大了，我侍候您……咱们要活，要活……"

妈妈把洪波搂在怀里，"哇"的一声哭了。

一次，妈妈病了，发起了高烧。过去爸爸在，爸爸可以拿主意。现在呢？他一咬牙，就去背妈妈，坚定地说："妈，咱们上医院！"

他还是个孩子呀，哪里有这么大的力气去背妈妈？可他咬着牙、强挺着，硬是把妈妈背起来了。他支撑着瘦弱的身子，一步一个脚印，艰难地往前走着，走着。最后，他终于到达了目的地……

为了挑起家庭的担子，又要把学习搞好，小洪波就像一只不知疲倦的小陀螺，在不停地转着、转着。早晨，闹钟一响，他强打精神爬起来，做饭、整理屋子。中午放学，他要匆匆跑回家，给妈妈安假肢，又要去给妈妈热饭。下午放学了，他顺便把菜买回来，做饭、刷锅、铺被、服侍妈妈睡下，这时已经是晚上八九点钟了。可也只有在这个时候，他才能安下心来去做功课……

因为小洪波对妈妈的照顾和开导，妈妈也逐渐走出了过去的阴霾，她的脸上也开始多了很多笑容。

不良情绪有不同程度的危害性，轻则影响人们的人际关系和工作效率；重则不仅人际关系和工作效率受到严重的影响，而且心理上的痛苦还会转变成身体上的疾病，严重影响身体健康。

安慰对于处于痛苦中的人来说，如同雪中送炭，能给他们以温暖、光明和力量，使人减轻精神负担，从而从不良情绪中走出来。对于子女来说，适时开导、安慰处于不良情绪中的父母，才能避免不良情绪对父母的伤害，才能尽到子女关爱父母的责任。

父母是一个家庭的支柱，他们支撑着整个家庭，在外面为整个家庭打拼，因此，他们难免会遇到工作的不顺利和人际关系上的矛盾，导致情绪低落、沮丧。

那么对于我们青少年来说，应该怎样开导不开心的父母呢？

第一，要倾听父母的苦恼。安慰人，听比说重要。一颗沮丧的心需要的是温柔聆听的耳朵，所以，当父母情绪低落时，我们不妨让父母自由地表达自己的感受。如果我们对他们的遭遇能够"悲伤着他的悲伤，幸福着他的幸福"，这就是给予他们的最好的帮助。

第二，要认同父母的苦恼。在安慰人的过程中，所提供的任何解决方法都很可能会失灵或不适用，令对方再失望一次，故而不加干预、不给见解、倾听、了解并认同其苦恼，是安慰的最高原则。

第三，陪着父母。当一个人在情绪不好的时候，往往需要有人在身边，即便不说一句话，他也觉得安全、温暖，他的内心也会逐渐平静下来。因此，一旦我们发现父母不开心，不妨多花点时间和父母待在一起，这样就可以缓解父母的不良情绪。

第四，用积极言行感染父母。如果我们意识到父母不开心，可以将自己的生活趣事与父母分享，也可以给父母讲一些幽默故事，帮助他们从不良情绪中走出。另外，在平常生活中，要用自己的欢声笑语引导他们发现和感受阳光的一面，带给父母快乐和生活的勇气。

第五，及时给予父母肯定和鼓励。如果父母情绪低落，我们可以想方设法地夸赞父母，说他们的饭菜做得好吃，说他们比其他同学的父母性格都要好，说他们是世界上最好的父母，从而帮助父母找回愉悦的心情。

总而言之，作为子女不能只向父母索取，在必要时，也要尽一个子女的责任，去关怀自己的父母，去开导自己的父母，这样才能让一家人更加快乐、幸福！

侍奉父母要尽心尽力

《论语》中说："事父母，能竭其力"。这句话主要指一个人孝敬父母的态度，换句话说，即使儿女不能保证让父母过上富足的生活，但只要能对父母发自内心地、量力而为地行孝，就是真孝。

下面这个故事就很好地说明了这点。

黄香是汉代人，小时候，家中生活很艰苦。在他九岁时，母亲就去世了，黄香为此非常悲伤。但是，当他看到父亲从此闷闷不乐后，心里更加难过。为此，他决定要好好孝敬父亲，做什么事尽量让父亲开心，

冬夜里，天气特别寒冷。因为黄香家里较穷，没有任何取暖的设备，因此一旦人脱下衣服躺在被窝里，一开始会感觉非常寒冷难受。

一天晚上，黄香正在油灯下读书，但没读一会儿，捧着书卷的手就僵硬

了。他想，这么冷的天气，父亲一定很冷，老人家白天辛苦干活赚钱养这个家，而自己什么忙都帮不上，想到这儿，小黄香心里很不安。

要怎么才能帮到父亲？黄香想了半天，终于他想到了一个帮父亲的方法，那就是帮父亲温暖他的被窝，这样父亲睡觉时就能舒适点。于是，他读完书便走进父亲的房里，给父亲铺好被，然后脱了衣服，钻进父亲的被窝里，用自己的体温，温暖了冰冷的被窝之后，才招呼父亲睡下。黄香用自己的孝敬之心，暖了父亲的心。

夏天到了，黄香家低矮的房子显得格外闷热，而且蚊蝇很多。到了晚上，大家都在院里乘凉，看满天的星星，拉着家常。当大家也都困了，准备回屋睡觉时，黄香就提早回了屋。

当黄香父亲回到家时，只见黄香满头大汗，正拿着一把大蒲扇在房间里不停地扇着。"你干什么呢？怪热的天气，"父亲心疼地说。

"屋里太热，蚊子又多，我想用扇子将蚊虫赶跑，同时屋子也显得凉快些，您好睡觉。"黄香说。

父亲一听，大为感动，他紧紧地搂住黄香："我的好孩子，可你自己却出了一身汗呀！"

此后，黄香为了让父亲休息好，在睡觉前，总是拿着扇子，把蚊蝇扇跑，同时还扇凉父亲睡觉的床和枕头，使劳累了一天的父亲，能早些入睡。

虽然黄香并没有给父亲什么荣华富贵，所做的事也是日常生活中平淡无奇的小事，但是因为他时刻想着父亲，处处为父亲着想，在照顾父亲上可谓是做到了无微不至，所以让人很为之感动。而黄香也因为尽心尽力地侍奉父亲而被选为"二十四孝"之一。

古语说："原心不原迹，原迹贫家无孝子。"这句话的意思是说，只要尽心尽力便是孝，如果一定要拿物质来衡量孝心，那么穷人家里就不会有孝子了。所以说，只要将父母的一切放在心上，心中想着让父母过得更好，这样，即使孝养父母显得力不从心也会问心无愧。

郯子是周朝人，祖上世代以耕种为生，老实巴交的父母，一年到头苦苦劳作，也只是混个半饥半饱。多年的劳累使郯子父母的身体越来越差，由于年事已高，二老眼睛的视力越来越差，几乎要失明了，这可急杀了小小年纪的郯子。

为了给父母治病，郯子每天半糠半菜地侍奉双亲充饥后，便进山采来各种草药，又是煎汤内服，又是熬水洗眼，但效果总不明显。一天郯子听说鹿奶很有营养，人喝了鹿奶身体会健壮起来，对眼睛也有好处。郯子想，鹿奶这样好，这样神奇，何不弄些来让父母滋补身子呢？于是他赶往鹿群出没的树林中。这里的鹿确实不少，可它们身体敏捷，警觉性高，一见有人靠近，就一阵风似的飞快逃去。

怎样才能弄来鹿奶呢？郯子绞尽脑汁，昼思夜想。一天，他见村东头猎户家的墙头上晒着一张鹿皮，忽地眼前一亮：把鹿皮借来，披在身上，扮成小鹿的模样，不就能悄悄接近鹿群了吗？

于是，郯子迫不及待地走进猎户家，把自己的想法告诉了猎户。好心的猎户一听，二话没说就把鹿皮借给了他，还指点郯子如何模仿小鹿四肢跑跳的动作。经过多次演练，郯子竟然能一举一动都像一只活脱脱的小鹿了。

第二天，郯子用嘴叼着一只木碗，悄悄地蹲在树林里。待鹿群走近时，披着鹿皮的郯子像一只小鹿似的不紧不慢地凑到一只母鹿身边，因为郯子扮得很像，母鹿认为是小鹿在吃奶。因此，他轻而易举地挤了满满一木碗鹿奶。待鹿群走开后，他就捧着鹿奶直奔家中。

从那以后，郯子多次用扮成小鹿的办法，去挤母鹿的奶汁。父母由于常常喝到鲜美的鹿奶，营养不良的身体一天天强壮起来，后来，几近失明的眼睛，也恢复了原有的视力。

文昌帝君在《元旦劝孝文》中指出："为人子者，事富贵之父母易，事贫贱之父母难；事康健之父母易，事衰老之父母难；事具庆之父母易，事寡独之父母难。"也就是说，当父母处于贫贱、衰老、寡独的境地时，仍能一如既往地尽孝，才可称为竭力尽孝。

福花的丈夫三喜是某机械厂的一名职工，三喜的父亲去世较早，母亲年纪大了，身体一直较差，为了方便照顾老人。福花就主动把老人接过来跟他们一起住，每天悉心照顾。为了照顾老人的口味，一日三餐变着花样，饮食荤素搭配，菜做得有滋有味。

福花在家里做妻子、做母亲、做儿媳，相夫教子、孝敬老人样样做得非常出色。但一年冬天，婆婆因腰部受伤，生活不能自理，由于丈夫平时工作繁忙，繁重的家务、教育子女和照顾老人的重任都落在妻子福花的肩上。

尽管如此，福花还是毫无怨言。她每天为婆婆洗衣做饭，为婆婆梳头、洗脚，端屎端尿，不怕苦、不怕累，为使婆婆过得舒适，她想了许多办法，给婆婆的床铺铺上松软的海绵，隔几天就换上干净被褥。

为了让婆婆身体更快康复，她还买来牛奶、豆浆、芝麻糊等给婆婆增加营养。婆婆喜欢吃糖，她便买来冰糖，让婆婆吃个够。婆婆逢人就说："俺不知哪辈子烧了高香，儿子娶了这样孝敬的好儿媳！"

福花说："孝顺父母是我们应尽的义务，我们都还年轻，苦点、累点没啥，父母为我们操了一辈子的心，应该让他们有个幸福的晚年。"

在福花的影响下，全家也是上慈下孝，其乐融融。福花的儿子很小就知道孝敬奶奶，有好吃的先给奶奶，常陪奶奶聊天、解闷。

福花竭力孝敬婆婆的行为，甚至还感动了很多邻居。提到这一家，人们总会竖起大拇指："这样的好家庭，没得说。"

因此，尽心尽力侍奉父母，不仅可以让父母更幸福、快乐，让我们更加安心，同时也可以影响身边的人去孝敬自己的父母，让孝敬父母的风气得到发扬！

对于青少年来说，我们每一个人应该扪心自问一下，父母对我们照顾得无微不至，我们是否从未回报过自己的父母？是否对自己的父母不闻不问？是否在侍奉父母时很不情愿？

如果是，那么从现在起，我们就应该改变自己，从小事上关心父母，在侍奉父母时做到尽心尽力！

父母遇到问题，要帮助父母

在很多青少年的心中，父母是无所不能的，他们供养我们的生活，给我们买衣服、玩具，辅导我们做作业，教我们怎么做人。因此，很多人都认为父母是超人，能够满足自己所有愿望，能够解决所有问题。

很多父母之所以给孩子这么一个印象，一方面是因为他们有责任去照顾自己的孩子，让他们无忧无虑地生活；另一方面是因为他们不习惯将自己遇到的问题和困难告诉自己的孩子。因此，很多孩子都不会有帮助父母的意识。

但是，这并不意味着我们可以对父母不闻不问，因为父母对我们付出的越多，我们就越应该有所回报。而且，实际上，父母并不是可以应付所有事情，有时也需要儿女为他们出一份力。这时，做儿女的，就应该主动站出来帮助父母。

汉朝时，山东临淄有一位太仓令，姓淳于，名字叫意。他为人正直，做官清廉。后弃官从医，因为医术精湛广受人们的欢迎。但是，他在给一位富商之妻治病时，对方服药后不见好转，不久就死了，他因此得罪了富商，惹下了大祸。他被富商告到官府，判成重罪，被押赴京城长安受刑。

淳于意没有儿子，只有五个女儿。当时他被捕的时候，望着眼前的女儿。不停地叹息："都怪我倒霉，连个儿子都没有，今遇如此之灾祸，谁能帮我一把啊！"

缇萦年纪小，当时只有 15 岁，她听了父亲的话后，心里非常难受，流着泪对父亲说："父亲，缇萦虽是女儿身，但也要和男儿一样，跟随父亲到长安去，亲自向皇上申诉，为父亲求情。"

缇萦到了长安，皇宫内外戒备森严，因见不到皇上，她便想出了个主意，给皇上写一封信，让守门的人递了进去。汉文帝打开一看，是一个女子写的，诉说了她父亲为官清正，不幸得罪富商，要受酷刑，她心中很难过。

她还说，若人的脚被砍了，不能再安上，鼻子被砍了，不能再长出来，这样就成了残废，以后想改过自新，也无路可走，因此希望皇上能废除酷刑。

最后，她还强调为了替父亲赎罪，自己愿做一个奴婢服侍于朝廷。汉文帝读了这封信后非常感动，也十分重视，于是召集文武大臣，宣布从此废除酷刑。

这样一来，淳于意就没有受到酷刑的惩罚，汉文帝认为缇萦孝心可嘉，特意在临淄为其树立"节孝坊"一座，以资表彰。

从此，缇萦救父的故事就一直被人们传颂着。

缇萦小小年纪，却能远赴京城为父亲向皇上求情，这对于我们来讲，是不是很有触动呢？人常说，血浓于水，当父母出现什么困难时，作为儿女一定要帮助父母排忧解难，尽自己应尽的一份力。

小宝出生在辽宁大连，是个孤儿，五岁那年他孤身一人从大连颠沛流离，流浪到了秦皇岛。一位好心的阿姨见他到处流浪，很是可怜，于是收养了他。养父母的疼爱，使饱经辛酸的小宝感受到了人间的温暖。因此，他经常告诉自己，今天的幸福生活来之不易，长大了要报答父母的养育之恩。

正当他沉浸在幸福的生活之中时，爸爸突然病重，瘫在床上，全家的重担压在了妈妈一人身上。为了减轻妈妈的负担，小宝一边学习，一边帮妈妈照料家务。他做饭洗碗、收拾房间，给爸爸擦身端尿、熬汤煎药……

为了给爸爸治病，他还省吃俭用。春节前，妈妈要给他做新衣服，他说什么也不要。酷暑，他舍不得买一根冰棍、一瓶汽水；严冬，在凛冽的寒风中，他仍穿着那双打了好几个补丁的球鞋……

但爸爸终于离开了他。他加倍疼爱妈妈，把对爸爸的爱倾注在妈妈身上。他除了默默承担起全部家务劳动外，还利用星期日到郊外去拾柴，去拣废旧纸箱……

看着小宝这么心疼自己，妈妈搂着他哭了，连声说："真委屈你了，我的好孩子。"他说："妈妈为了我，日夜操劳，付出了心血和汗水，我能帮您多做点事，分担忧愁，是我最大的快乐……"

小宝虽然不是他的养父养母所生，但他的养父养母哺育了他。因此，小宝认为自己应该用行动来回报自己的养母。而正是反哺之情，让他们母子比亲生母子还亲。

很多时候，对于一个孩子来说，他们给予的回报远不及父母付出的千分之一，但是因为他们能够主动帮助父母，不但可以减轻父母的负担，而且还可以让父母觉得自己不是一个人在为这个家奋斗，从心理上就会得到一种被支持的感觉，从而也会有动力去战胜生活中的困难，减少孤身拼搏的疲惫和无助。

小霞是湖南人，在广州一家民工子弟学校读初一，小霞父亲在一家电子厂打工。

小霞看到父亲打工赚钱挺辛苦，于是她也想赚钱以补贴家用。因为她的奶奶在家乡是帮别人擦鞋赚钱的，而她经常帮奶奶提擦鞋的箱子，因此她也就学会了擦鞋。而在广州，她发现擦一双鞋可以赚两元钱。

为了减轻父母的负担，每当周末和放学后，她就提着擦鞋的箱子，在人来人往的马路上和饭店门口为别人擦鞋。因为手脚麻利，她一天也可以擦六七十双鞋。

而且，小霞特别懂事，待人也有礼貌。一旦她到饭店为别人擦鞋，她总是把鞋子拿到外面擦好再给客人送进来。因为小霞的友善和勤劳，很多顾客主动把鞋子交给她擦，其中有些人的鞋子根本不脏。

虽然作为学生应该以学习为重，但是小霞体贴父母的心还是值得赞赏的。毕竟，对于青少年来说，这么小就可以自食其力而不需要父母给自己买这买那，实在很难得。

要知道，现在很多青少年动辄就是伸手向父母要钱，而且什么都要名牌，消费品比成年人的都贵；吃东西也是非流行的食品不吃，中高档酒店里孩子的生日宴上高朋满座……

这些青少年永远不懂得父母的难处，也不会去体谅父母赚钱的不易，更不会去主动帮助父母，减轻父母的负担。他们只会对父母提要求，让父母叫苦不迭。

孝敬父母，是中华民族的传统美德。孝敬父母有很多种方式，做自己力所能及的事帮父母减轻负担就是其中一种。因此，对于我们青少年来说，如果能帮助父母，减轻父母的负担，也是一种体贴父母的行为，更是一种孝敬父母的表现。

那么，我们该如何帮助父母呢？

第一，要帮父母分担家务事。比如：我们可以帮父母拖地板、洗衣服、洗碗、倒垃圾、煮饭等，只要我们能帮父母分担一点家务事，那么父母就可以多休息一下。

第二，父母在家加班，可以帮父母准备茶水。帮父母准备茶水，可以节约父母做琐事的时间，让父母更有效率地投身工作，也就可以更好、更快地完成工作，而不用熬夜。

第三，可以给父母提供一些好的建议。有很多父母因为不懂使用网络，可能在信息的获取上不如会使用网络的青少年，那么我们可以将自己知道的一些好的意见、信息提供给父母，这也是一种帮助父母的方式。

八、尽孝道，就要体谅父母

孝敬父母，是中华民族自古以来的传统美德。孝敬绝不是简单的回报父母的养育之恩，更是一种责任意识、自立意识的体现，父母为了我们时刻操劳，他们对我们的教育、爱护又让我们有什么理由不去爱他们，不去尊重、孝敬他们？一个不懂得体谅父母的人是可耻的，一个不会爱父母的人是可悲的，这样的人，是不会也不应该赢得社会尊敬的。

理解父母"望子成龙"的心意

在中国，多数家庭的轴心是亲子关系，每个人不仅为自己活着，还为一个家庭甚至家族活着。因此，孝有更广泛的含义：光耀门庭。

因此，一个孝敬自己父母的人，不仅是要顺从父母和让父母快乐，而且还要完成父母的心愿，继承父母的遗志。

司马迁的父亲司马谈是当时的太史令，是历史上一位很有影响的人物。他曾向皇帝提出过许多合理建议，都被皇帝采纳了。随着时间流逝，司马谈一天比一天老了，于是想让儿子司马迁来继承自己的事业，当时司马迁正在奉使巴蜀。

于是病中的司马谈喊来随从，把他扶起来，要过笔墨，他要给儿子写一封信，派人送到巴蜀，敦促儿子立即到洛阳来。

司马迁见到父亲的亲笔信，立即赶到父亲身边。司马谈紧紧握住儿子的手，迫不及待地向儿子讲起了自己祖辈的历史："我们的先辈本是周王室的太史，在此之前的虞舜和夏禹时，已执掌天文历数事务，而建功显名。这种优良的传统难道要在我这辈断绝吗？所以，我要你继承我的事业。"

司马迁明白：对父辈的忠孝，不仅仅体现在对父辈的关心和照顾上，更重要的是努力完成父辈未完成的业绩。于是他决心继承父业，以此来报答父亲对自己的殷切期望。

为了不让父亲失望，司马迁四处奔波，到处求证，付出了很大心血。恭地是战国时期齐孟尝君的封地，当司马迁看到那里"民间很多都是暴桀子弟"，与鲁地的民风不同时，便四处调查，询问原因，从而知道了是因"孟尝君招揽的人才良莠不齐，而且人数众多"而造成了这种状况。

彭城是西楚霸王项羽的都城，其北是丰沛，东是邳县，又是高祖刘邦的故乡，而且汉初的"布衣将相"们如萧何、韩信、陈平、樊哙等多生长于此，不少遗老都记得他们的事迹。司马迁又在这里采访了许多不见经史的逸闻琐事。

司马迁任职郎中后，由于经常出入宫中，又曾跟武帝外出巡视，他的才华很快为武帝所赏识。在此之前，武帝为了扩大汉朝的影响，曾先后派唐蒙和司马相如出使西南地区。为了进一步加强对这一地区的经营，武帝就派了年轻的司马迁再次出使西南。司马迁这次出使，不但到了巴蜀地区，而且比他的前辈走得更远，到达了滇中（今昆明）一带。

这次出使，不仅使中原地区与西南边远地区的联系得到了进一步的加强，而且也使司马迁本人对西南地区的民情风俗和地理形势，有了深切的了解，这为他写作《西南夷列传》打下了良好的基础。

后来，司马迁身受宫刑，被投身监狱，为了不负父亲重托，他克服重重困难写出了一部光耀万代的历史名著——《史记》。

《中庸》说："夫孝者，善继人之志，善述人之事者也。"意思是说，儿女如能继承父母的遗志，替父母完成他们的心愿，才算尽了大孝。由此可见，司马迁也是一位大孝子。

虽然在现实生活中，有些父母不顾自家孩子的兴趣、天赋和心理承受能力，只顾"揠苗助长"，硬要"赶鸭子上架"，的确存在不妥之处。毕竟，每个孩子都有自己独特的潜质，父母给予孩子的期望应该因人而异，量力而行，并应该充分考虑到孩子的身心特点和自身条件。

但是，我们不能总是以此为借口，拒绝听从父母的安排，甚至还和父母拧着干。天下没有不望子成龙的父母，父母寄厚望于孩子也是无可厚非的。

丹丹很忙，下半年就要中考了，此时的她感到自己肩负着沉重的压力。以前，丹丹除了学习外，还有不少课余时间，可以听听音乐，与同学一起出去玩。

可是到了初中三年级时，妈妈着急了，她说："你就要中考了，为了你将来能够考上一所好大学，你就一定得考上重点高中。所以，从现在起，爸爸妈妈决定再多给你报一些训练班。加油吧，这也都是为了你。"

爸爸也说："丹丹啊，咱们家还没有大学生。你功课不错，是个学习的料，我们真打心眼里高兴。好好念书吧！"

于是，丹丹除了完成每天学校的课程之外，一周有两个晚上要分别去作文班和奥林匹克数学班上课，周末还要听英语课，上数学和语文的补习班。现在，她除了睡觉之外，再也没有玩的时间了。一个月下来，丹丹就有些吃不消了。

一天晚饭后，丹丹刚刚打开电脑想玩一下自己喜欢的游戏，妈妈看到后，立即走过来关上电脑，紧接着呵斥道："马上就要中考了，你还玩这个，我真不知道你是怎么想的！就你这种精神状态，怎么能上高中，将来怎么考大学！"

本来就疲劳的丹丹听着妈妈的唠叨，猛地站起来，气哼哼地回到自己的小屋，"咣"的一声关上了门。

父母望子成龙、望女成凤的心情，对于别人来说是可以理解的，但是，往往父母的这一片好心，孩子很难理解。而且，父母的这种期望还在不同程度上影响了他们与孩子之间的关系。对此，我们青少年也是有一定责任的。我们中的一些不能理解父母的心情，父母越是让他们学习，他们就越是贪玩，让父母很是伤心和恼火。

孝是德之本，只有当我们具有了孝心，能够孝敬自己的父母，才可能具备健全的人格和优秀的品质。而"承志"是孝的一个重要的表现，因此，我们青少年一定要理解父母"望子成龙"的心意，在学习上端正自己的态度，争取达到父母的期望。如果有不同的意见，应以诚恳的态度与父母沟通，而不是大吵大闹或与父母对着干。

要了解父母养育我们的艰辛

人人都说"可怜天下父母心"，的确，父母总是为了儿女起早摸黑，总是将好吃的食物让给儿女，总是小心地呵护儿女稚嫩的心灵，总是竭尽所能满足儿女的愿望，甚至在儿女的愿望超出了自己的能力范围的时候，会因为让儿女失望而内疚自责。

但是，现在有不少人不会体谅父母。在生活中，很多青少年总认为自己从父母身上所得的一切是应该的，而且会养成一种"一切需求从父母身上寻求满足"的观念与习惯。这部分孩子常说的一句最没有志气的话就是："你们既然生了我，就应该养着我。"而父母一旦由于经济实力或其他能力达不到，而不能满足孩子需求的时候，孩子就会埋怨父母没本事，甚至会怨恨父母没能给自己提供一个完美的物质生活，"让自己在世上受苦"。

对此，一位初中老师特别有感触："现在班里有一些学生花钱如流水，挥霍父母的钱一点都不心疼，过生日动辄几百上千，每月的生活费正常花销只需几百，可他们上千也不止。那些孩子的课桌里面塞满了各种零食，连考试时都在嘴里叼着巧克力，桌边放着可乐，后背靠着厚厚的卡通毛垫子。"

那位老师还说："而有的孩子，纯粹就是打肿脸充胖子，明明没有那样的家庭条件，也要跟有钱的孩子比。为了给自己配一套现代化的电子装备，为了在同学面前炫耀，有的跟家长骗钱说交杂费，转身就去买了最新款的手机回来。"

因为不懂父母的艰辛，很多青少年是衣来伸手，饭来张口，还有些人总是要父母买这买那，一点都不考虑父母的能力，给父母增加了很多生活上的压力。

容容今年 14 岁，是郑州市一所中学的初二学生，父母都是普通的工人。后来，她的父亲下岗了，全家人只有依靠母亲几百元的工资生活。

为了生计，父亲开了一家小吃店，每天起早贪黑经营着生意，一个月下来，能净赚 1000 多元。除了日常开支，家里也剩不了几个钱。容容经常去小吃店，也亲眼目睹了父亲的辛劳，可是她却不能体谅父亲。

一次，容容在商场看上了一部价值 2000 多元的手机，就缠着父亲买。母亲知道后，劝道："一部手机相当于你爸爸辛辛苦苦两个多月的血汗钱，等咱家富裕了再买吧。"

从小任性的容容却哭着闹着还是要买。无奈的父亲一咬牙，走进商场给容容买了那部手机。

还有些青少年，父母给他们买这买那，供他们吃供他们穿，他们却视之为理所当然，并将父母给买的东西视为己有，有什么好吃的好玩的，从来不会让给父母和其他人。

舟舟在家里是独生子，当然是深受爸爸妈妈、爷爷奶奶的疼爱。从小时候起，家里所有的人都会不约而同地把好吃的、好玩的留给舟舟，舟舟逐渐地变得很"独"。

有一次，爸爸下班晚了，实在太饿了，进家坐下后，顺手拿起舟舟的饼干就吃起来了。因为这些饼干已经买回来好久了，舟舟根本不喜欢吃。

然而，舟舟看到后不愿意了，让爸爸把饼干还给他，甚至伸手要到爸爸嘴里去抢，尽管妈妈一再表示第二天一定给他买来更多的，但还是不能说服舟舟，他不仅哭闹，而且还躺在地上打滚，不依不饶的。最后，还是爸爸说带他去吃麦当劳，才阻止了舟舟的哭闹。

还有些青少年因为长期受父母的照顾，因此总是对父母吆三喝四，甚至还看不起平凡的父母。

菲菲就读于深圳某重点中学，是一位成绩优秀的三好学生。有一次，菲菲父母为了庆祝菲菲的 16 岁生日，特地为她准备了丰盛的晚餐。但是菲菲却因为他们是工薪阶层，没能力给自己开生日宴会、请保姆、买昂贵的衣服，而对他们发脾气，打翻所有的饭菜，甚至说他们无能，没法给她一个城市户口。

父母一直很努力地挣钱把菲菲送到好学校读书，他们不明白自己做错了什么。

孝敬父母，是中华民族自古以来的传统美德。孝敬绝不是简单的回报父母的养育之恩，更是一种责任意识、自立意识的体现。父母为了我们时刻操劳，他们对我们的教育、爱护又让我们有什么理由不去爱他们，不去尊重、孝敬他们？一个不懂得体谅父母的人是可耻的，一个不会爱父母的人是可悲的，这样的人，是不会也不应该赢得社会尊敬的。

俗话说：再苦不能苦孩子。孩子是父母的希望，所以很多父母宁愿自己苦点累点，也要让孩子过上比较舒坦的日子。所以，我们要明白父母的爱子之心，用自己的行动来孝敬父母、回报父母，不辜负父母的期望。

雯雯是一名高一学生，也是一个很心疼父母的孩子。每当看到父母下班回到家，一副很憔悴的样子，她的心里就很难过，她就觉得应该为他们做些什么。于是，她决定尽自己的能力帮父母做一些事，比如在他们下班回到家时倒水给他们喝，或者帮他们捶捶背。

有一次，她的妈妈得了很重的病，为了能治好妈妈的病，爸爸在各地寻找最好的医院以及最好的医生，终于在桂林找到了，但需要大量的资金，爸爸勉强凑够了。过年的时候，爸爸对雯雯说："女儿，今年恐怕家里不能给你买新衣服了，实在很抱歉，你也知道妈妈病得不轻，需要钱，等到妈妈好了再帮你买，好吗？"

雯雯说："新衣服是小事，如果不买新衣服，可以帮妈妈治病，我宁愿不买，因为我不能没有妈妈。"爸爸一把把雯雯搂在怀里，含着泪花笑了。雯雯认为，父母处处都为自己着想，在他们遇到困难时，自己也该为父母着想，也应该让父母感到欣慰，同时，也让他们知道，自己懂事了。

在大年初二时，雯雯去医院看望了妈妈。妈妈一见雯雯，泪水就在眼眶里打转，无力地说："女儿，是妈妈对不起你，要……要不是妈妈生病，你就可以穿新衣服了，和别的孩子一样，妈妈对不起你……"还没等妈妈说完话，雯雯就打断了："妈妈，我不要新衣服，我不要，我只要妈妈！妈妈，您一定要好好养病，什么都不要想，您没有对不起我。"

妈妈和爸爸一样，听到雯雯这样说，也含着泪花笑了。

我们每一个青少年都应该知道，我们所拥有的一切都是父母的双手换来的。所以我们都应该想一想，父母为了我们付出了多少？流了多少汗？当你喝着可口的饮料时，请想想父母喝的是什么；当你穿着昂贵的衣服时，请想想父母穿的是什么；当你肆无忌惮花钱时，请想想父母买东西是怎样精打细算的。

总之，父母给予我们的爱总是无条件的，同时也是最伟大的，所以我们每一个青少年都应该爱自己的父母，都应该了解父母养育我们的艰辛，都应该体谅父母。

要帮父母分担家务事

"孩子越来越懒了。"如今，许多家长说起自己的孩子时，都是一脸无奈。的确，很多青少年在家很少做家务。"孩子上初中了，连自己的房间都不会整理，书桌一团乱。""孩子在家，除了看电视、读书外什么都不会做。"很多家长这么抱怨自己的孩子。

孩子不做家务事，一方面可能是家长过于溺爱孩子，不舍得让孩子做家务，但另一方面，更为主要的原因是，很多孩子不懂得体谅父母，他们不知道父母在外面工作的辛苦，不知道父母对家庭的付出，他们总认为父母做所有的事都是应该的，父母就应该帮他们料理一切。

王先生的儿子正在上高一，有一次儿子过生日，请了七八个同学来家里庆祝。因为儿子不会做饭，所以他就要自己的父母帮他搞定所有的事。在这一天，王先生夫妇一早就到菜市场去买了许多菜，买菜回来以后两人分工，一个择菜，一个洗菜。等菜都配好了，然后一个下锅，一个烧饭。整整一下午，饭菜终于都烧好了。

这时，儿子的同学们也到了。霎时间屋子里充满了欢声笑语。在等王先生夫妇摆放饭、菜、碗、筷的时候，儿子和他的同学们有的看电视，有的看报纸，有的玩电脑，嬉笑打闹，玩得不亦乐乎。

一个小时以后，儿子和同学们都吃完了，桌上也是菜碗朝天，满桌狼藉，然后，他们又去外面玩去了。屋子里一下子又静寂下来，只剩下满桌的剩菜和无奈而又疲惫的王先生夫妇。于是他们又分工，一个收拾桌面，一个洗涤碗筷，又花去两人大半小时。等到一切都归了原位，他们两个也已经气喘吁吁了。

父母养我们不容易，我们每一个青少年都应该心存感恩，体会到父母的苦衷，孝敬自己的父母。一旦一个人养成了不爱做家务的习惯，就很容易养成骄横、任性、贪图物质享乐、以自我为中心的独占型思维习惯和生活习性，那么将来也就很难是一个孝敬父母、懂得感恩的人。因此，在完成学业之余，我们都应该帮助父母分担家务事，以减轻父母的负担，让父母不致太劳累。

楠楠今年15岁了，她爸爸妈妈都是技术员，他们都对她宠爱有加。楠楠虽然很喜欢自己的爸爸妈妈，却不知道去心疼他们。有一天，她到爸爸的工厂去玩，看见爸爸满头大汗但还拼命地干活，她心里很是受触动。于是，楠楠决定：从生活小事做起，要帮爸妈减轻一些负担。

有一天，楠楠对爸妈说要自己洗碗筷，妈妈痛快地答应了楠楠。第一次洗碗筷，楠楠感到十分费劲，力气大了，怕碗碟破碎，力气小了，怕洗不干净。

这时楠楠问妈妈："妈妈，你平时刷锅洗碗也这么累吗？"妈妈说："虽然我力气要比你大些，不过每次洗那么脏的碗筷，也是很累的。"楠楠听完后，想了想说："妈妈，我现在长大了，以后我来洗家里的碗筷吧。"

妈妈听了楠楠的话，心里不知有多高兴，立即夸奖楠楠说："女儿懂事了，知道心疼妈妈了。"听了妈妈的夸奖，楠楠高兴地笑了。从此以后，楠楠变得懂事多了，知道主动帮爸爸妈妈承担一些家务。对于自己的爸爸妈妈，楠楠也懂得关心与体贴了。

很多青少年觉得自己的年纪小，能做的事有限，即便有孝敬父母的心也不能给父母提供实际的帮助，其实，孝敬父母很简单，也许只是一个小小的举动，都会令父母非常感动。例如，为父母做一个小菜，炒一个蛋炒饭，也可以表达出我们对父母爱的心意。

一天，军军想让自己的爸爸妈妈休息一下，于是对他们说："我决定了，今天由我来做晚饭。"爸爸瞪大了眼开玩笑地说："你？你行吗？你做的东西能吃吗？"妈妈也在一旁笑着附和："就是，就是，我们还不如出去吃呢！"

军军拍了拍胸口说："你们等着瞧吧！"

军军说干就干，他从米斗里舀出一些米放在盆子里，然后学着妈妈洗米的样子，用手反复将米在水里搓洗，等洗出的水变得比较干净了，再将米倒进高压锅，添了足够的水（妈妈曾经告诉他，水位要没过手面），盖上锅盖，打开液化气阀门开始煮米饭。过了一会儿，高压锅的压力阀开始跳动，军军闻到了米饭的香味，米饭终于熟了！军军甚至有些激动，急忙关掉了液化气阀门。

军军迫不及待地展示自己的劳动成果，他将妈妈拉进厨房，洋洋得意地拿掉压力阀，掀开锅盖，说："妈妈，尝尝我的手艺。"说着，拿筷子夹了一点米饭放到妈妈嘴里。"哟，米饭有点夹生呢，好像火候有些不够。"妈妈说。军军尝了一口，果然米饭粒有些硬硬的。妈妈又告诉他，压力阀跳动后还要继续煮几分钟才可以停火，军军恍然大悟。

虽然今天的米饭不如妈妈做得那么可口，但吃饭的时候，军军看到爸爸妈妈的脸上一直洋溢着笑容，军军也从他们赞许的眼神中受到鼓舞，他想，他会继续努力的，下一次一定让爸妈吃上真正可口香甜的米饭。

也许有的青少年会说："我们现在的任务是学习，其他的暂且搁一边吧！"但是我们应该知道，对于父母而言，他们其实并不需要自己的孩子用多大的成就来回报他们，只要我们平时对他们多付出一点关爱，他们就满足了。

所以，虽然学习对于我们来说很重要，但是我们也不能不做家务。因为做家务能让我们在劳动中实践，体验父母的辛苦；而且做家务也是一种孝敬父母的最基本的方式，从中能体现出我们能否关心他人、是否具备设身处地地为他人着想的品质。如果我们连最基本的帮父母分担家务事都做不到，以后是不可能做好任何事情的。

因此，我们一定要培养自己做家务的好习惯，主动帮父母减轻一些负担，做一个孝敬父母的好孩子。

要理解父母挣钱不易，不乱花零用钱

如今，大多数家庭的经济条件都比较好，刚入中年的父母，事业多是处在顶峰，即使不是大富大贵，也是衣食无忧了，加之又只有一个孩子，因此很多家庭的家长出于爱护孩子的目的，也总会多给孩子一些零花钱。

然而，很多孩子感受到父母爱护自己之心，却不知道父母挣钱之不易，更不会去体谅父母。很多青少年身上都存在乱花零用钱的习惯。例如，有的青少年不顾老师、父母的劝诫，总是沉迷于网络游戏，出入于各种网吧、游戏厅；有的青少年学习用品一堆，因为有钱，不论东西的价格，好看就买；

还有的青少年逢节日、生日就互赠礼品，还嫌几元钱的贺卡太小气，几十元、几百元的工艺品、文具才够面子……

一位初二学生的家长李女士说，由于工作忙，虽然自己每天接送孩子，孩子乱花钱自己却也不知道。直到有一天她帮孩子整理桌子才发现，孩子竟然有六七十支各种圆珠笔，带卡通画的文具盒有二十几个，几乎一次也没用过的小型记事本有十几本，各种图案的书皮也有十来张。经过质问，孩子才承认是用零花钱买的。

李女士说，每年过春节时孩子都会得到上千元的压岁钱，平时她还不固定地给孩子带几元钱零花以备不时之需，自己也没觉得不对，但看到孩子这样乱买东西，心里真不是滋味。

另一初三学生的家长则说，孩子每天都吵着要买笔记本，不是不够用，而是看到封面图案好看，纸张精美，大多笔记本用了一半就扔掉，家长一问，孩子总能找出各种理由。而且很多笔记本都是孩子用零花钱私自买的。

小龙父亲是当地小有名气的老板，早年经营农产品，后来开起了饭店和旅馆，家里只有小龙一个孩子。小龙学习成绩不是很好，初中毕业就辍学了。为了能让他继续上学，父亲又托熟人又花大钱，把儿子送进杭州、北京等地的私立高中。可儿子又是逃课，又是交女朋友，最后因为违反校规被劝退回家。

小龙父亲说，他也想好好管儿子，但由于生意忙无暇顾及，儿子就整天和社会上的一些无业人员交往，几乎每天都请他们吃饭、唱歌。

有段时间，他不再给儿子零花钱，儿子居然把家里经营的饭店和旅馆里的电脑偷出去卖了，最后发展到向别人借钱，一年时间竟然借了五万多元。别人上门讨欠款，他才知道，不得不替儿子偿还了所有欠款。

小龙父亲对人诉苦："我儿子这么花钱，我就是有座金山迟早也要败光的啊！我给他说道理他不听，打他骂他也没用，我真不知道该怎么办了。"

小龙之所以这样，原因就是小时候看到家里的抽屉里都是钱，并且老是看到父亲背着许多现金进进出出。因此，他认为钱来得很容易，而且家里的钱多到用不完，这导致小龙树立了错误的金钱观。

每一个青少年都应该知道，父母挣的每一分钱都不容易，都付出了艰辛，付出了努力。正因为父母挣钱不易，所以我们花钱应该谨慎，否则不仅会让父母难以承受经济上的负担，而且还会让父母伤心失望，那我们就是不孝敬的人。

小宝是一名15岁的男孩，父母是公司的老板，家里经济条件优越，小宝从小就没尝过没有钱是什么滋味，因为父母就是他的"取款机"。

以前，小宝学习本来很好。每次他拿着自己的考卷回家，父母都会很高兴，并会给他很大一笔钱，让他做零花钱用。从此，习惯成自然，小宝几乎每天都能通过"报喜"从父母那儿得到钱：什么老师表扬他遵守纪律啦；表扬他作业做得好啦；老师出了一道题，同学们都做不出来，他一上去就做出来啦……只要小宝一说自己表现好，父母就会立即打开自己的钱包。

现在，小宝已经不用这些理由了，没有钱时直接向父母要就行了，反正父母都很忙，根本不去问他怎么花钱。至于学习成绩怎么样，父母也从来不问。小宝的爷爷俭朴惯了，怕小宝乱花钱，就给他开了一张存折，时常哄着他去存钱。除去零花钱，小宝还存了八万多元。

手里的钱多了，小宝一时不知道怎么用，有个同学给他出主意，可以"招聘"几个"保镖"和"秘书"，让小宝自任"经理"。所谓"保镖""秘书"，是每周花十元钱，雇同学来提供保护或替做作业。"保镖"同时还负责"修理"被"经理"看不惯的同学。

一次，班主任老师来家访时单独和小宝谈心。小宝对老师说："我知道您是为了我好，可我对学习真的没有一点儿兴趣，而且，我也不需要学习呀！我升入初中后，老爸就为我买了一套房子，钱花得不多，才50多万元。老爸还说等我上高中后，就为我买一辆不低于20万元的汽车。我们家很有钱，您能看得出来，那些钱将来都是我的！"

对于每一个父母而言，他们都期望自己的孩子能听话、懂事，能体谅自己，而不期望自己的孩子乱用零花钱，在学校胡作非为，否则，即便父母再有钱，而孩子没有半点体谅父母之心，那么必然会影响到相互之间的和谐和亲情。

读高二的小海在暑假并没像其他同学那样，盘算着到哪里去玩，他想打工，帮同样在打工的父母减轻些负担。

小海骑着自行车，去了十多家饭店应聘，人家一听是假期打零工的，都不爱要。最后，一位饭店的老板听了小海的想法后，答应让他在店里干活，月薪600元。

饭店的活，并不轻巧。赶上饭点时，饭店里的人手少，小海又是端菜，又是收拾桌子，在家里不怎么干活的他，一开始还真是不适应，有时累得腿都酸了。"我都忙蒙了，手忙脚乱，不是洒了汤，就是打了杯子！"有一次，他把没放水的电水壶插上了电。那次可把小海吓得够呛，尽管老板没说什么，他心里却不是滋味，回到家，他没敢跟妈妈说，怕妈妈担心。

600元钱，是小海以前一个月的生活费，吃饭、买零食，再上个网，基本上就花得差不多了。没钱了，他就向妈妈要，从妈妈那里接过钱，好像很心安理得。在饭店打工这些天，他深深地体会到挣钱的不易，他要把每分钱都花到刀刃上，好让打工在外的父母负担轻一些。

妈妈也发现了小海的改变，以前小海不怎么干活，现在跟她抢着刷碗、收拾桌子，有时还帮她做饭。

虽然，对于青少年来说，要孝敬自己的父母，并不一定要去打工赚钱来减轻父母的负担，但是，我们一定要知道父母在外面赚钱养家的不易。我们一定要有体谅父母的心，而不要不懂节俭，整天大手大脚，动辄向父母索要零花钱，增加父母的负担。

如果我们平时不乱花零用钱，如：少买一些对健康不利的零食；少买一些分散学习注意力的玩具；不去网吧和游戏厅；等等，那么，这也是一种孝敬父母的行为，可以让父母感到欣慰和高兴。

所以，我们青少年一定要改掉自己乱花零用钱的习惯，这样才能平常生活中做到体谅自己的父母，这样既是对父母的爱的回报，也是每个孝敬父母的人应该做的！

要懂得礼让自己的父母

礼让，是中国传统礼仪的一个基本规范。在日常生活中处处都体现着礼让。"肴酒豆肉，让而受恶"；"衽席之上，让而坐下"；"朝廷之位，让而就贱"。意思是说：一杯酒，一盘肉，人们要相互推让，挑选较差的一份；衽席之上，人们要相互谦让而坐下位；朝廷上的位次，臣下要谦让而就下位。

礼让体现了一个人对别人的尊重，礼让在个人修身及人和人的交往中，有重要的意义。所谓"来而不往非礼也"，只要求别人尊敬你，你不尊敬别人，这是不礼貌的。

尊敬长辈和父母是中华民族的传统美德，是每一个人都应该遵守的行为规范。

玄奘原名陈祎，是今河南偃师人，生于儒学家庭，排行老四。玄奘自幼很聪明，据说他八岁时，父亲坐在几案边上给他讲《孝经》，讲到"曾子避席"时，玄奘忽然整理好衣服，站起来立在一边。父亲问缘由，玄奘说："曾子闻师命避席，儿今奉慈训，岂敢安坐？"

在传统教育中，礼让和礼貌、尊老爱幼等内容一起，都作为一种美德教育传授给孩子。即使在现今强调竞争的社会中，礼让仍然还是一种美德代代相传。

然而，在现实生活中，随着家庭经济收入普遍提高，同时现在的家庭大都是独生子女，孩子在经济上往往得到最优先、最可靠的保证，一些父母不惜一切代价投资于孩子智力的发展，而忽略了道德品质的培养。而孩子对待礼让也失去了正确的态度。例如，有的孩子常常会说："我喜欢的玩具，凭什么要给他玩？"

小涛是一名初一学生，他最爱吃虾。每次看到餐桌上有自己最爱吃的虾，就会将那盘虾搅到自己身边，然后一个人津津有味地吃了起来。而如果他爸妈想吃的话，还要经过他的同意。妈妈对此很不解："我真不懂，我和他爸爸对他都是无私的，什么都问问他要不要，但为什么他却那么自私，什么都要留给自己呢？"

小昭也存在类似的毛病。每次家里买了鸡鸭，她都会将最好吃的鸡腿或鸭腿先从碗里翻出来，然后夹在自己的饭碗里。而如果父母买点水果、点心等美食回家，她也理所当然地把这些东西都据为己有，从来不会拿出来给父母分享。

小建是一名初三学生。一次，他和母亲准备坐公交车去书店买书。公交车一上来，小建就一屁股坐在唯一的一个空座位上，他的母亲则站在一旁，手里拎着一个大提兜，大口大口地喘着粗气。有人问小建："你为什么不给妈妈让座呢？"小建辩解说："妈妈是大人，身子骨硬。"一副心安理得的样子。

父母是生我们养我们的人，每一个父母都疼爱自己的孩子，父母的恩情比天大。如果我们要成为父母心目中孝顺听话的好孩子，那么就应该要心中有父母，同时在平常生活中要礼让自己的父母。

一天晚饭后，张立福如常地收起碗筷，却被女儿制止了。女儿站在只比她高一点的水池前，吃力地把碗筷递向龙头冲洗，弄得满袖子都是水。接下来女儿还洗了三个苹果，并且自己拣了最小的来吃。这孩子平时从来都是拣最大的拿啊！张立福感到很惊讶，问："闺女，你今天怎么表现这么好啊？""我们学《弟子规》了，老师告诉我们要让父母吃大个的水果。"

礼让是一种美德，孩子如果能礼让自己的父母，意味着减少了与父母心灵之间的隔阂，意味着能尊重自己的父母。因此，即便只是礼让一件微不足道的小事，对于父母而言，也会觉得我们懂事、有孝心，那么他们就会为我们感到高兴和快乐。

一天，小强和妈妈乘公共汽车回家，在车上，望着路上来来往往的汽车，小强别提有多高兴了。这时，一位白发苍苍，眼中带着慈祥的老爷爷上了车，那位老爷爷还拄着一根拐杖，行动非常不方便。

但这时车上偏偏没有位置了，又没有人主动让座，小强非常想站起来给老爷爷让座，但是，他的脚已经很累了。于是小强的思想在斗争，一边想："让让他吧！那位老爷爷行动不方便，如果拐个弯，或急刹车，他会跌倒的。"另一边却这样想："不要让了，你的脚又累又疼，让别人让好了，他摔不摔倒，又不关你的事。"

小强看着老爷爷步履蹒跚地向自己这边走来，就像要摔倒一样，他终于忍不住了，想站起来让座。这时，妈妈从自己的座位上站起来说："大爷，您坐吧！"老爷爷急忙说："不用了，还是让我站着好了！"在妈妈的再次请求下，老爷爷终于坐在了妈妈的位置上，一边还说："谢谢，谢谢。"

小强看到妈妈这么礼让长辈，心中很不好意思，脸唰地一下红了。妈妈经常和他说，以前，妈妈怀他的时候，无论到哪儿，都受到无数素不相识的人的照顾、礼让，妈妈每次上车的时候，都有许多乘客站起来争先恐后地给妈妈让座。直到妈妈生下他，抱着他乘车时，还有人给她让座，所以，妈妈一看到有需要的人，就主动让座，同时也教育小强要给别人让座。

想到这儿，小强便站起来给妈妈让座，妈妈不肯，说自己站着舒服。但是，小强还是坚持让妈妈坐下来，妈妈看小强这么坚持，便微笑着答应了。

在接下来的路程中，小强虽然站得非常累，但心里却有一种幸福快乐的感觉。

礼让父母，感恩父母，是一种美德。它不仅有利于融洽亲情关系，同时也可以让我们青少年避免养成自私、狭隘的性格，成为能孝顺父母、友爱他人的人。

那么，对于我们青少年来说，应该怎样让自己成为一个礼让父母的人呢？下面几个建议可以参考：

第一，要摆正自己在家庭中的位置。我们必须知道，我们只是家庭中的普通一员，父母虽然对我们很关爱和照顾，并且总是尽他们所能满足我们的愿望，但并不意味着我们有特殊的权力，也不意味着我们就高高在上。

第二，要做到心中有父母。也就是说，不要总是以自我为中心，只顾自己，而不顾及父母的感受。

第三，要多和同伴交往。在和同伴的交往中，我们才会体会到，只有团结友爱、宽容谦让，才能享受共同玩耍的快乐。同样的道理，礼让父母，才能拥有一个温馨、和谐、友爱、宽容的家庭环境。

不与富裕家庭攀比，不要过分要求父母

攀比是不满足于现状、不甘落后于他人而想超越他人的心理意识。目前攀比之风在一部分青少年当中非常盛行，而且有愈演愈烈的趋势。例如，同学之间比着看谁的衣服牌子更硬，谁的鞋子更贵，还有的比较所用的书包、文具盒、钢笔，甚至小到橡皮也要比较谁的更贵、更高级，或是比较生日派对谁的场面更隆重盛大，谁送的礼物更"拿得出手"。

总而言之，概括起来主要有以下几种攀比：

第一是比穿的。

有个初中生说："我们选鞋的标准主要是看广告，篮球明星科比、奥尼尔、姚明穿的都是名牌，他们穿什么，我们就买什么。一双鞋花上上百块，甚至一千多块，这样才不致被人看不起。"

一个女生也说："在我们班上出现了一种特别奇怪的现象，你跟别人说

话，他却会说：'等你穿上"阿迪达斯"才配跟我说话！'有一次，坐在我旁边的一个男生故意踩我的新鞋，我让他别踩，可他居然说'阿迪达斯'踩杂牌鞋是理所应当的！"

可见，一些青少年希望通过追逐名牌、进行"贵族消费"来提高自己在同学当中的地位，或者希望用最好的东西来证明自己，甚至是打击那些曾经嘲笑过他们的同学或朋友。

第二是比吃的。

吴女士的儿子今年上初中一年级，说起儿子，她一副很无奈的样子。"以前春游，儿子会要求我带他到超市买一大堆零食，直到把书包塞满为止，如果没有让他带够他满意的东西，春游回来他一定会抱怨，说某某同学带了什么好吃的，他带的东西没有别的同学好。今年孩子没有要求我给他买多少零食，却要我在春游那天一大早就给他买肯德基的套餐，还说要买最大份的家庭套餐。"

"因为我们住得离学校比较远，所以没有给儿子买肯德基套餐，而是给他买了一些面包和饮料，结果孩子哭闹着不愿意去春游。最后孩子还是被我们送去学校了，可是却一副闷闷不乐的样子。等他回来我才发现他带去的面包都没有吃，说因为别的同学带了洋快餐等食物，觉得自己带面包丢脸了拿不出手。"

第三是比用的。

再过几天，上初二的女儿又要开学了，尹女士像以往一样，又准备了新衣服、新文具。没想到女儿看到后不仅不高兴，还闹起了别扭。在她再三追问下，女儿才说出原因。原来，现在流行穿"牌子衣服"，女儿也想要。

尹女士一听只好花了600多块钱在品牌店给她买了身衣服。然而衣服买了，没过两天女儿又说现在很多同学都买了学生电脑，尹女士又花2000块钱给她买了电脑。之后女儿又说同学都用电子词典，她也想要。"照这个消费速度，我们真有点'吃不消'。孩子总是跟别人比这个、比那个，我们做家长的到底该怎么办？"说到这儿，尹女士一脸的愁容。

第四是比花的。

15岁的明明过生日，妈妈就和她商量，不如请几位好朋友在家吃顿饭庆祝一下。可明明却不同意，还说："那天同学过生日，请我们到大饭店吃了一顿，花了1000多块！可您却让我在家里请客，又寒碜又小气，我才不丢人现眼呢！"妈妈苦口婆心地说："各家的条件不一样，礼轻情义重嘛！"

明明听了嘴一撇："您也太老土了！现在流行什么您都知道吗？吃什么本身并不重要，要舍得花钱才是硬道理！多花点钱摆上几桌，立马挣足了面子；以后大不了吃他一个月的方便面，反正同学们又不会知道。"妈妈听了瞠目结舌。

第五是比谁家有钱。

奇奇爸爸天天开车去学校门口接送儿子。以前，放学铃声一响，儿子很快就能和伙伴们一起冲出来，有时还会吆五喝六地"点"上几个小家伙，一同"塞"进车厢；可是现在，他经常要等很久，全校人也差不多走光了，儿子才不紧不慢地一个人溜达出来。

爸爸问奇奇其中的原因，哪知奇奇竟说："老爸，以后别把咱家奥拓车停在校门口了。那边有条没人的巷子，您就停那儿吧。我保证，一放学立马就奔过去。为什么？咱真丢不起那个人哪！您是不知道，我们班上有个同学，平时不咋地，可这段时间甭提多'拽'了，打'嘴仗'谁都干不过他！没办法啊，谁让他爸开的是宝马呢！车牌号还挂了好多个8！再掰掰手指头数数，我们同学家里有帕萨特的车，有本田的车，个个风光着呢！再不济有辆普通桑塔纳，也勉强说得过去。可瞅瞅咱家的小奥拓，让我在同学面前一点脾气也没有，特跌份！"

本来，攀比是一种很正常的心态，说实在的，每个人或多或少都有攀比心理。有时候，攀比心理可以促使人去努力，比如努力多挣钱、努力考一个好学校、努力获得奖项等。人前进的动力，不就是为了得到更好的生活和得到他人的尊重吗？攀比如果是在自己能力所及的范围内，那么就没什么可非议的。

而一旦过高要求父母，不顾家庭的实际经济状况而与人攀比，就会演变成盲目攀比，给父母带来额外的负担和压力。我们应该知道，每一个家庭的经济条件不一样，比如：有的家长是工薪阶层，有的家长做小本生意较为成功，有的家长经营企业可以赚大钱。我们不能将工薪阶层的家长与经营企业的家长相提并论，否则就会让自己的父母"吃不消"。

宋女士的女儿每个星期天一回到家，就会对宋女士提出各种要求："同学们都买新球鞋了，我的球鞋一点儿也不好看，又不是名牌，太丢人了，我要买双名牌的。""我的电脑太旧，人家笑话我是老牛拉破车。你什么时候给我买一台新的？"

虽然女儿大了，有了攀比心理，宋女士能够理解，但是家里经济条件并不太好，孩子每次提出要求，宋女士都很为难。

因此，如果要让自己的行为符合孝道，那么我们就不要与富裕家庭进行盲目攀比，杜绝对父母提出一些过高要求，从而减轻父母一些不必要的负担，达到体谅父母的目的。

那么，我们青少年该如何避免盲目攀比呢？下面几个建议可以借鉴：

第一，要懂得"反攀比"。很多人在攀比时最典型的理论就是"别人都有，所以我也要有"。其实，当我们发现"自己的电脑不如别人"时，就应该想想有些同学还没有电脑呢，这样，心理会平衡一些，也就不会滋长攀比心了。

第二，不要和别人比，而要和自己比。我们在和他人的相处中，通常会拿自己和别人做比较，也常常会在比较中产生自卑感。此外，总和他人比较，我们容易缺乏自主性和独特性。我们不妨自己和自己比，例如，今天和昨天比，这个月和上个月比，本学期和上学期比。在比较中，我们会看到自己的进步：原来不认识的字现在认识了，原来不会骑自行车现在也会了……

这些比较可以让我们获得自信，并在欣赏自己的过程中努力超越他人。

第三，改变攀比兴奋点。一个人有攀比心理，说明他内心有竞争意识，想达到别人同样的水平或者超过别人。我们应该改变比吃、比穿的攀比倾向，而在学习成绩、才能、毅力、良好习惯等方面进行攀比，这样就不会让父母为难了。

九、尽孝道，要听从父母教诲

父母对于孩子的良苦用心毋庸置疑。所谓"可怜天下父母心"，每一个父母都希望自己的孩子行为端正，并且能有所成就。父母之所以对自己的子女谆谆教诲，就是希望自己的子女能有一个正确的价值观、人生观、道德观，能够懂得一些做人处事的道理，而不要我行我素，胡作非为。父母的教诲都是为了我们好，所以我们应该让自己的行为遵守父母的教诲，而不要让父母伤心。

要遵从父母的教训和命令

孝顺原指爱敬天下之人、顺天下人之心的美好德行。后多指尽心奉养父母，顺从父母的意志。《孝经》中也有一句话，说"居则致其敬"，意思是在日常生活中，做子女的人，无论做什么事，都要对父母恭恭敬敬，遵守父母的训诲。

对于古代的孝子来说，他们一般都会遵守父母的训诲，不忤逆父母的意志，来达到孝敬父母的目的。

东晋的大将军陶侃，由于常常要应酬，所以喝酒是免不了的，但是他却一直坚持父亲教训他的原则，无论在什么场合喝酒，一定不超过三杯。有一次，陶侃和一些有名人物一起聚会，大家兴高采烈地敬酒，陶侃也已经喝到了第三杯，同桌的客人又开始斟酒，陶侃却把杯子收起来说："我不能再喝了。"

大家都觉得很奇怪，就问他说："你怎么只喝这么一点点呢？"陶侃说："我在年轻时，常常因喝醉酒而失态，后来父亲劝导我，以三杯为限。现在他虽然已经过世了，但是我仍然遵守他对我的训诲，喝酒绝不超过三杯！"大家听完之后，纷纷觉得他是一个孝子，就不再勉强他喝酒了。

陶侃

徐霞客是明代伟大的地理学家、旅行家和探险家，也是一个敬重父母和遵守父母训诲的人。

徐霞客幼年受父亲影响，喜爱读历史、地理和探险、游记之类的书籍，这些书籍使他从小就热爱祖国的壮丽河山，立志要遍游名山大川。

15岁那年，徐霞客应过一回童子试，没有考取。父亲见儿子无意功名，也不再勉强，就鼓励他博览群书，做一个有学问的人。然而街坊邻居和亲戚朋友却议论纷纷："弘祖（徐霞客名弘祖，号霞客）这孩子，看来聪明，却志趣怪诞，不入正道。""徐家祖辈性情高傲，不肯随俗，恐怕弘祖也难以成器了！"有人甚至责备他父亲太放纵孩子了。

徐霞客的祖上修筑了一座万卷楼来藏书，这给徐霞客博览群书创造了很好的条件。他读书非常认真，凡是读过的内容，别人问起，他都能记得。家里的藏书不能满足他的需要，他还到处搜集没有见到过的书籍。他只要看到好书，即使没带钱，也要脱掉身上的衣服去换书。

19岁那年，他的父亲去世了。他很想外出去寻访名山大川，但是按照当时的道德规范"父母在，不远游"，徐霞客因有老母在堂，所以没有马上出

践行孝道

游。他的母亲是个读书识字、明白事理的女人，她勉励徐霞客说："我这辈子最大的心愿就是能看到你成就大业，若因我使你半途而废，我死了也合不上眼，更无脸去见你父亲。我尽管年纪大了，身体还好，照样能织布种豆，看护孙儿。如果你对父母孝顺的话，你就只管外出游历，千万不要为我分心！"

于是，徐霞客忍痛踏上了新的征途。他先后到过祖国现在的 17 个省区，走遍了三川（长江、黄河、珠江）五岳（泰山、华山、恒山、衡山、嵩山），深入到不毛之地和险山深谷，写下了几十万字的《徐霞客游记》。

对于今天的青少年而言，可能很多人觉得遵守父母亲的训诲会抹杀自己的个性，同时会让自己越来越没主见。但是如果一个人连父母的话都不听从，那么需要百倍用心的孝就更难以做到。况且父母的知识、经验使得他们所说的话在很多时候都有一定的正确性，能够让我们少走很多弯路，避免走错路。

萍萍变得越来越有主见，但也越来越任性，父母的规劝再也听不进去了。有一次，妈妈带萍萍到商场购物，萍萍喜欢上了一件漂亮的连衣裙。可是，连衣裙很贵，妈妈没带足够的钱，就没答应萍萍的要求。习惯了自以为是的萍萍根本不听妈妈的话，大声叫嚷着，坚持要买连衣裙，弄得妈妈在人来人往的商场里十分尴尬，不知道怎么办才好。最后只得给朋友打电话借钱，给萍萍买下了那件连衣裙。

还有一次，爸爸对正在看言情剧的萍萍说："孩子不要看这种电视节目，换一个！"但家里电视的遥控器一直是由萍萍掌管的，看什么电视节目也一直是由萍萍决定的，爸爸的这种命令方式让萍萍一时很不适应。于是，她随口说道："我有看的自由，你管不着！"

爸爸看到管教没能起到作用，心里也很生气，上前一把抢下遥控器，扔在茶几上。"快去学习，看看你的成绩下降了多少，还在整天看电视！"让爸爸没想到的是，萍萍一把抓起遥控器，用力砸向电视屏幕……爸爸一脸惊讶地望着萍萍，怎么也不敢相信眼前发生的事是真的。

孝养父母，不但要养他们的身体，也要养他们的心。子女的尊敬与爱戴，是父母能够体会到的，也最能带给父母快乐和幸福。对于父母而言，如果子女总是将自己的话当作耳旁风，试问父母的心里会做何感想？

古人云："能顺则孝，悦亲为则"。孝敬父母包括要听父母的话，我们每一个青少年应该尽量不要与父母发生争吵或与父母赌气，因为这样不仅会让父母伤心、难过，同时还会破坏家庭和谐温馨的气氛。

当然，孝敬父母并不是对父母百依百顺，父母的言行正才能顺，言行不正就要规劝。孝敬父母并不等于绝对服从、顺从父母。曾子曾问他的老师孔子："请问子从父命，是否就是孝？"孔子回答说："这是什么话！如果做父亲的行为不义，那么做儿子的就不能不在父亲面前力争，有这样以义相争的儿子，才能使父亲免于犯下大的错误。"

战国时期，田稷子在齐国任相，有一次，他手下的官吏为了讨好田稷子而用金子去孝敬其母亲。田稷子见了金子很诧异，问道："母亲你哪来的这些金子？"母亲回答是官吏送的，田稷子严肃地说："人要努力培养高尚的品德，廉洁奉公，千万不可贪不义之财。不好的事情，不要去想；来路不正的东西，不要往家里拿。你这样做，让我如何以身作则，让我的手下也廉洁奉公啊？"母亲听了田稷子的话，深感惭愧，于是将金子退回了。

饮水要思源，知恩当图报。一个人从呱呱坠地到长大成人，无不渗透父母的心血和汗水，这期间有"生三年，然后免于父母之怀"的百般呵护和疼爱，有"临行密密缝，意恐迟迟归"的千遍叮咛和牵挂，有"不为己身苦，常怀儿女忧"的万种柔情和眷顾。

那么，作为沐浴父母无限关爱的儿女该怎样回报呢？唯有孝，才能无愧于双亲；而做一个听话懂事的孩子，才能让父母欣慰！

所以，我们每一个青少年都应该在平常生活中做一个听话、懂事的孩子，要懂得采纳父母的建议，而不要一味抵制！同时，还应尽力体恤父母的苦心，不要厌烦父母的唠叨，不要埋怨父母的古板。让父母心安，接受并理解他们的爱，就是在把快乐送给他们。

自己的行为，不要违背父母的教诲

父母对于孩子的良苦用心毋庸置疑。所谓"可怜天下父母心"，每一个父母都希望自己的孩子行为端正，并且能有所成就。父母之所以对自己的子女谆谆教诲，就是希望自己的子女能有一个正确的价值观、人生观、道德观，能够懂得一些做人处事的道理，而不要我行我素，胡作非为。父母的教诲都是为了我们好，所以我们应该让自己的行为遵守父母的教诲，而不要让父母伤心。

吕继宏是我国著名军旅歌唱家，也是国家一级演员。他的歌声嘹亮动听，深受老百姓喜爱。《孟子·万章》里说"孝子之至，莫大于尊亲"，吕继宏一生都不敢违背父母的教诲，时常用"不可以"三个字约束自己。

小时候起，父母就教育小继宏不可以占用别人的东西，不可以白拿别人的东西，不可以没有礼貌，不可以不务正业，吃饭时不可以在大人面前先动筷子……父母严格的家教给吕继宏列出了很多的"不可以"，从那时起，他就懂得哪些事情是该做的，哪些事情是不该做的，在以后的人生道路中，他始终恪守父母的教诲，不敢违背。

在成名以后，吕继宏也用"不可以"三个字来拒绝一些所谓的名利，在取得鲜花与掌声之后，他总是静下心来思考，始终保持一种清醒。不是自己的坚决不要，不可以让自己在原则的边缘徘徊，不可以被一些虚华的表象迷惑……可以说，"不可以"三个字已经成为吕继宏的座右铭。

出了名的吕继宏从没拿自己当明星看，他依旧抱着普通人的心态，过着普通人的生活。接触过他的人都认为：吕继宏身上丝毫没有"明星味"。而吕继宏之所以能够如此，是因为他始终将父母的教诲扛在肩上。父母教他的"不可以"三个字，常常使他心存敬畏，这种对父母的敬畏，是一种大孝大爱的表现。

作为军人的吕继宏以服从命令为天职，而他也将父母的教诲当作命令一样，不渝地恪守，映衬出他那颗纯洁的孝心。

有一个男孩，同样能恪守父母的教诲。在他16岁时，父母亲相继去世了，只剩下一个妹妹与他相依为命。为了赚钱养家，他按照报纸的招聘广告去寻找工作。面试时，老板问他一个不同寻常的问题："你有什么宗教信仰？"

这个男孩回答："没有。不过，尽管我没有宗教信仰，可是已经过世的双亲却一直活在我的心中，只要一想到他们，我就不会做出坏事了。因为我告诉自己，绝不能做出让父母伤心的事情，我一直秉持着这个原则生活着。"老板被他的孝心所感动，终于录用他为公司的员工。

慈母手中线，游子身上衣。临行密密缝，意恐迟迟归。谁言寸草心，报得三春晖。是啊，世界上哪有父母不疼儿女的，不爱儿女的？没有父母，就没有我们。是父母在我们苦恼的时候帮助我们，是父母在我们伤心时安慰我们，也是父母给予我们力量，给予我们生命。

父母是平凡的，也是伟大的，更是无私的，父母给予我们的爱无法用金钱来衡量。然而，如今很多青少年对待父母的教诲是什么态度呢？只有冷漠、发脾气、不当一回事……

容容15岁了，她曾多次要求妈妈给她的房间装一部电话，这样她就不必总在客厅跟同学打电话聊天，而与看电视的父母相互干扰了。妈妈终于同意了，但有一个条件，就是容容不能长时间打电话，不能影响学习和睡觉。

容容答应了。从装上电话那天起，妈妈就意识到自己犯了一个错误。只要容容在自己的房间里，多半时间是在煲电话粥，有时夜深了，容容还抱着电话说个不停。于是妈妈就对容容说："容容，别打电话了，早点睡觉！"容容说了几句，便挂了电话。

第二天，妈妈发现容容又在打电话，很生气，说："容容，我跟你说过多少次，你怎么不听话啊？你若再这样没完没了，我就把电话报停了。"

容容见妈妈认真了，于是后来几天收敛了一些，但是几天后她又管不住自己了，仍然我行我素，让妈妈无可奈何。

小亚小时候一直跟爷爷奶奶生活，上中学时才回到妈妈的身边，由于父亲在很远的地方上班，一年回家的次数有限，妈妈总觉得孩子得到的温暖太少了，所以对孩子几乎百依百顺，有求必应。可是，如果妈妈满足不了他的需求，他动辄就会发脾气，不上学，甚至要离家出走。

后来小亚变得越来越不像话，他开始明目张胆地在班里抽烟，上课期间偷偷出去上网，还用妈妈给的零花钱宴请他的"小兄弟"。由于时常逃课，老师只好把电话打到家里，这时的妈妈才如梦初醒。但小亚对妈妈提出的交涉条件是："给我买台电脑，我就不去网吧。"妈妈听后，毫不犹豫地为小亚买了一台电脑。

没想到，小亚从此旷课更加频繁，每天都泡在电脑游戏里不能自拔。无奈之下，妈妈也天天苦口婆心地规劝他。然而，因为小亚长时间疯玩电脑游戏，他的脾气开始变得暴躁，不通情理。吃饭时，妈妈把饭端到面前，他却不理不睬。妈妈还没跟他说上两句话，他就翻脸呵斥："讨厌！你烦死了，快滚开！"

这一次，小亚又大发脾气，摔碎了家里的茶具。妈妈斥责他几句。他就疯狂地扑过来抓妈妈的脸，并大骂："我不要你这个妈，滚出去，我烦你！"

瑛瑛14岁，经常跟邻居12岁的小容一起玩耍、做作业。两个小姑娘性格迥异，瑛瑛活泼好动，但有些毛手毛脚；小容十分文静，做事有始有终，很有条理。妈妈经常对瑛瑛说："做完作业要把桌面和书包整理好，不要把东西放得到处都是。你看小容多勤快，收拾得多整齐。"妈妈常常这样说，瑛瑛却毫无改进之意，以前还略微收拾一下，现在干脆不管不顾，仿佛在说：让妈妈爱夸谁夸谁，要说什么就说什么吧。无奈之下，妈妈总是一边责备瑛瑛，一边帮她收拾桌子。

家庭教育在一个人的成长过程中具有至关重要的作用，父母是我们生命的创造者，也是我们心灵的塑造者。父母的教诲对于我们的健康成长起到很重要的作用，我们每个人都应该多聆听父母的教诲。

而且，每个人都有一个根深蒂固的价值系统和由此产生的期望与标准，父母也不例外。对于父母而言，如果孩子没有达到自己的期望，或者总是违背自己的教诲时，父母通常会觉得受到了伤害或感到生气。

所谓"百善孝为先"，出于对父母的尊敬和孝敬，我们每一个青少年都应该让自己的行为达到父母的期望，而不要让自己的行为违背父母的教诲。

不要与父母唱反调

对于每一个父母来说，孩子听话、懂事，他们就会少一些担心、操心，多一些欣慰和高兴。然而，事与愿违，很多青少年不仅没有如父母所期望的听话、懂事，而且还喜欢与父母唱反调。如：父母要孩子学弹琴，结果孩子偏偏去唱歌；父母要孩子学唱歌，结果孩子偏偏去跳舞；父母要孩子去跳舞，结果孩子偏偏去学书法。这让很多父母大为头痛。

有位母亲是位大学德育教师，由于工作出色，曾被评为市优秀教育工作者。她的丈夫是大学教师，学术上颇有造诣，有数篇论文在国家级杂志上发表。夫妇俩事业上都可谓如日中天，但万没料到儿子不争气。他们对儿子期望很高，希望把他培养成优秀的顶尖人物。儿子强强小时候聪明活泼，夫妇俩想尽办法为他创造条件，让他上各种兴趣班、提高班，还买了许多辅导书给他看，可是强强的学习成绩始终没有达到他们的要求。

进入初中后，他逐渐变得不听话，常常和父母唱反调，对学习厌烦，学习成绩明显下降。读初三时，他还常常逃学。父亲非常难过，甚至向儿子下跪，希望他能把书读好，但是儿子对读书就是提不起兴趣。

一天清晨，夫妇俩发现儿子不辞而别，书桌上留了一张纸条。后来，警方在火车站附近找到了强强。原来他想远走异乡，只是因为火车票不太好买，所以尚未走成。回到家里，强强表示不想读书了，否则他还会离家出走；父母只好答应他的要求，让他休学在家。

"这么做是出于无奈，我出身于书香门第，我的父母也是教师，家里的兄弟姐妹都是知识分子，我的侄子上了名牌大学，外甥女进了重点高中，可偏偏我的儿子不争气，给我丢尽了脸面。"这位母亲很是失落，同时也为自己的儿子感到痛心。

崎崎现在在一所普通中学读初三，即将参加中考了。他在小学阶段还是比较听话的，上了初中后，不知是不是由于青春期比较叛逆的缘故，与父母的沟通越来越少，也越来越听不进父母的话。由于崎崎初中上的是家附近对口的一所普通中学，整天与他玩在一起的都是那几个贪玩的小学同学，渐渐地，崎崎对学习也不那么热心了，但在家长的督促下，成绩也能保持在中等水平。

每个星期五和星期六晚上，崎崎都要玩网络游戏至深夜，第二天就睡到中午才起床，眼看马上要中考了，他却一点儿都不急。妈妈忍不住了，找他谈话，本意是想激励、促进一下他，让他抓紧时间做好最后的冲刺，结果却适得其反，崎崎不但不听，还有意与父母对着干，变本加厉，连平时也玩起网络游戏了，一副破罐子破摔的架势。妈妈任何一句劝告的话，都会激起他更大的反抗和敌视。

青少年喜欢跟父母对着干，这其中父母可能也存在一些问题。可是，作为子女的我们是否想过，父母所做的一切都是为了什么？还不是为了我们！

要知道，父母不仅要千辛万苦地在外面打拼，面对社会上各种各样的变化和挑战，回到家还要操持饮食起居，劳神操心地教育我们。一年到头身心疲惫，这不都是为了我们吗？可是我们却丝毫不领情，一点儿都不知道体谅父母，这未免也太没良心了！

古语说："父母教，须敬听。"这句话是讲，父母的教诲我们要恭恭敬敬地去听取、去领受。父母比我们年长很多，按俗话说，"他们吃的盐比我们吃的饭都多，走的桥比我们走的路都多"，而且父母都是真心爱儿女的，都希望儿女能够好、能够有成就，所以他们的教诲对我们必定有好处，对我们的人生必定有积极的指导意义，所以我们应该虚心恭敬地去听取。

钟茂森博士是澳大利亚昆士兰大学商学院副教授，他从小就非常听父母的话，尤其是他母亲。母亲在他心目中是个非常有智慧的人，她的言行举止处处都是他的好榜样。她在钟茂森很小的时候就在思考他的人生规划问题，所以当钟茂森上学的时候，她就帮助他上广州市最好的中学。在母亲的培育下，钟茂森以广州市黄埔区第一名的成绩考上了当时广州最好的中学——华师附中。上了中学，母亲又不断地督促他、鼓励他，结果钟茂森成功考上了重点大学——中山大学。

父母的恩情是伟大的、无私的，像春风一样柔和，像阳光一样温暖。父母抚育我们就像大地哺育着种子，其实并不想索取酬谢。他们不仅给予了我们生命和一个美好温馨的家，而且还给予了我们人生的真谛。

父母爱我们胜过爱自己，而且父母比我们更有经验和知识。所以，我们不仅要尊敬自己的父母，感谢自己的父母，还要相信父母，理解父母，与父母沟通时要注意态度，不能大喊大叫，不能与父母顶嘴，更不要与父母唱反调，让父母难过。

如果与父母发生争执，我们要先想想自己在这件事情上有没有做得不太好的地方或者是不对的地方，如果是自己的问题就要反省，改正错误。如果是父母有什么不对的地方，我们也不要与其争吵，要坐下来与父母沟通，相信父母也会接受我们的看法。

父母训诫时，不要顶撞

父母是世界上最可爱的人，无论我们成功还是失败，他们一直默默地支持着我们；无论我们平凡还是出色，他们永远不会嫌弃我们；无论我们贫穷还是富有，他们总会随时随地地关注着我们……他们永远是那个在天冷的时候叮嘱我们"多穿点"的人；在上学的时候吩咐我们"小心点"的人；在放学回家的时候提醒我们"注意点"的人。

真是可怜天下父母心啊，父母无私地为我们付出了全部的爱。可是，很多父母都没有得到相应的回报，反而还被孩子气、被孩子骂。很多父母抱怨道，也不知道为什么，现在的孩子脾气就是大，生活中稍不如意，就不给父母好脸色，甚至恶声恶气。

谢女士对读初中一年级的儿子的行为感到很伤心，她说："每次吃饭，即使四个大人都到齐了，若他没来，就不能开饭，否则他就要发脾气，哄都哄不好。"

武汉市某中学初二年级学生小明的父亲也觉得很苦恼。"这孩子在学校特乖，特别听老师的话，可是一回到家里，就像变了个人似的。"回到家，小明经常和父母顶撞，有时候还没说两句，就摔门而去。

有一份抽样调查显示：超过65%的学生在家里经常顶撞父母，对父母发脾气。比如说，问卷中有这样一道题目："当父母不能满足你的要求时，你会怎样？"结果，大多数学生选择了与父母争辩或者摔门而去。

现在的孩子到底怎么啦？为何脾气这么大？一方面，是因为孩子进入了青春期，性格较为叛逆，另一方面，因为他们是独生子女，占据了家庭的中心位置，从小就被父母娇生惯养，形成一种任性固执的坏习惯，性格很难管教。

一天晚上晓洁做完作业后，看到爸爸不在，便坐在沙发上，准备看一会儿电视再回房睡觉。这时，爸爸开门进来了。由于公司里的事情比较多，爸爸经常很晚才拖着疲惫的身躯回家。这天也是，爸爸一进屋就把公文包扔在沙发上，鞋也不换就坐进沙发里。

爸爸脸色不好，看来心情很糟。当他看到晓洁还在看电视时，一股火就上来了："高中学习这么紧张，你还有闲情看电视？你呀，都这么大了，还不懂事，净让爸爸操心，我在外面累死累活不就是想给你创造好的条件吗？可你呢，一点也不了解父母的心！"

"不就是看一会儿电视嘛，至于发这么大的火吗？"晓洁认为爸爸一定是在外面受了气，回家拿自己出气。她越想越委屈，大声反驳道："你在外面受了气，凭什么回家拿我当出气筒！读高中怎么了，就因为读高中，你就堂而皇之地剥夺我看电视的权利？真可笑！"

晓洁这么一吼，爸爸不出声了，气得脸色铁青，陷在沙发里直喘粗气。白天在公司操劳一天，晚上回家又遭到女儿如此激烈的顶撞，爸爸感觉伤心极了。

人都有脆弱的一面，父母也不例外。他们天天在外奔波劳累，难免遭遇挫折，回到家表现得焦虑、烦躁也不足为奇。如果父母偶尔把儿女当作"出气筒"，作为儿女先要换位思考一下，不要用冷言恶语去顶撞父母。如果儿女冲动、任性地去顶撞父母，在父母的伤口上撒盐，最终会让他们伤心不已。

小文的妈妈是一名中学教师，按理说应该非常懂得如何教育孩子，可是最近一段时间，她在教育自己儿子的问题上，却遇到了很大的麻烦。

小文是一所名校初二年级的学生，前几天，小文的班主任发消息给小文妈妈，说小文这段时间成绩下滑得很厉害，而且学习劲头也不足，希望家长多关心帮助孩子。"看到这些短信，我真是有苦说不出。"小文妈妈说，不知从什么时候起，儿子根本就不愿意跟她说话，一回家就躲进自己房间。

"有一次，我实在看不下去，就跑到他房间去问他在学校的学习情况，他顶撞我，还把我推出房间了。"小文妈妈生气地说。在妈妈的印象中，儿子一直是个乖巧的孩子，"他小的时候很听话，学习也很努力，自己考上了这所名校，当时我和他爸爸都觉得很骄傲。"可自从上了初中，听话懂事的孩子变了，总是和家长顶嘴，成绩也不如以前了，"眼看着就要上初三，他现在这样的学习状态可怎么办？孩子爸爸工作很忙，平时都只有我一人管孩子。但我的工作现在压力也很大。"

父母对我们的爱和关怀是毋庸置疑的，但有时候表达方式不太对，作为儿女的，不要过分夸大与父母之间沟通的障碍，更不能一味认定父母跟不上时代，就不与父母沟通。这样，只会让父母为我们担心，增加父母的烦恼，如果这种情形长期存在，甚至还会导致与父母之间关系的恶化。

周末，志志和妈妈一起去超市。路上，妈妈关切地问了志志的学习情况、交友情况，志志都认真地做了回答。其实，志志边回答妈妈的问话边心里嘀咕，妈妈什么都问，太唠叨了。讲着讲着，妈妈突然说："我最讨厌你们班那个叫'大虾'的男生了，上次你请那帮同学到我们家来，我看他上蹿下跳的，净出风头，说话也油腔滑调的，一副没有教养的样子！下次再请同学来我们家玩时，你就不要叫他了。还有啊，你平时最好离他远点，免得被他带坏。"

"大虾"性格豪爽、为人热情，是志志的死党。平时他们无所不谈，彼此感觉很投缘。现在听妈妈这么说"大虾"，志志觉得妈妈看人太片面、说话太刻薄，自己也感觉受到了很大的侮辱似的。他一股脑地将怨气向妈妈发泄出来："你整天唠唠叨叨的烦不烦啊？'大虾'是我的好朋友，我不许你这么说他！你只见人家一次就这么贬低人，怪不得你在你们单位人缘不好呢！"一席话戳到了妈妈的痛处，气得妈妈当时泪水就落了下来。

对于父母的批评与指教，子女应洗耳恭听、虚心接受。无论从哪方面讲，父母对子女的苦口婆心，都是爱的表现。明白了这一点，即使父母的言辞有些偏差，做子女的也应该理解他们，切不可得理不让人、当场顶撞，或是不屑一顾、扬长而去。即便在心情不好时，也不能随意顶撞父母，因为不能很好控制约束自己，是一种不尊重长辈的表现。

那么，我们该如何才能做到在平常生活中不顶撞自己的父母，做到尊敬父母呢？

第一，要多想想平时父母对我们无微不至的关怀，多想想他们的养育之恩。因为这样可以让我们理解父母的心情和良苦用心，我们才能耐心地听完父母的责怪、训斥，不会在父母训诫我们的时候顶撞父母。

第二，我们要懂得寻找自己的原因。父母在训诫的时候，我们不要自以为是地认为父母小题大做，也不要认为父母管教过严，我们应该严格要求自己，改正父母指出的错误，尽量让自己的行为符合父母的要求。

第三，我们要耐心听完父母的责怪、训斥。在家庭生活中父母错怪孩子也是常有的事，如果确实是父母误会了，那么我们可适当做些解释以消除误会，或是暂时沉默以缓和紧张气氛，不要急于争辩以免激化矛盾。待大家都心平气和时，再进行详细的解释。要避免使用刺激性的语言，更不要一味责怪、埋怨父母的处理不当。切忌因为父母的错怪而恶语相向，更不能因此采取过激的行动。

要服从父母的管教，收敛父母不满意的行为

如今，很多青少年在平常生活中"我行我素"，不服从父母的管教。

14岁的佳宜星期六想和同学小萍去逛百货商场，然后看场晚上七点的电影，大约九点半以后再回家。妈妈不答应，"你这么大的孩子可以自己去逛百货公司、看电影吗？""妈！求求你让我去嘛！"佳宜不停地说服妈妈，"其他的同学都去过了，只剩下我。她们都笑我像个小木偶一样，什么事都不会

自己做！""可是，让你们自己去逛商场和看电影我真的很不放心。"妈妈回答。"大家都这样，为什么我就不行？"佳宜开始掉眼泪。

"佳宜，我先打电话给小萍的妈妈，"妈妈希望有更多时间和资讯来做决定，"你和小萍是好朋友，我想看看她妈妈是怎么决定的。""你打电话来真好，"接到佳宜妈妈来电，小萍的妈妈说，"小萍和佳宜一样，吵个不停，说的话也都一样。""那我们是不是该一起商量一下，看怎么处理这件事情比较好。否则，听孩子说起来，我们好像很不近人情，把她们当木偶一样操控在手里。"佳宜妈妈笑着说。

最后，妈妈们决定让孩子们星期六去逛百货商场两个小时，晚上如果要看电影，必须有一个大人陪同。这样，孩子有某种程度的自由，大人也比较安心。"妈！这种规定太无聊了吧？"佳宜不以为然。"孩子，规定就是规定。你可以决定遵守它，去逛街看电影；或者干脆不去。你自己想一想。"妈妈平静地回应。

佳宜看到妈妈这么坚决，于是答应和同学去逛百货商场。然而，晚上她们却偷偷地跑到电影院去看电影了，结果害得妈妈一通好找。

一个上初三的女孩，越大越不服管，她很少和父母一块出去玩、逛商店，甚至回到家也很少与父母坐在一起闲谈，总是一人关在屋子里。上周，母亲看了她放在写字台上忘了收起的信，是高一某男孩写给她的。母亲就信中内容对她做了心平气和的询问，她却恼羞成怒，竟然两天未回家。她父母很着急，到处寻找，后来得知她在火车站过了一夜，次日上课后去了同班女同学家住了一宿。对此，她父母很生气。

小玉今年16岁，长相很乖巧，平时也比较听话。去年，小玉因成绩不理想，便无心读书，整天跟社会上的无业青年混在一起，并跟其中一名男子谈起了恋爱。

一天，小玉的父亲发现一名陌生男子给女儿发的一条很暧昧的短信。父亲看到此短信后，心想孩子一定是早恋了，随后就找来女儿一问究竟。

但女儿的回答让父亲更加吃惊。"现在上学有什么用？还不如早点谈恋爱呢！"面对父亲"你这时候应该好好学习，等工作稳定了再找男朋友"的规劝，女儿的学习无用论及女儿对早恋的认可，让父亲一下子懵了，不知如何回答女儿。父女俩谈话很不顺，父亲很是恼火。

"你今天哪儿都别去，好好在家反省。"父亲为了让女儿能认清问题的所在，强行将女儿关在了二楼。临走时，父亲要求女儿要好好反思。

被关进二楼房间后，小玉心生叛逆，觉得父亲是在故意整她。为了能出去，她立即拿起电话，向自己的男友求助。很快，小玉的男友赶到小玉家楼下。小玉在楼上，男友在楼下，两人垂直距离近七米。怎样才能从楼上下来呢？两人在现场琢磨起"逃生"办法。

最后，小玉和男友想到了把床单撕成条状，然后连接成绳子的逃生办法。小玉随即将床单切割成一条条布条，并麻利地将各个布条打成结，拧成了一根绳子。随后，小玉将绳子的一头拴在卧室里的桌子上，然后将绳子从窗户抛了出来。很巧，绳子的长度正好够得到地面。随后，小玉就双手紧握绳子，双脚撑在墙面上，一步步地从七米高的窗台上，缓慢滑落下来。安全到达地面后，小玉就跟男友跑进了网吧。

当天晚上，父亲回到了家中，看到窗台下的绳子，知道女儿出逃了。随即，父亲打电话给女儿，要求其赶快回家。小玉因害怕，思考再三，最终回到了家中。至此，小玉惊险出逃一事才算结束。

对于很多青少年来说，随着与社会接触范围的扩大，知识面的增加，我们的内心世界丰富了，极易对父母产生逆反心理。我们认为自己已经长大了，对社会、对人生有着与父母不同的看法，不要父母处处管自己，于是与父母时时顶嘴，事事抬杠。

而父母总希望自己的孩子行为规范、品德端正，因此他们总是会教我们一些做人的道理，制止我们一些不恰当的行为，他们是我们的心灵导师。因此对于很多青少年而言，不服父母的管教，最主要的原因就是觉得父母太过啰唆。

但是我们必须要明白，父母为什么总是讲来讲去呢？那是因为他们觉得我们没有做好，他们对我们不放心。如果我们在父母"啰唆"前尽可能做好所有会被"啰唆"的事（如洗碗、做作业、整理自己房间、不乱丢垃圾等），让父母没有"啰唆"的机会，那么父母自然就不会讲来讲去了。

所以，我们每一个青少年都应该问问自己：为什么父母看不惯自己的言行举止呢？自己是不是可以做得更好一点呢？找出自己的不足，尽可能尝试改变，并且尽可能在父母指出前做好。比如他说我们"洗碗很懒"，那么我们就在父母说这句话之前去洗好；他们说我们不复习，我们就尽量多些复习。总之，只要是对的，对我们有利的，为什么不做好一些呢？这样既可免去父母操心，也可让自己少听些父母的"啰唆"，何乐而不为呢？

我们的父母除了做好自己的工作，还要不辞辛劳地操持着我们的家庭。我们是家庭中的一员，在充分享受父母关爱的同时，也应该孝敬父母，应尽自己对家庭的义务与责任。孝敬父母，就是我们的义务与责任之一，就是真诚地、发自内心地对父母尊敬、热爱、关心和赡养，是为人的根本。

不服父母管教是一种很恶劣的行为，这不仅仅是向父母的权威挑战，还是不尊重父母的表现，甚至会激化矛盾，造成家庭不和。不讲孝道，不敬父母，我们又怎能为人！

总之，真正的孝心要体现在言行上，体现在细节处。因此，我们每一个青少年不要总是忤逆自己的父母，处处与父母对着干，更不能不服从父母的管教，而要做听话、懂事的孩子，要遵照父母的教导，收敛父母不满意的行为，这样，才是讲孝道、敬父母的人！

十、珍爱自己的身体是对父母最好的孝顺

回报用心血养育你成长的父母

第 38 届国际奥林匹克数学竞赛金牌得主安金鹏的家境非常贫困，但是，他的母亲却非常坚强，无私地为孩子奉献着一切。

安金鹏看在眼里，记在心里。在献给母亲的文章——《母亲啊，你是我最好的导师》中，安金鹏是这样写的：

……跛着脚的母亲在为我擀面，这面粉是母亲用五个鸡蛋和邻居换来的，她的脚是前天为给我多筹点学费，推着一个平板车去卖蔬菜的路上扭伤的。

端着碗，我哭了。我撂下筷子跪到地上，久久地抚摸着母亲肿得比馒头还高的脚，眼泪一滴一滴地滚落在地上……

我家太穷了，家里欠的债一年比一年多。我的学费是妈妈找人借的，我总是把同学扔掉的铅笔头捡回来，把它用细线捆在一根小棍上接着用，或者用橡皮把写过字的练习本擦干净，再接着用。……

我的母亲是用一种原始而悲壮的方式收割麦子。她没有足够的力气把麦子挑到场院脱粒，也无钱雇人使用脱粒机，她是熟一块割一块，然后用平板车拉回家，晚上再在我家院里铺上一块塑料布，然后用双手抓一大把麦秆在一块大石头上摔打脱粒……

三亩地的麦子，靠她一个人割打，她累得站不住了就跪着割，膝盖磨破了血，连走路也是一颤一颤的呀……

她为了不让我饿肚子，每个月都要步行十多里地去批发二十斤方便面渣

给我送到学校。每个月底，妈妈总是扛着一个鼓鼓的面袋子，步行十里路到大沙河乡车站乘公共汽车来天津看我。而袋里除了方便面渣，还有妈妈从六里外的安平镇一家印刷厂要来的废纸——那是给我做演算用的草稿纸，还有一大瓶黄豆酱和咸芥菜丝，一把理发推子，天津理发最便宜也要五元钱，妈妈要我省下来多买几个馒头吃。

我是天津一中唯一在食堂连素菜也吃不起的学生，我只能顿顿两个馒头，回宿舍泡点方便面渣就着辣酱和咸菜吃下去；我也是唯一用不起草稿纸的学生，我只能用一面印字的废纸打草稿；我还是那儿唯一没用过肥皂的学生，洗衣服总是到食堂要点碱面将就。

可我从来没有自卑过，我总觉得我妈妈是一个向苦难、向厄运抗争的英雄，做她的儿子我无上光荣！……我要用我的整个生命感激一个人，那就是哺育我成长的母亲。她是一个普通的农妇，可她教给我的做人的道理激励我一生。

安金鹏的成功和母亲感人的爱是分不开的。正是这种爱成了安金鹏战胜困难、顽强拼搏的动力。其实天下的父母都是一样的，他们为养育子女长大成人、成才，不知道费了多少心血。子女今天的成就中，也有父母的贡献。

汉朝时有一个名叫韩伯俞的孝子，他侍奉母亲非常孝顺，对母亲说的话都是百依百顺的，即使他的学问一天比一天好，他仍然将母亲说的话记在心里。

母亲对他的教导十分严格，小时候，只要韩伯俞一不小心做错了事，母亲就会用手杖打他，虽然很痛，但是韩伯俞总是忍受着，不敢有违抗的行为。有一次，他做错了事，母亲还像小时候一样打他的时候，他却大哭起来了。

母亲觉得很奇怪，就问他说："以前打你的时候，你从来就没有哭过，今天为什么哭了呢？"

韩伯俞哭着对母亲说："以前母亲打我的时候，我觉得很痛，知道您年轻有力气，身体还是很健壮的，可是今天母亲打我，我却觉得一点都不疼，知道您年纪大了，力气越来越弱了，必定身体状况不如从前了，我觉得很难过，所以不由自主地就哭了出来。"

后来，这件事传扬出去，大家都说韩伯俞是一个很孝顺的孩子。

要多听父母的话，与他们和谐相处，父母之所以要教导我们，是因为在他们的眼里，我们永远都是小孩子，生活经验比较少而且有些知识没有大人掌握得多，有时考虑问题不够周到，不想后果，听从大人的教导可以避免危险、损失，少犯错误，多些进步。总之，要与父母、兄弟姐妹好好相处，孝顺听话，才是作为子女应该做的事儿。

真正寄托这个世界、支撑这个世界的，使这片土地有绿的希冀的，正是那些平凡、善良、任劳任怨的父母。在万般情感之中，有一种弥足珍贵，就是亲情。为人子女者，要珍视这份情，尽自己的孝道，回报亲人的爱。

珍惜父母赐予我们的生命

孔子在跟曾子论孝的时候，告诉他："身体发肤，受之父母，不敢毁伤，孝之始也。"曾子一直牢记着这一点，很注意保护自己的身体。在他重病弥留之际，他叫自己的弟子小心地掀开被子，看看自己的身体可有什么毁伤，然后他引用《诗经》中的话，对弟子说为了保护自己的身体，不让父母忧虑，自己可真是特别小心谨慎啊。这件事情被记载在《论语》当中，即"启予足，启予手！《诗云》'战战兢兢，如临深渊，如履薄冰'"。

古往今来的孝子都特别注意爱惜自己的生命，不仅仅是因为求生的本能，也是因为要以完好的身体向父母交代。这一点上，晚清时期名臣曾国藩就是一个典范。

曾国藩是湖南省长沙府湘乡县人，官至两江总督、直隶总督、武英殿大学士，被册封为一等毅勇侯。

曾国藩不但是一代名臣，还是一个孝子，父母在曾国藩的心中非常重要，不论是在外求学，还是在外做官，他都经常给家人写信，不让父母担心。

曾国藩

曾国藩在一封家书中说："九弟前病时想回家，近来因为找不到好伴，并且听说路上不平安，所以已不准备回家了……儿子在二月初配丸药一料，重三斤，大约花了六千文钱。儿子等在京城谨慎从事，望父母亲大人放心。儿子谨禀。"

他知道父母最担心的莫过于自己的身体健康和处境，于是写信说："我已经吃药了，我做事情会很小心的，请父母不要惦记。"短短的几句话，让父母心里有了着落。

据说古代宋国有个人特别孝顺，在父母生前，他每日都尽心尽力地奉养父母；父母仙逝之后，他因为过于哀伤，导致形销骨立，十分消瘦。大家看到他憔悴的模样，都纷纷称赞他的孝心。这件事传到了宋国国君的耳朵里，国君被这个人的孝行感动，于是赏赐了他很多财物银两。

这件事情被传开之后，许多人也想得到国君的赏赐，于是纷纷仿效那位孝子的样子，故意毁伤自己的身体，有很多人竟然因此而死。这些效仿者的行为实在是大错特错：一则皇帝犒赏孝子，是因为他真诚的孝心，如果众人想要模仿，应该是模仿孝子的孝心才是；二则"身体发肤受之父母"，为了财物而毁伤自己的身体，违背了孝的本意，与孝子的行为南辕北辙。自然，他们这样做也得不偿失。

明代的朱柏庐在《劝孝歌》中写道：十月胎恩重，三生报答轻。这句话的的意思是，母亲怀儿十个月的恩情，就算用三生三世来报答，也偿还不完。也就是说，母亲养育我们的恩情，我们怎么报答都不为过。

母亲十月怀胎使我们来到这个世界上，那么我们更要珍惜自己的生命。让父母放心，更可让自己安心。

正如孔子所言：孝悌也者，其为人之本也。学会感谢父母吧！

有个老人一生十分坎坷，年轻时由于战乱几乎失去了所有的亲人，一条腿也在一次空袭中被炸断；中年时，妻子也因病去世了；不久，和他相依为命的儿子又在一次车祸中丧生。可是，在别人的印象之中，老人一直爽朗而又随和。有一次某个人终于冒昧地问："您经受了那么多苦难和不幸，可是为什么看不出一点伤感？"

老人默默地看了此人很久，然后，将一片树叶举到那个人的眼前。

"你瞧，它像什么？"

那是一片黄中透绿的叶子。那个人想，这也许是白杨树叶，可是，它到底像什么呢？

"你能说它不像一颗心吗？或者说就是一颗心？"

那个人仔细一看还真的十分像心脏的形状，心不禁轻轻一颤。

"再看看它上面都有些什么？"

老人将树叶更近地向那个人凑去。那个人清楚地看到，那上面有许多大小不等的孔洞。老人收回树叶，放到了掌中，用那厚重的声音舒缓地说："它曾遭受过狂风的摧残，它也曾在春风中绽出，它被雨无情地拍打，但它也在阳光中长大。从冰雪消融到寒冷的深秋，它走过了自己的一生。这期间，它经受了虫咬石击，以致千疮百孔，可是它并没有凋零。因为他要为自己的母亲而活，那就是树。无论世间对他再摧残，但他都爱惜自己的生命，因为树给了他生命。我虽然失去了很多，但是我一定要好好地活下去，珍惜父母赐予我的生命。"

人的生命只有一次，是父母给予我们的，无论我们是否与父母一直走下去，父母的愿望就是让自己的孩子健康地成长。我们需要更加爱惜自己的身体。

超越生死的爱

父母对自己的爱有些时候都是超越生死的，父母可以为了孩子的生命而放弃自己的生命。而对于死里逃生的孩子而言，无疑是第二次生命的开始，这种爱比十月怀胎更加伟大，更加令人歌颂，所以，我们要珍惜父母给我们的生命，从某种意义上讲，爱惜生命就是孝顺父母。

在一群小白鼠中，有一只雌性小白鼠，它的脑根部长了一个绿豆大的硬块，便被淘汰下来。十几天过去了，肿块越长越大，小白鼠腹部也逐渐大了起来，活动显得很吃力。这可能是肿瘤转移产生腹水的结果。一天，研究人员突然发现，小白鼠不吃不喝，焦躁不安起来。

他们想，小白鼠大概寿数已尽，就转身去拿手术刀，准备解剖它，取些新鲜肿块组织进行培养观察。正当研究人员打开手术包时，被一幕景象惊呆了。小白鼠艰难地转过头，死死咬住自己拇指大的一块肿瘤，猛地一扯，皮肤裂开一条口子，鲜血汩汩而流。小白鼠疼得全身颤抖，令人不寒而栗，稍后它一口一口地吞食将要夺去它生命的肿块，每咬一下，都伴着身体的痉挛。就这样，一大半肿块被咬下吞食了。研究人员被小白鼠这种渴望生命的精神和乞求生存的方式深深感动了，收起了手术刀。

第二天一早，研究人员匆匆来到它面前，看看它是否还活着，让他们吃惊的是，小白鼠身下，居然卧着一堆粉红色的小鼠仔，正拼命吸吮着乳汁，数了数，整整 10 只。小白鼠的伤口已经停止了流血，左前肢腋部由于扒掉了肿块，白骨外露，惨不忍睹，不过小白鼠精神明显好转，活动也多了起来。恶性肿瘤还在无情地折磨着小白鼠。研究人员担心的是这些可怜的小东西，母亲一旦离去，要不了几天它们就会饿死的。

这一天终于来到了。在生下仔鼠21天后的早晨，小白鼠安然地卧在鼠盒中间，一动不动了，10只仔鼠围满四周。研究人员突然想起，小白鼠的离乳期是21天，也就是说从今天起，仔鼠不需要母鼠的乳汁，可以独立生活了。面对此景，人们被感动了。

父母的爱，我们无论在何种场合都能看到它的身影。面对父母，任何语言似乎都是苍白的，面对父母，任何艰难困苦也都是不堪一击的，因为他们会给你一次生命，如果他们有能力，会给你第二次、第三次的生命。

相信全天下的父母都会为子女而牺牲的，而对于子女而言，珍惜自己的身体也许就是给父母最后的回报。

有这样两则故事，感动了千千万万的人：

他们就住在一套用木板隔成的两层商铺里。母亲半夜起床上厕所，突然闻到一股浓浓的烟味，便意识到家中出事了。等丈夫从梦中惊醒，楼下已是一片火海，两个女儿、三个儿子以及两位雇工都被困在大火中。

孩子们被叫醒后，个个如受惊的兔子，都聚到母亲身边。幸好阁楼上的天花板只有一层，砸开它，就可以攀上后墙逃生。绝望之余，父亲带着两个雇工砸开天花板，并第一个抢先翻过墙头。父亲逃出后，再也没有回来，他只顾呼唤邻居救火。

高墙里面，大火离母亲和五个孩子越来越近了。五个孩子中，最高的也仅有154厘米，而围墙竟有两米多高。他们没有一个人能单独攀上去。幸运的是，墙头上有一个雇工留了下来，他一手紧抓房顶横梁，另一只手伸向母亲和五个孩子。"别怕，踩着妈妈的手，爬上去！"母亲蹲在地上，抓牢大儿子的脚，大儿子用力一蹬，抓住雇工的手攀上了墙头，翻身脱离了险境。用同样的办法，母亲把二儿子和小儿子一一举过了墙。

此刻，火舌已舔到脚掌，母亲奋力抓起二女儿。此时，她的力气已用尽，浑身不停地颤抖。大女儿急中生智，协助妈妈把妹妹举过了墙。火海中，仅剩母亲和大女儿。大火已卷上她们的身体，烧着了她们的衣服。大女儿哭着让妈妈离开，但母亲坚决地将女儿拉了过来，拼尽最后一口气，将大女儿托过了墙头。当工人再次把手伸向母亲的时候，她竟然连站立的力气也没有了，转眼间，便被大火吞没了。墙外，五个孩子声泪俱下地捶打着墙，大喊着"妈妈"。而墙内的母亲永远地闭上了眼睛，再也听不见了。

消防员赶到后，20分钟便将大火扑灭了。人们进去寻找这位母亲，看到了极为悲壮的一幕：母亲跪在阁楼内的墙下，双手保持向上高高托举的姿势。

一天中午，一个捡破烂的妇女，把捡来的破烂物品送到废品收购站卖掉后，骑着三轮车往回走，经过一条无人的小巷时，从小巷的拐角处，猛地窜出一个歹徒来。这歹徒手里拿着一把刀，他用刀抵住妇女的胸部，凶狠地命令妇女将身上的钱全部交出来。妇女吓傻了，站在那儿一动不动。

歹徒便开始搜身，他从妇女的衣袋里搜出一个塑料袋，塑料袋里包着一沓钞票。

歹徒拿着那沓钞票，转身就走。这时，那位妇女反应过来，立即扑上前去，劈手夺下了塑料袋。歹徒用刀对着妇女，作势要捅她，威胁她放手。妇女却双手紧紧地攥住盛钱的袋子，死活不松手。

妇女一面死死地护住袋子，一面拼命呼救，呼救声惊动了小巷子里的居民，人们闻声赶来，合力逮住了歹徒。

众人押着歹徒挽着妇女走进了附近的派出所，一位民警接待了他们。审讯时，歹徒对抢劫一事供认不讳。而那位妇女站在那儿直打哆嗦，脸上冷汗直冒。民警便安慰她："你不必害怕。"妇女回答说："我好疼，我的手指被他掰断了。"说着抬起右手，人们这才发现，她右手的食指软绵绵地耷拉着。

宁可手指被掰断也不松手放掉钱袋子，可见那钱袋的数目和分量。民警便打开那包着钞票的塑料袋，顿时，在场的人都惊呆了，那袋子里总共只有8块5毛钱，全是一毛和两毛的零钞。

为8块5毛钱，一个断了手指，一个沦为罪犯，真是太不值得了。一时，小城哗然。民警迷惘了：是什么力量在支撑着这位妇女，使她能在折断手指的剧痛中仍不放弃这区区的8块5毛钱呢？他决定探个究竟。所以，将妇女送进医院治疗以后，他就尾随在妇女的身后，以期找到问题的答案。

但令人惊讶的是，妇女走出医院大门不久，就在一个水果摊儿上挑起了水果，而且挑得那么认真。她用8块5毛钱买了一个梨、一个苹果、一个橘子、一个香蕉、一节甘蔗、一颗草莓，凡是水果摊儿上有的水果，她每样都挑一个，直到将8块5毛钱花得一分不剩。

民警吃惊地张大了嘴巴。难道不惜牺牲一根手指才保住的8块5毛钱，竟是为了买一点水果尝尝？妇女提了一袋子水果，径直出了城，来到郊外的公墓。民警发现，妇女走到一个僻静处，那里有一座新墓。

妇女在新墓前伫立良久，脸上似乎有了欣慰的笑意。然后她将袋子倚着墓碑，喃喃自语："儿啊，妈妈对不起你。妈没本事，没办法治好你的病，竟让你刚13岁时就早早地离开了人世。还记得吗？你临去的时候，妈问你最大的心愿是什么，你说：'我从来没吃过完好的水果，要是能吃一个好水果该多好呀。'妈愧对你呀，竟连你最后的愿望都不能满足，为了给你治病，家里已经连买一个水果的钱都没有了。可是，孩子，到昨天，妈妈终于将为你治病借下的债都还清了。妈今天又挣了8块5毛钱，孩子，妈可以买到水果了，你看，有橘子，有梨，有苹果，还有香蕉……都是好的。都是妈花钱给你买的完好的水果，一点儿都没烂，妈一个一个仔细挑过的，你吃吧，孩子，你尝尝吧……"

这种超越生死的爱让人震惊，让人感动，这是一个伟大的母亲。所以，我们应该珍惜这份伟大的爱，尽自己的孝道，珍爱生命，以回报父母的爱。

父母可以为自己的孩子失去生命，这种爱是作为儿女无以为报的恩情，所以，我们应该孝顺父母，珍惜与父母的每一分钟，用自己最大的孝心来回报父母。

不拿自己的安危开玩笑

张中行先生的《顺生论》被称为中国当代的《论语》。在这本书中张中行先生说："人类乐生，把可以'利生'的一切看作善，人类畏死，把可以'避死'的一切看作善。"可见，张中行先生是特别珍爱生命的，在他看来，一切有利于生命延续和躲避死亡的行为都是善举，这便与《论语》中的"仁"不谋而合。

人的生命只有一次，是父母给我们活着的机会，面对"生"和"死"的选择，只要良心不亏，便要活下去。活着便是一种幸福，一种资本，一种最大的享受。因为只有活人，才有资格谈论将来，谈论梦想，谈论虽然短暂却可以充实人生，更有机会孝顺父母。

不知为什么，小洛近日情绪很低落，生活、工作总给她带来许多的不顺心，而她的情绪又直接地影响了她的生活与工作，以至于她甚至丧失了生活的愿望。

有一天，小洛在路上碰到了一个朋友。朋友见她神情格外沮丧，多次询问缘故，才知道她因工作失误而被老板狠狠地批评了一顿。

"唉！生活真的一点意思都没有。再见了……"小洛幽怨地叹息着，她已不再想对朋友倾诉自己的烦恼了。从她的话语中，朋友猜想她这次一定是作了某种不好的决定。

朋友感到一种莫名的不安，一时竟然不知道怎样去安慰她。过了一会儿，她才急匆匆地追上了小洛，问："如果你真的选择自杀的话，我不拦你。不过，我有一个小小请求，请你答应我先等一个月再自杀。"

小洛感到很奇怪："为什么要等这么久……哦，我明白了——你这是'缓兵之计'，是想让我降下火气，等到心平气和时就会打消自杀的念头。可是，我确实已经活够了，你就不要再劝我了！"

"不，你说错了，"朋友说，"我不是这个意思。这一个月时间不是留给你的，而是留给我的。我需要用一个月时间给你准备后事！既然你想死，就要为你的父母做些事情，因为他们把你带到这个世界上的，我想，从现在开始，我就要四处打听，帮你找买家了。"朋友很认真地说。

小洛更加疑惑了："'买家'？什么'买家'？你在说什么呀？"朋友说："一定有买家的！你的视力一向很好，可以把眼角膜移植给失明的人；你的皮肤十分细腻，可以卖给那些需要植皮的人；你的身体非常健康，内脏器官都可以卖给那些需要它们的人。既然你一定要寻死，你身上的东西就不要浪费，这些都是你父母给你的，但是现在对于你来说似乎没有什么用处了，你无法报答你的父母，那就把你的身体还给他们吧！你把你身上的这些东西卖给别人，就当是给父母造福吧，这样你也可以去得无牵无挂了。"

小洛对朋友的这番话前所未闻，竟然呆住了。良久，她才恍然大悟，继而痛哭流涕："是啊！我有这么宝贵的身体，为什么不好好珍惜呢？我的身体是父母给的，我却要结束自己的生命，我真是不孝啊！谢谢你让我明白这一切。以后的生活不管怎样，我都会好好地活着的！"

生不仅仅是为了自己，更是为了自己的父母，是对家的责任。所以当我们遇到困难想轻生的时候，想想自己含辛茹苦的父母，就知道自己的想法有多么愚蠢了。

可是，在如今的社会中，我们在电视、报纸、网络上经常看到的是很多人轻生就死的新闻，其中还不乏青少年朋友。这些轻生的人，要么因为遭受了失败的打击，要么有着惨痛的经历，要么因为感情、学业、压力而放弃了自己的生命。面对这种可悲的行为和举动，我们只能感到无限地惋惜。

张中行先生曾说："生是一种偶然，由父母至祖父母、高祖父母，你想，有多少偶然才能落到你头上成为人。上天既然偶然生了你，所以要善待生，也就是要善待人。"也许，有轻生念头的人会认为自己的死亡能换来真正的解脱，其实不然。一个轻生的人，逃避了他所应尽的责任，虽然他从死亡中摆脱了痛苦的纠缠，然而他的死却将更大的痛苦带给了他身边的亲人和朋友。自己所谓的"解脱"，换来的只是众人止不住的眼泪与心中永远的阴影。

面对着越来越多喊着"郁闷"的人，"生命诚可贵"这句话真的应该引起我们一番思考。前不久，在重庆的某所中学里，一个初二的女生，因为和同班的同学吵嘴，结果被同学当着很多人的面扇了两个耳光。当晚，就寝熄灯后，这位女生便用小刀割脉结束了自己的生命。在她的"遗书"日记当中，这位女生说，自从挨了那一巴掌后，她觉得从此在同学们面前再也抬不起头了，活着太屈辱了，只好选择放弃生命。

这位才上初二的如花少女，就因为同学的两巴掌结束了自己的生命，而她留下的却是给父母惨痛的打击——她的母亲在得知这个消息后，心脏病突发，幸亏抢救及时，才挽回了生命；他的父亲，也因为这一噩耗，一夜之间白了头发。

这一幕悲剧的发生，其实真的可以避免。为什么两巴掌就能打掉一条生命？难道生命这么不值钱吗？难道生命就可以这么草率地被对待吗？古人韩信可以忍胯下之辱而活，难道这位女同学就不能忍两巴掌而活吗？她想的只是她自己的感受与小小的尊严，却没想到生她养她的父母，她的离去不仅结束了自己的生命，也结束了父母的希望。从这一点上讲，她是一个不孝顺的人。

生命一旦失去了，就再也回不来了，生命没有了，就再也看不到我们的父母了。所以说活着是最好的，对于父母来讲也是最幸福的。

有位青年，厌倦了日复一日平淡无奇的生活，感到生命尽是无聊和痛苦。为寻求刺激，青年参加了挑战极限的活动。

主办者把他关在山洞里，无光无火亦无粮，每天只供应5千克的水，时间为120小时，整整5个昼夜。

第一天，青年还心怀好奇，颇觉刺激。

第二天，饥饿、孤独、恐惧一齐袭来，四周漆黑一片，听不到任何声响。于是他有点向往起平日里的无忧无虑来。他想起了乡下的老母亲千里迢迢风尘仆仆地赶来，只为送一坛韭菜花酱以及给小孙子的一双虎头鞋。他想起了父亲在地里干活的情景，他想起了父母为供自己上学、读书、娶妻而劳动的双手……

第三天，他饿得几乎挺不住了。可是一想到人世间的种种美好和父母的恩情，便坚持了下来。

第四天、第五天，他仍然在饥饿、孤独、极大的恐惧中反思过去，向往未来。

他痛恨自己竟然忘记了母亲的生日；忘记了父亲还有胃病；忘记了父母那间小破屋子……他这才觉出需要他努力弥补的事情竟是那么多。可是，连他自己也不知道，他能不能挺过最后一关。

就在他涕泪齐下、百感交集之时，洞门开了。阳光照射进来，白云就在眼前，淡淡的花香，悦耳的鸟鸣——他又迎来了一个美好的人间。

青年摇摇晃晃地走出山洞，脸上浮现出了一丝难得的笑容。五天来，他一直用心在说一句话，那就是：活着，就是幸福。

是的，活着就是莫大的幸福，为了父母我们也要好好地活下去，其实我们根本没有资格谈论死亡，但凡一个孝顺的人都不会拿人生安危来开玩笑。所以我们要积极地对待生活中的每一天，为了自己，更为了父母，好好地活着。

"过劳死"：别让父母承担悲剧

有人说："我要努力工作，要让父母为我骄傲，给父母更好的生活。"这是行孝，但是他们却往往把这种行为扩大化，使自己变成一个工作狂，严重者使身体受损甚至造成"过劳死"。这种悲剧，对于父母来说是晴天霹雳，是无法承受的。古人也说："有使父母坐卧不安、心絮杂乱者，大为不孝也。"如果我们真的为了父母，尽自己的努力，顺其自然就好。

很明显，工作狂的工作是超负荷的。如果你知道自己正被超负荷的工作煎熬着，你需要立刻做出决定，着手减少你的工作量。这对于你来说，可能需要一定的勇气。但如果你长期处于超负荷工作中，它可能成为导致疲劳、压力和低劣业绩的原因，这样不仅不能使工作出色，更让父母担心自己的身体而忧愁。

想要更好地孝顺父母，让工作出色，我们的确需要做事全力以赴，让自己在努力工作时浑身充满激情和干劲，与此同时，我们也应该适时放松自我，让疲惫的身心获得休整的机会。人生是一场长跑，但我们没必要被它搞得疲惫不堪，你应该将奔命式的马拉松变成百米冲刺。

因此，我们不能做工作上的拼命三郎，工作之余，我们不能忽略自己的父母。如果你过去从来没有时间去陪父母，那么你不妨从现在起，安排一段与父母共享的时间。每个星期都应该给自己一段时间和父母亲单独相处。这样会让快节奏的你感到无比的轻松。

对"快"生活深感疲惫的你，一定非常渴望放慢生活的节奏，那就不要犹豫了，现在离开生活的快车道，开拓属于自己的慢车道吧！我们先看看别人是怎么做到的。

郭斌是一名成功的商人，从小的愿望就是成功，让父母为自己骄傲，让家庭更加幸福。经过十几年的拼搏与奋斗，他成功了，但是他也失去了与家人相处的时间和健康的身体。

被商场的激流弄得身心疲惫后，他毅然辞去了所有的职务，抛弃了所有的工作，开始自己理想中的生活。他追求自己的作家梦想，更想参与儿子的成长过程。除了写书之外，他把更多的时间用来陪孩子，坚持每天晚上为六岁的儿子讲故事，每周五还到儿子班上为小朋友们讲成语故事，他会用浅显有趣的例子让那些"不安分"的小朋友安静地听故事，连老师都很佩服他，他自己也感到很有成就感。这种成就感与事业成功带给他的成就感不同。

每周他还抽时间去陪父母，亲自为他们下厨做饭，为父母收拾屋子，一是从中体现家庭的温暖，二是让长期工作疲惫的身体得到锻炼。他的这些做法，使他完全跳离了原来的快车道，过上了属于自己的慢生活，并且使家人都乐在其中。

在父母的眼里，他们希望孩子事业有成；在孩子的眼里，他们希望自己的成功与父母分享。就是因为这样的想法，儿女们就很有可能变成"工作狂"，从而造成各种各样的疾病。

刘芸，一名高级职业经理人，典型的"工作狂"，直到三年前被查出患了精神官能症。父母对她非常担心，为了让父母放心，她才不得不停下忙碌的脚步。在这段休养时间她开始重新思考人生。她接受药物治疗，反省自己的生活，这才发现自己之所以拼命工作，是为了让父母感到骄傲，为了让他们有安全感，可是现在到头来还是让父母担心了。刘芸说，"我要慢下来，要健康地享受生活，为了自己，更是为了父母。"

在生活上，她开始像一般的家庭主妇那样，花心思做饭，花时间与青春期的女儿相处，陪她一起看电影、看漫画，了解女儿的兴趣和爱好，希望女儿找到自我肯定之路。花时间与父母相处，陪他们散步、聊天、看书，把这几年没有陪他们的时间都补回来。

同时，她的事业也发生了变化。她辞去了原来的工作，开了一家文化公司，与六个不同专业的团队合作，还出了三本书。她经常回答读者的来信，通过与读者的互动了解到，社会上还有许多人需要帮助，而不是局限于过去的客户。这些经验让她静下心来维护更多、更长远的客户关系，了解家庭需求与困境，使更多的人得到帮助。她还积极参加社团活动，通过这些活动增广见闻、活络人际关系。

相对郭斌的急流勇退，刘芸则是经过一番痛苦折磨，才找到了自己的慢生活。其实，慢生活的秘密都埋藏在每个人的心底，只要透过一些转换心情的小仪式，像是深呼吸、泡个热水澡、走路，那道安静的光线就会从忙乱生活的缝隙中渗透进来。

俗话说：儿女健康是父母最大的安慰。对于工作狂来说，最重要的不是成绩，不是加班，而是健康。休息是工作的一部分，休息就是修补。只有保证身体的健康，才能保证工作的效率与质量。充沛的体力和精力是成就伟大事业的先决条件，这是一条铁的法则。虚弱、没精打采、无力、犹豫不决、优柔寡断的年轻人，虽有可能过上一种令人尊敬和令人羡慕的高雅生活，但是他很难再往上升，很难成为一个领导者，也几乎不可能在任何重大事件中走在前列。

现在，由于都市生活的高压与紧张，很多人的身体都处于亚健康状态。他们大都有一种错误的观念，就是认为等有了病再去医院治疗。其实很多的疾病在早期是很难被发现的，有些疾病一旦都发现医院也无法治愈，比如，脑血栓、肾脏疾病、肝脏疾病、糖尿病、肿瘤、癌症等。

当人的生命受到威胁时，花钱就不会心痛。因为这时候我们才会发现自己已经没有资格与健康讨价还价了。很多人终其一生都在给医院打工，透支自己的健康来换取金钱、权势，前半生拿命换钱，后半生拿钱换命。这样看来，我们不如在年轻的时候就注意休息，有一个健康的身体。只有健康的身体，才是我们享受与父母在一起的幸福保障。

从现在开始，结束工作狂的生活，做一个劳逸结合的人，多陪陪父母，常回家看望家人，为他们用心做一次饭，听听他们的心声……

谨记父母之恩，不损毁自己的身体

周兴嗣的《千字文》中写道："盖此身发，四大五常。恭惟鞠养，岂能毁伤。"意思是说，人的身体、发肤，是地、水、火、风四大基本元素构成的；人的思想行为，是受仁、义、礼、智、信五种品德约束的。做儿女的要恭恭敬敬，时刻谨记父母的养育之恩，这样的话，怎么还敢轻易损毁自己的身体呢？

这就是说，因为孝顺父母，所以更加珍惜自己的身体和生命，不让父母惦记、忧虑，电为向父母更好地尽孝打下好的身体基础。

如果问一个人什么最重要，他可能会说财富、名誉、知识、机遇……但是细想来，健康比财富和名誉更重要。如果人没有了健康，就失去了享受财富与名誉的资本，同时也失去了孝顺父母的资本。

年轻人总是以为自己正是身强体壮的好时候，就不用注意健康了，殊不知，年纪大以后的疾病都是年轻时不注意导致的。所以，我们一定要对自己的健康进行投资。对于父母而言子女的健康是他们最大的愿望了，而作为子女应该完成他们愿望。

健康是人一生最重要的资本，没有了健康，纵然有再多的财富也是枉然，没有健康，你也没有资本来孝顺父母。

健康是生命之源。人一旦失去了健康，生命会变得黑暗与悲惨，会使你对一切都失去兴趣与热诚。能够有一个健康的身体，一种健全的精神，并且能在两者之间保持美满的平衡，这就是人生最大的幸福！

不良的健康状况对于个人、对于世界所产生的祸害到底有多大，有谁能够计算得出呢？在现实生活中，一些有作为、有知识、有天赋的人往往被不良的健康状况所羁绊，以至于终身壮志未酬。许多人都过着一种不快乐的生活，因为他们自己意识到，在事业上，他们只能拿出一小部分的真实力量，而大部分的力量却因为身体不佳而力不从心。由此，他们对于自己、对于世界就产生了消极思想。

人生最大的失望，莫过于理想不能实现。他们感觉到自己有很大的精神能力，但是却没有充分的体力作为后盾。感觉自己虽有凌云壮志，却没有充分的力量去实现，这是人世间最悲惨的一件事情！

许多人报着"雄心壮志"闯天下，为了名，为了父母。然而有些人成功了，有些人失败了，那些失败的人之所以饱尝着"壮志未酬"的痛苦，就因为他们不懂得维持身心的健康。经常保持身心健康，是事业成功的保障，是保障工作效率的重要前提。

一个整天埋头于工作，而生活中毫无游乐的人，往往会在事业上趋于衰落，因为他缺乏各种不同的精神刺激和养料。一个只专注于工作而很少休息、没有游乐，甚至在大脑中毫无休息与游乐细胞的人，他的动作一定不会像一个有休息、游乐头脑的人那样自然，那样有力。不时地变换工作环境，无论是对于劳心者或劳力者，都是十分有益的。我们经常看到很多人未老先衰，他们对于生活早就觉得枯燥乏味，就因为他们游乐太少。"单调"是生活的最大摧残者。

凡是成就大事业的人，往往不是那些整日整年埋头苦干，你一见到他就发现他总是忙忙碌碌的人，而是既高效率地工作，又有时间陪父母的人。

有这样一位大公司经理：他每天在办公室中至多只逗留两三个小时，他经常出外与父母去旅行、休息，以更新他的身心。他充分意识到，只有经常保持身心的清新、精壮，才能在事业上达到最高的效率。他认为，与父母在一起能让他的身心感到平静、踏实。他不愿像许多人一样，在过度的工作中摧残自己的身心，拖垮自己的力量。因为这样，他在事业上取得了成功。他不在办公室则已，只要一进办公室，就立刻能生龙活虎般地处理事务。由于他身心健康，所以办事十分敏捷而有力。他的工作进行得如同数学一般精确。他在三小时内工作的成绩，要超过别人八九小时甚至夜以继日工作的结果。

一个生活谨慎的人，有充沛的生命力抵抗各种疾病，渡过各种难关，应付各种打击；相反，一个在平日把气力耗尽、活力用竭的人，却经不起一点儿的打击。

不良的身体，衰弱的精神，真不知造成了天下多少悲剧，破坏了天下多少家庭！身体和精神是息息相关的。我们需要有一个健康而强壮的身心。这是可以做到的，只要我们能够过一种有节制、有秩序的生活。拥有健康并不能拥有一切，但失去健康却会失去一切。健康不是别人的施舍，健康是对生命的执着追求。

体力与事业的关系非常重要。人们的每一种能力，每一种精神机能的充分发挥，与人们的整个生命效率的增加，都有赖于体力的旺盛。体力的强旺与否，可以决定一个人的勇气与自信的有无；而勇气与自信，是成就大事业的必需的条件。

要想在你的一生中取得成功，要想让你的父母对你放心，最重要的一点是每天都要以一副身强力壮、精力饱满的身体去应对一切。

对于那种整个生命所系的大事业，你必须付出你的全部力量才能成功。只发挥出你的一小部分能力从事工作，工作一定是干不好的。你应该以一个精强、壮健、完全的"人"去从事工作，工作对于你，是趣味而非痛苦；你对于工作，是主动而非被动。假如你因生活不知谨慎而以一个精疲力竭的身体去从事工作，你的工作效率自然要大减。在这种情形之下，你所做的一切，都将带着"弱"的记号，而这样的话，成功是难以得到的。

进行创业时，不能发挥出其全部的力量，这样是永远不能成就出什么了不起的事业的。一个优秀的将军，绝不可能在军士疲乏、士气不振时，统率他们去进攻大敌。他一定要厉兵秣马，充足给养，然后才肯去参加战斗。

在人生的战斗中，能否得到胜利，就在于你能否保重身体，能否使你的身体一直处于"良好"的状态。一匹有"千里之能"的骏马，假如食不饱、力不足，在竞赛时，恐怕也不会取胜。一个具有一分本领的体力旺盛的人，可以胜过一个因生活不知谨慎而致体力衰弱的具有十分本领的人。假如在你的血液中没有火焰的燃烧，在你的身体中没有精力的储存，则你在人生的战斗中一经打击，就会失败的。

凡是有志于成功孝顺的人，都应该爱惜、保护体力与精力，而不使其有稍许浪费，因为他们认为，成功使父母骄傲，健康使父母安心，这才是最大的孝顺。体力、精力的浪费，都将可能减少他们成功的可能性和孝顺父母的机会。

我们不排斥勤奋工作。但我们不主张在伤害健康的情况下勤奋工作。有些人为了赶超别人，要求自己多做额外一小时的工作，因为他们相信，那是胜过别人的唯一方法。如果，别人每天工作七小时，你就工作八小时；如果别人工作八小时，你就工作九小时。但事实是，更勤劳的工作，会迟钝你的头脑，并且容易犯错。你花费更多的时间在一个方案上，不等于你比别人做得更好、更棒。少常常就是多。

无论是工作还是生活，都要注意身体，这是全天下父母的心声。人的生命就像一个弓箭，在射箭的时候，弦拉得太松，箭射得不远。弦拉得太满太紧，虽射得远，却也容易断。要使弓箭永远有一个良好的状态，有一个良好的效果，就需要一张一弛，松紧适度。

十一、处理好自己的生活，父母才安心

成年了，就不该再指望爸妈

有孝心更要有孝能，也就是赡养父母，而不是依赖父母。人生之路上很多人都靠着自己的努力成为优秀的人，那是因为他们知道自己成年了，就不应该指望父母，而是需要独立。独立对于一个人来说是非常重要的，所以我们要培养独立的性格，抛开父母这条拐杖，独立行走。

有人不明白，既然有父母这个拐杖，为什么还要辛辛苦苦地自己走路呢？那多累啊！诚然，比起依赖父母，少了拐杖的确累得多，但是，与其现在因依赖父母而享受，不如靠自己的独立奋斗为将来获得更大的享受。父母永远也只能是外力，父母不能跟着你一辈子。短时间内，你可以依赖它省时省力，但从长久看来，依赖反而是潜伏的危机。

父母使你养成了依赖心理，培养了你的惰性，当有一天父母这条拐杖不在时，也许你已经不具备奔跑的能力。所以，要想奔跑，不能仅仅依赖父母作为支撑你的力量。

也许有人会犯难，"说得容易做着难"，"怎么做才能丢开拐杖摆脱对父母的依赖呢？我觉得我什么都不会啊！"其实做起来并不像你想象的那么难。不会的可以慢慢去学习，比如整理衣服和书桌，打扫卫生，做饭洗衣服，只有坚持自己的事情自己做，才能一步步变得独立自主。

有人说过："为了成功地生活，我们必须学习自立，铲除埋伏于各处的障碍，使我们具有为人所认可的独立人格。所以，不要再惧怕困难，扔掉心里的那根拐杖吧！

有一个孩子，父母希望他学习好，所以他非常刻苦地学习，他的家里非常困难，父母为了供他上学把家里所有的东西都卖了，弟弟妹妹也没有上学。在他上大学的第二年，父亲去世了，家里没有了支柱，生活更加困苦。

然而，这个学子已经习惯了家里的支持，他不肯去打工，因为他认为会耽误学习。好不容易等到大学毕业了，他不顾家里的困难，坚持读硕士、博士。他的母亲只有去卖血。

他是一个自私的孩子，求学的路有很多种，可以一边就业，一边深造。这样也可减少家庭的负担，可是，这个孩子把父母当成求学路上的拐杖，他依赖这条拐杖。然而，他却没有想到，最后一旦没有了拐杖，他还能生存在这个世界上吗？

什么事情都需要独立，摆脱父母的拐杖，因为我们不可能永远指望着父母。永远指着父母只会让自己一事无成，同时还会让父母受累，这是不孝的行为。在生活中，我们要对自己的生活负责，作为一个有孝心的孩子，我们也应该想到父母需要有自己的生活，我们应该在孝顺他们的同时，同时也让他们过自己的生活，而不是把一生都用在养育我们上。而作为子女的我们，要有独立的思想，要会独立的生活。

人，要靠自己活着，而且必须靠自己活着。因为你总要长大，人一旦长大了，就不能指望父母了。自己的人生需要自己走。

在人生的不同阶段，都应竭尽全力达到理应达到的自立水平，拥有与之相适应的自立精神。这是当代人立足社会的基础，也是形成自身"生存支援系统"的基石，缺乏独立自主个性和自立能力的人，连自己都管不了，还能谈发展或成功吗？即使你的家庭环境所提供的"先赋地位"是处于天堂之乡，你也必须先降到凡尘大地，从头做起，以平生之力练就自立自行的能力。因为不管怎样，你终将独自步入社会，参与竞争，你会遭遇到比学习要复杂得多的生存环境，随时都可能面对你无法预料的难题与处境。你不可能随时动用你的"生存支援系统"，而是必须得靠顽强的自立精神克服困难，坚持前进。

自己的事情自己做。整理自己的桌子、小柜子，养成自己整理自己用品的习惯。蜡笔、尺子等学习用品应放在自己的抽屉里，玩具放在玩具箱内，图书放在小书柜里，弄乱了自己整理好……这样你在处理这些事情时，不知不觉就会养成独立的个性。

做一些力所能及的家务活，这样不仅可以培养你的独立性，也让你更有责任感。比如擦桌子，洗碗筷等。

对爸爸妈妈说："别着急，让我来！"我们很多事情初次尝试，难免笨手笨脚，动作缓慢，这时不要让心急的父母代劳。因为做的过程，本身就包含着思考和体验，受到援助后的我们很容易又变得有依赖性，这时告诉爸爸妈妈："别着急，让我来！"

待在家里、总是得到父母帮助的孩子一般都没有太大的出息，就是这个道理。而一旦让他们不得不依靠自己，不得不动手去做，或是在蒙受了失败之辱时，他们通常就能在很短的时间内发挥出惊人的能力来。

在生活中，有的人存在依赖心理，习惯依靠"拐杖"走路，在父母的关照之下生活。这些人以为他们永远会从父母不断的帮助中获益，而且他们相信，不管遇到什么事情，父母总会帮助他们，即使是雨天，父母也会替他们打伞遮雨。但是很多事情，并不是父母能替我们完成的。

没有什么比依靠他人更能破坏一个人的独立性和自主性。如果你总是依靠他人，你将永远坚强不起来，也不会有独创力。生活中最大的危险，就是依赖他人来保障自己。"让你依赖，让你靠"，就如同伊甸园的蛇，总在你准备赤膊努力一番时引诱你。它会对你说："不用了，你根本不需要。看看，这么多的金钱，这么多好玩、好吃的东西，你享受都来不及呢……"

这些话，足以磨灭一个人意欲前进的雄心和勇气，阻止一个人利用自身的资本去换取成功的快乐，让你日复一日原地踏步，停滞不前，以至于你到了垂暮之年，终日为一生无为悔恨不已。而且，依赖心理还会剥夺一个人本身具有的独立的权利，使其依赖成性，靠拐杖而不想自己一个人走；有依赖，就不会想独立，其结果是给自己的未来挖下失败的陷阱。

难道还要让父母在垂垂老矣的时候，仍然为你的不能独立而操心吗？难道还要让他们拖着年老的身体劳作来养活你吗？难道还要让他们看着同龄人享受儿女的孝敬而眼中流露出羡慕吗？难道还要他们在你伸手要钱要物的时候面露难色，然后不得不动用自己的养老金来供你花销吗……是到了反省自己的时候了，想想自己是否有因为不够独立而让父母不安的行为，赶快停止那些行为吧！

频繁跳槽会让父母不安心

有些人说想多挣点钱来孝敬父母，所以每到有好工作，他们都会选择跳槽。年轻人想找到一个适合施展才华，使自己有所发展的工作单位，让父母为自己骄傲，这本无可厚非。但是，为了"待遇"或"孝顺"而过于频繁地"跳槽"，对于年轻人来说是不可取的，往往会丢了"西瓜"，捡了"芝麻"。

有些年轻人把跳槽的原因归结于原单位的环境不如意，人际关系难处，想更好地孝敬父母试图通过跳槽来改变这种现状。有时候，这并非必要，因为努力学会适应环境、改善环境和孝敬父母正是人生的一部分。任何一个岗位，都要有相当的知识和经验，这些经验来自在实践中不断地摸索和积累。

任何一个子女都要孝敬父母，这是从小就要有的意识，这并不能成为跳槽的理由。而频繁跳槽，决定了一个人在岗位上只能是"蜻蜓点水"。总之，不安心本职工作，想的不是好好工作，而是另谋高就，怎么可能取得令人满意的成绩呢？

通过跳槽，年轻人可以丰富自己的阅历，综合各家之长，从而发挥自己的专长。但是成绩是做出来的，不是"跳"出来的，孝顺父母也是有一份稳定且成长的工作，而不是"跳"出来的。

28岁的小丽很孝顺，她总想干出点成绩来更好地孝顺父母。临近年终，她又开始考虑跳槽的事了。说起来小丽的个人资本也算不错：名牌大学财经系毕业，英语六级，口语不错，外形靓丽。但她的资本使得她总不满足于现状，总想挣更多的钱。

于是，她每天必做的一件事就是研究报上的招聘启事，如果哪家公司开出的待遇比现在的公司高，那她一定毫不犹豫地奔向那家公司。有好事者偷偷帮她算了一下，结果吓了一跳：毕业三年，小丽已经换了七八家公司，最夸张的时候她一个月连跳两家，其中一次才上三天班就跟老板说再见了。

小丽对那些好几年都待在一个单位没有跳槽打算的人总是嗤之以鼻："每个月拿这么一点工资，不跳槽，这辈子能混出什么来！怎么更好地孝敬父母？"

跳槽存在择业成本和风险。新单位是否有发展前景，到新单位后有没有足够的发展空间，新单位增长的薪酬部分是否会弥补原来的同事情缘，新单位是否能比旧单位有发展的空间，是否能达到让父母骄傲、孝顺父母的目的，在跳槽过程中，这些都是我们必须考虑的因素。

从短期看，通常员工跳槽都以新单位承认其更高的人力资源价值为理由；如果从长期看，员工跳槽的前一阶段时间会影响到未来雇主对其人力资源价值的评估。员工以往跳槽行为给新雇主提供的信息对员工自身的影响，最终将通过单位对其人力资源价值的估价表现出来。这种影响既可能对员工有利，也可能对员工不利。换句话说，员工在选择跳槽时，也等于在为自己的短期利益与长期利益做选择。

我们需提醒自己的是：跳槽也存在着风险，无论如何取舍，不会有别人为你的失误埋单。

如果人人都像小丽这样，她是成功不了的，也许她的出发点是好的，想给父母一个好的生活，但是行动是错误的，与其想着怎样跳槽，不如想着怎么努力工作，这样父母才会放心。

A对B说："我要离开这个公司。我恨这个公司！我想让父母过上更好的生活，但是这个公司根本不给我希望，一个月开那么点钱，让我怎么在大城市里买房子，让父母住呢？"

B建议道："我举双手赞成你报复！这是个破公司，一定要给它点颜色看看。不过你现在离开，还不是最好的时机。"

A问："为什么？"

B说："如果你现在走，公司的损失并不大。你应该趁着在公司的机会，拼命去为自己拉一些客户，成为公司独当一面的人物，然后带着这些客户突然离开公司，公司才会由此受到重大损失，非常被动。"

A觉得B说得非常在理，于是努力工作。终于，半年多的努力工作后，他有了许多的忠实客户。

再见面时，B 对 A 说："现在是时机了，要跳槽赶快行动哦！"

A 淡然笑道："老总跟我长谈过，准备提升我做总经理助理，我暂时没有离开的打算了。"其实，这也正是 B 的初衷。

在选择跳槽的时候，人一定要考虑好，现在的工作业绩就是明日你的简历上浓重的一笔，也是未来的资本。因此，在积累的阶段一定记得把地基打牢。踏实工作才是智者的选择。

当然，年轻人跳槽，也可以学习更好的东西。如果一定要跳槽，也要体面地从原公司"撤退"。很多人都以为跳槽后，就可以与原单位一刀两断，一走了之。这样做起来看似洒脱，其实你会在无意之中丢失许多让你日后受益的东西。因为你在一个单位工作过一段时间，可能你所得不多，但与不少的同事毕竟有种亲近感，甚至是好朋友，他们说不定在以后会对你有所帮助，你不妨把他们看作你的人力资源库。

有专业人士研究职业转换的有三个最佳期：

第一时期为 25—30 岁。此时人的思想渐趋于成熟、独立，能较冷静地处理问题，社会经验和人际关系有了一定的积累，精力充沛，是人生的大好时段，无论什么单位都希望有这样的人才加盟。

第二时期为 35 岁前后。与前一个时期相比，这一年龄段的职业人思想更为成熟独立，行业经验也更丰富，但与更成熟的职业人士相比还有一定的差距。虽然存在职业转换的极大可能，但假如完全转换方向，抛弃已经积累的行业经验就比较可惜。因此，可以考虑向相关行业转换，这样既可利用从前积累的职业经验和职业技能，也可让自己的职业生涯有新的突破。

第三时期为 40—50 岁。此时职业人丰富的工作经验使其个人能力展现出无穷魅力，而企业也有多种多样的职务需求等待他们选择。45 岁以后，对有能力的人而言，企业高阶应为其主要目标，但要注意在相关行业里实施职业转换，否则风险太大。

在职场中，每个人都明白"此处不留人，自有留人处"的道理，跳槽已成为一件很平常的事，但并非在任何时候都是一件有益的事。当情况不利时，跳槽就会变成一种风险。想更好地孝敬父母，不能成为跳槽的理由。所以，我们要在积累经验的同时，更要好好工作，这样才是最好地孝敬父母。

好好工作，让父母骄傲

常常有人说"我要好好工作，我要挣好多钱，我要让父母骄傲"，这对于父母来说，是很宽慰的。然而这些人有相同的目标，却有着不同的结果。其实这完全取决于他们是否用心去做。

小马和小李是同班同学，大学毕业后，都找不到适合自己的工作，于是他们降低了求职要求，到一家工厂去应聘。

碰巧的是，这家工厂缺少两名保洁员，问他们是否愿意干。小李想了想，便下定决心干这份工作，因为在他的心底里，是不情愿靠领取社会救济金来维持生计的。因为他认为他有上升的空间，而且他需要尽快找到工作为父母减轻负担。

小马压根看不上这份工作，但他也愿意留下来与小李一起干一段时间。出于这种心态，他上班拖沓，懒懒散散，每天打扫卫生时慢慢吞吞，敷衍了事。起初的一段时间里，老板认为他刚大学毕业，缺乏锻炼，加之工作很难找，也就非常同情这位大学生的遭遇，便原谅了他。

然而，小马心里对这份保洁工作抱着很强的不满情绪，每天都在应付，缺乏积极主动性。结果，刚干满三个月，他便彻底打消了继续做保洁工作的念头，辞职后又回到社会上，重新开始找工作。

当时，各工厂、企业都在裁员，哪里还有适合他的工作呢？因此，他不得不依靠社会救济金度日。与此形成鲜明对比的是，在工作中，小李抛弃了自己大学生的身份，全身心地投入工作中，每天把办公室、过道、车间、场地都打扫得干干净净。

过了半年，因为他工作认真负责，老板便安排他做了高级技工的学徒。一年后，他成了一名技工。尽管如此，他依然抱着一种认真负责的态度，在工作中不断求进步、求发展。两年后，经济萧条的局面稍稍稳定后，他便成了老板的助理。之后他存了好多钱，贷款给父母买了一套房子，让他们在大城市里生活。

这就是工作用心与否所导致的天壤之别。同样的工作，不用心的人灰心失望，不战而败；而用心的人满怀信心，大获全胜。再细微的工作只要用心去做，都会有回报，用心地走好每一步，就能拥有一个不一样的人生。如果你认真用心地对待工作，工作也会让你收获厚重，并且助你登上人生更高的山峰，同时也让父母感到骄傲。

1901 年 12 月 23 日，在厦门鼓浪屿的一个基督教家庭中，出生了一个小女婴，她的哥哥姐姐们都已经是谈婚论嫁的年龄了，这个女孩的到来，为家里添了一些童趣。父母加上兄长们的宠爱，让女孩沉浸在幸福之中，但这延续了不长时间，母亲就病故了。夺走母亲性命的病叫作宫颈癌，是一种可怕的妇科疾病。这个名叫林巧稚的小女孩，便与这种疾病结下了不解之缘。

林巧稚的童年时期，中国正备受欺凌。她的家乡在东南沿海，经常看到外国人颐指气使、呼来喝去的模样，当地的人都不喜欢那些不得了的洋人，林巧稚也不例外。离她家不远，就是郑成功、戚继光抗击过外侮的地方，孩子们经常听老人讲英雄救国的故事，在林巧稚的心中，不甘受辱和自尊自重牢牢地扎下了根。

有一次，林巧稚在上劳动课的时候，学习编柳条筐，老师见她的双手灵活得如同两条小鱼儿，便称赞道："真是一双巧手啊，可以去做外科医生呢。"说者无心，听者有意，这句话便记在了林巧稚的心里。

19 岁时，林巧稚已从厦门女子师范学校毕业了。毕业后何去何从呢？很多人都说，巧稚你嫁个好人家吧，趁现在年轻。家人也开始为她张罗着相亲

的事情了。但在林巧稚自己看来，人生才刚刚开始，怎么就要定下终身了呢。旁人对女子一无是处的评价，也激起了她不服输的心理。

思前想后，巧稚终于在父亲面前宣布了自己的想法："我想到北京的协和医院读书！"这个决定，立即遭到了大多数家庭成员的反对。"上协和？那要读八年才能毕业啊，你受得了吗？""这会误了你的终身大事的！""女子读那么多书干什么？早晚还不是嫁人！"……

众人七嘴八舌，让一向温顺的小妹妹忍不住大声叫起来："读书就是我的终身大事，我不嫁人，就是不嫁人！"家人被她的气势吓倒了，哥哥看到妹妹如此有决心，便改反对为支持，站在妹妹一边，终于说服了父亲，使林巧稚离开了家乡，走向了医学。

如学校先要参加考试，她和同学结伴去上海赴考。7月天气酷热，考场上的林巧稚一时间忘记了一切，只知道埋头答题。忽听有人用生硬的中国话喊："密斯林巧稚！""我还没答完！"林巧稚用英文顺口回答了一句。那老师也改用英语继续说："密斯林，请出来一下！"原来，是她的女伴中暑晕倒了，需要紧急处理。

林巧稚仅用十来分钟，就联系了朋友的姐姐，还给朋友解了领口，敷了凉帕子。但回到考场的时候，时间已过。林巧稚只好悻悻地离去，以为考试是无望了。

但是，在发榜的时候，她却发现自己榜上有名！原来，她在处理朋友中暑的情况时，一切都被老师看在眼里，老师发现她会一口流利的英语，这对在协和学习至关重要，她处理突发事件沉着果断有序，加上各科的总成绩并不低，她就被录取了！

但是进了协和医院，还要接受残酷的淘汰。在这里75分才算及格，一门主课不及格留级，两门不及格就要除名，绝无补考和商量的余地。

在漫长的八年学习中，林巧稚独占鳌头，一路领先。当从学校毕业的时候，入学时的25人，只剩下16个了！而林巧稚一直是稳稳地第一名，并获得协和的最高荣誉奖——文海奖学金，同时获得了博士学位。

也许是为了读书说的那句"我不结婚"应了验，林巧稚的一生都没有结婚。但是，她并不孤独，因为她用双手迎接了五万个生命的到来。

毕业后从事什么专业呢？她想过从事儿科，但后来她觉得许多儿童的病痛来自先天，看来妇女的病痛是影响下一代的大问题，加上每每想起自己的母亲，她最后终于选择了妇产科。

仅仅半年时间，她就走完了常人需要五年才能走完的路——被破格聘为助理医师，不久她又赢得了去英国深造的机会。到1935年，林巧稚已成为协和医院很有名气的主治医师了。

在自己40岁的时候，林巧稚成为"协和"第一位女主任医师。也就在这时，"协和"被日本人占领，林巧稚离开了医院，开始个人行医。

有一次，天已经很晚，一个人力车夫找上门来求她给妻子接生。她随车夫钻进漆黑的胡同，在车夫低矮的住房中看见了在痛苦中呻吟的孕妇。从职业医生的判断来看，母子的生命危在旦夕。林巧稚一边轻声安慰，一边紧急处置，就这样一直坚持了一夜，孩子终于在黎明时分顺利生下。听着孩子的啼哭，所有人都放下了心。林巧稚从身上掏出50元给车夫，让他买点营养品给妻子补补身子，然后悄然离去。这对林巧稚来说是常有的事情。因此，有很多孩子后来叫作"念林""爱林""敬林""如林"……

一份稳定的工作，一个伟大的事业，其实在你成功的同时，父母也会感到骄傲，他们为了子女的辉煌骄傲，为了他们的成功而骄傲。

让父母看到你"劳逸结合"的生活

在父母的眼里，子女健康是最大的幸福，而作为子女的我们又好好地照顾自己了吗？现代的工作与生活让我们忘记了休息，其实我们需要劳逸结合地安排好自己的生活。

村里有一位善骑术、箭法好的猎人。一次，他看到了一件有趣的事情。那一天，他偶然发现村里一位十分严肃的老人与一只小鸡在说话游戏。猎人好生奇怪，为什么一个生活严谨、不苟言笑的人会在没人时像一个小孩那样快乐呢？

他带着疑问去问老人，老人说："你为什么不把弓带在身边，并且时刻把弦扣上？"猎人说："天天把弦扣上，那么弦就失去弹性了。"老人便说："我和小鸡做游戏，理由也是一样的。"

生活也一样，每天总有干不完的事。但是，你有没有仔细想过，如果天天为工作疲于奔命，这些让我们焦头烂额的事情会超过我们所能承受的极限？

尤其是在当今社会，生活节奏不断加快，时间似乎对每个人都不再留情面。于是，超负荷的工作便给人造成不可避免的疾患。

因为人们的生活起居没了规律，所以职业病、情绪不稳、心理失衡甚至猝死等一系列情况时有发生，给人们的生活、工作及心理造成无形的巨大压力。

许多人总是感到"很累，不想工作，看到办公桌和电脑就开始烦"，"浑身无力、思想涣散、头痛、眼睛疲劳"，"整个白天都容易疲倦，想睡觉，上了床却经常睡不着"。但是一想到还有工作要做，还要更好地孝顺父母，所以他们只好咬紧牙继续上班，殊不知这是在损坏自己的身体。

所以有些人一年到头感冒不断，鼻塞眩晕。很多人在起立时眼前发黑、耳鸣、咽喉有异物感、胸闷不适、颈肩僵硬、便秘、心悸气短、容易晕车。到医院查来查去医生也说不出所以然，因为，各种指标都在正常范围内。医生说没有病，可身体确实不舒服，因此，许多人联想很多，医院跑了不少，保健品也没少吃，可是症状依旧。他们经常会问自己："我病了吗？"

其实他们未必有病，只是由于种种原因处于亚健康状态。其中"白领族"成了重要的亚健康群体。中华医学会曾对 33 个城市的 33 万各阶层人士，做了一次随机调查，结论是：我国亚健康人数约占全国人口的 70%，其中沿海城市高于内地城市，脑力劳动者高于体力劳动者，中年人高于青年人。

而高级知识分子、企业管理者的亚健康发生率高达 70% 以上。以往是 35 岁的白领占多数，而现在许多 35 岁以下的年轻人也出现了不同程度的亚健康症状。亚健康状态的形成与很多因素有关，比如遗传基因的影响、环境的污染、紧张的生活节奏、心理承受的压力过大、不良的生活习惯、工作过度疲劳等，都可以使健康的人逐渐转变为亚健康状态。

据有关统计，在美国，有一半成年人的死因与压力有关；企业每年因压力遭受的损失达 1500 亿美元——员工缺勤及工作心不在焉而导致的效率低下。在挪威，每年用于职业病治疗的费用达国民生产总值的 10%。在英国，每年由于压力造成 18 亿个劳动日的损失，企业中 60% 的缺勤是由于压力相关的不适引起的。

当我们感到压力大时，我们需要劳逸结合地安排生活。当我们身心俱疲的时候，我们需要换一种心情，轻松一下，学会放下工作，试着做一些其他的运动，以偷得片刻休闲，消去心中烦闷。记得有一位网球运动员，每次比赛前别人都会好好睡一觉，然后去练球，他却一个人去打篮球。有人问他，为什么你不练网球？他说："打篮球我没有丝毫压力，觉得十分愉快。"对于他来说，换一种心态，换一种运动方式，就是最好的休息。

我们当中很多人总是觉得自己很忙，而忙的借口是"为了更好地孝顺父母"。忙得没有任何的时间去休息，没有任何的时间去陪伴父母以及享受家庭的温馨。

其实我们完全有时间，只是我们懒得腾出时间，或者不屑于去做，比如：当你下班赶着回家做家务时，不妨提前一站下车，花半小时，慢慢步行，到公园里走走。或者什么都不做，什么也不想，就是看看身边的景色，放松一下自己的心情，肯定会有意想不到的效果。或者在某个周末，就全身心地放松去和家人一起出游，不考虑工作中的任何事情，甚至关掉手机，不让工作中的任何事情来打扰自己。

曾经有一位医生替一位成就卓越的实业家看病，劝他多多休息。实业家恼火地抗议："我每天承担巨大的工作压力，没有一个人可以分担我一丁点儿的业务，大夫，你知道吗？我每天都得提着一个沉重的手提包回家，里面装的是满满的文件呀！"

"回家就该休息了呀！为什么晚上还要批那么多文件呢？"医生很奇怪地问道。

"那些都是当天必须处理的急件。"实业家不耐烦地回答。

"难道没有人可以帮你忙吗？你的助手、副总呢？"

"不行啊！这些只有我才能正确地批示呀！而且我还必须尽快处理，要不然公司怎么办？"

实业家摆出一副不屑的样子。

"这样吧，我现在给你开个处方，你能否照办？"医生没有理会实业家，似乎心里已经有了决定。

实业家接过处方——"每个星期抽空到墓地走一趟，每天悠闲地散步两小时。""每个星期抽空到墓地走一趟？这是什么意思？"实业家看到处方很是惊讶。

"我知道你看了处方会很惊讶，"医生不慌不忙地回答，"我希望你到墓地走一趟，看看那些已经与世长辞的人的墓碑，他们中有许多人生前与你一样，甚至事业做得比你更大，他们中也有许多人跟你现在一样，什么事都放心不下，如今他们全都长眠于黄土之中，然而整个地球的转动还是永恒不断地进行着。谁离开这个世界地球都照样转。我建议你每个星期站在墓碑前好好想想这些摆在你面前的事实，也许会得到一些解脱。"

听到这里，实业家安静了下来，悄悄与医生道别。他按照医生的指示，放缓生活的步调，试着慢慢转移一部分权力和职责，一年后，让他想不到的是这一年企业业绩反倒比以往任何一年都好。

想要有一个健康的生活，就必须讲究健康的生活，营养均衡，适当地休息，劳逸结合才最重要。那么从下面的几方面来调节你的工作与生活吧！

均衡营养。脂肪类食物会增加体内的疲劳感，不可多食，但也不可不食。脂类营养是大脑运转所必需的，缺乏脂类将影响思维，因此应适量食用。维生素需广泛摄入，当人处于亚健康状态时，体内自由基会加速衰老的进程。维生素 A 能促进糖蛋白的合成，细胞膜表面的蛋白主要是糖蛋白，免疫球蛋白也是糖蛋白。维生素 A 摄入不足，呼吸道上皮细胞缺乏抵抗力，常常容易患病。维生素 C 可以起到很好的抗氧化作用，抗击自由基。

增加运动。加强自我运动，可以提高人体对疾病的抵抗能力，还是放松心情的良药。可以制订一个锻炼计划，通过慢跑、骑车、打球等运动释放情绪，减少自由基的侵害。

少烟少酒。吸烟时人体血管容易发生痉挛，局部器官血液供应减少，营养素和氧气供给减少，尤其是呼吸道黏膜得不到氧气和养料供给，抗病能力也就随之下降。少酒有益健康，嗜酒、醉酒、酗酒会削减人体免疫功能，必须严格限制。

保证睡眠。睡眠应占人类生活的 1/3 时间，它是帮你和亚健康说"再见"的重要途径。

把心放宽。人在社会上生存，难免有很多烦恼，必须应付各种挑战，重要的是通过心理调节维持心理平衡。

劳逸结合，张弛有度。不能让身心一直处于高强度、快节奏的生活中，每周远离喧嚣的都市一次。郊外空气离子浓度较高，能调节神经系统。适度劳逸是健康之母，人体生物钟正常运转是健康的保证，而生物钟"错点"就是亚健康的开始。

没有什么事值得你牺牲健康去换取，如果你失去了健康，苦的是你自己，累的是你的父母。地球离开谁都会照样转动，你不必把自己看作是不可替代的，然而你在父母的心里却是无可替代。为了父母，为了自己，要学会放松自己，养成劳逸结合的良好习惯，你才能拥有更高的效率，你才能更长久地享受工作与生活。

别让父母为自己的情感问题担忧

中国有句古话，"家和万事兴"，父慈子孝，妻贤夫贵，一家人相亲相敬，父母的晚年才会有真正地快乐。子女的情感世界处理好了，那么这个家才会和睦。所以作为子女要处理好自己的情感世界，夫妻之间互相多一点体谅，恋人之间互相忠贞，父母才能放心。

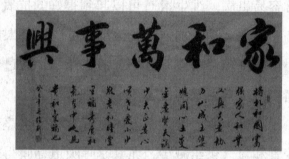

家和万事兴

在很多人的眼里，情感是一个非常崇高与无私的东西，它就像春天花草的芳香，夏天灼日般的热度，秋天累累硕果的甘甜，冬天白雪的纯净，不能带有丝毫的杂质。他们总是觉得爱是需要绝对的奉献和牺牲的，是一种彻底的情感交流，是双方彼此交融在一起、不分彼此的共同体。这是相当错误的，情感不是一个共同体，而是一个独立的个体，它是对等的，是需要双方共同经营的。

在20世纪70年代，一对男女相恋了，女的家境殷实，男的却因某些问题被下放到一个小山村去"学习"。为坚守这段爱情，女的不顾家里的反对，甚至不惜断绝关系，无视父母伤心的泪水和失望、痛苦、担忧的眼神，毅然跟随男的到偏僻的山村吃苦受累。

半年中，两人相安无事，接下来的中秋节，乡里给来下乡锻炼的住户每人分一个月饼。当分到他们家时，恰巧男的收工在家，女的还没回来。

那个年月，月饼是多么难得一见的宝贝啊，男的在油灯下摸索着分来的两块不大的月饼，想要等女的回来一起吃。时间一分分地过去了，男的觉得时间如此难熬，饥饿难忍，心里想，先把自己的那块吃了吧，不等她了。

于是三下五除二，一块小月饼顷刻成了他的腹中之物。那是块多么香的月饼啊，厚厚的什锦馅、薄而脆的黄油皮儿，在灯光下闪着诱人的光辉。谁都无法想象，他的内心甚至没经过几次斗争，就毫不犹豫地将女人的那块月饼也侵吞而下。

谁知这时女人回来了，她听说中秋节分月饼，兴冲冲地往回赶，想要和男人一起吃月饼过中秋，可推门看到的却是男人如狼似虎地吞咽着那块属于她的月饼。女人背上的锄头落在了地上，随之落下的，还有女人的心……

第二日，女人就卷铺盖回了城。家人沉痛的劝阻、乡下那么难熬的生活都没有磨灭女人对爱的坚持和守候，而一块小小的月饼却办到了……

一个以自我为中心的人，不会爱别人，不会为别人着想，更不会激励对方成长，这样的人在当今社会不在少数。他们在情感上会很苛刻，爱与幸福似乎与他们无缘，因为他们要求整个地球围着他们转，而地球有自己转动的方向。他们不会在爱中发现自我，因为他们不把对方当作恋人，而是当作控制的俘虏，他们不会在爱中成长，因为他们不会从对方身上吸收营养，而是向对方施展魔法。

把另一方的付出视为理所当然时，你就会把他当作自己人了，会压制对方各种享受自己生活的权利。而实际上维持爱情，双方必须是平等的，一方都不可能成为另一方的附属物和牺牲品。

既然双方是平等的，我们就要学会尊重，尊重对方的存在和对方的一切独立因素。经营爱情的要素有很多，承担责任，感情公开、忠诚，有高度自尊，对人生持积极的态度，等等。而尊重才是真正爱情赖以建立的基础，认为另一半的付出是理所当然的最根本的原因就是双方彼此的不尊重。尊重就要相敬如宾，尊重的基础是相互信任、两情相悦，互相尊重是奠定感情基础的前提。所以，我们要处理好我们自己的感情世界。

所谓经营爱情就是说恋爱双方对爱情要进行投入产出，要不断更新和发展这个胜利果实以保持双方的亲密度。这种经营不仅是指物质上的，更多的还是强调精神上的：培养共同的兴趣、爱好，营造良好的家庭氛围，等等。爱情是个互相感动的两情相悦，是男女之间从心底深处发出的欢喜和快乐。爱情是需要经营的，在经营中建立更深厚的爱情。

然而真正的情感，即便是在情感浓厚的时候，也不失去理智；只有在双方你情我愿的情况下结合，爱情才会长久。虽然爱情常会令人变得盲目，但理智还要存在于相爱之人的内心当中。如果爱得过分，乱了方寸，失了方向，最后不知道该怎样去爱对方，这样的爱通常都会滋生不尽的痛苦和烦恼。

所以，在情感的世界里，我们要用理智、尊重、包容、平等、付出等来经营。这样才能让自己在爱情的道路上走得更加顺畅，获得幸福的生活。只有这样，我们的父母才能放下那颗为儿女担忧的心，释放出真心的微笑。

对父母需控制自己的不良情绪

古人云："有深爱者必有和气，有和气者必有愉色，有愉色者必有婉容。"可见，无论在谁面前，都要控制自己的情绪。对朋友，对父母都不要伤了和气。消极思想往往是造成"不和"的根本原因。

消极的情绪不仅会影响到自己的情绪，更会影响到别人的情绪，无论在家里，还是在外面，都不要把消极的情绪挂在脸上。有的时候自己心里很烦，不想跟任何人说话，这时父母唠叨几句，心里就很不开心，于是同父母顶撞起来。如果每天都消极地生活，那么你不会快乐的，你的家庭也不会快乐，你的父母也会随之皱眉头，所以，想有一个快乐幸福的家庭和生活，就需要控制自己的消极情绪，把乐观的一面展现出来。

如何学会自制呢？最好的办法就是经常将自己放在别人的位置上想问题。有时自己被激怒并不是对方故意的，而是无意的行为。这时如果不控制自己，任由情绪爆发，肯定是没什么好处的。

一位在酒店行业摸爬滚打了多年的老总说："一个人不见得有比使他伤脑筋更大的事情了。在经营饭店的过程中，几乎天天会发生能把你气得半死的事。当我在经营饭店并为生计而必须与人打交道的时候，我心中总是牢记两件事情。第一件是绝不能让别人的劣势战胜我的优势；第二件是每当事情出了差错，或者某人真的使我生气了，我不仅不要大发雷霆，还要十分镇静，这样做对我的身心健康是大有好处的。"

一位商界精英说："在我与别人共同工作的过程中，多少学到了一些东西，其中之一就是，绝不要对一个人喊叫，除非他离得太远不喊听不见。即使那样，也得确保让他明白你为什么对他喊叫，对人喊叫在任何时候都是没有价值的，这是我的经验。喊叫只能制造不必要的烦恼。"

一个人如果不能控制自己的情绪，主动地把握自己的情绪，那他就会成为情绪的奴隶。人的情绪表现受众多因素的影响，例如，他人言语、先发事件、个人成败、环境氛围、天气情况、身体状况，等等。这些因素可以按照来源分为外部因素（或刺激）和内部因素（看法、认识）。

两种因素共同决定了人的情绪表现和行为特征，其中个人的观点、看法和认识等内部因素直接决定人的情绪表现，而个人成败、恶言恶语等外部因素则通过影响情绪内因而间接决定人的情绪表现。尽管在现实生活中，人们总是会因为不顺心的事情而大发脾气或低落消沉。丢东西时惊慌、谩骂，受到指责时愤愤不平，受到侮辱时挥拳相向，失恋时借酒消愁，屡遭失败时灰心丧气，遇到难题时捶胸顿足，被人冤枉时火冒三丈，身体不适时心烦气躁……好像个人的情绪表现是由这些不顺心的事情直接决定的。

但事实并非如此，只是因为人在成长的过程中形成了太多固定的思维模式，当受到"不顺心"的环境事件的刺激时，人们总是本能地认为那是不好的事情，并进而将思维延伸到事件对未来的影响。而这种影响也往往是坏的，也就是说，人们总是会往坏的方面想，而无视事情积极的方面。所以，正是因为个人的看法、认识等内因对外部刺激形成的固定的反应，才使得外因更多地直接决定了个人情绪。

小妮是一个脾气暴躁、容易出现情绪波动的女孩，经常因为小事和别人吵架，对自己的父母也是整天没好气。她的人际关系因此愈来愈紧张，父母为此伤透了脑筋，经常对她苦口婆心地劝说。小妮却很烦，对老人也难以控制自己的坏脾气，父母伤心失望之下决定不管她了。终于有一天，她觉得自己已经处于崩溃边缘，因为连最爱她的父母都不要她了。

她向她的朋友赵森求救。赵森向她保证："小妮，我知道现在对你来说是有点糟，可是好好调整一下，一切就会好转。你现在的第一件事是让自己安静下来，好好地享受一下宁静的生活。"

听了赵森的话，小妮开始试着放弃先前忙碌的生活，好好地放松一下自己。于是，她给自己休了一个长假。当她已经稳定了一段时间之后，赵森又建议道："在你发脾气之前，不妨想想，究竟是哪一点触动了你？

"你可以拥有两种思考方式，一种是让每件事情都在脑海里剧烈地翻搅，另一种则是顺其自然，让思想自己去决定。"说着，李森拿出了两个透明的刻度瓶，然后分别装了一半刻度的清水，随后又拿出了两个塑料袋。

小妮打开来，发现里面分别是白色和蓝色的玻璃球。赵森说："当你生气的时候，就把一颗蓝色的玻璃球放到左边的刻度瓶里；当你克制住自己的时候，就把一颗白色的玻璃球放到右边的刻度瓶里。最关键的是，现在，你该学会控制自己的情绪，如果你不试着控制自己的情绪，你会继续把你的生活搞得一团糟。"

此后的一段时间内，小妮一直按照赵森的建议去做。后来，在赵森的一次造访中，两个人把两个瓶中的玻璃球都捞了出来。他们同时发现，那个放蓝色玻璃球的水变成了蓝色。原来，这些蓝色玻璃球是赵森把水性蓝色涂料染到白色玻璃球上做成的，这些玻璃球放到水中后，蓝色染料溶解到水中，水就呈现了蓝色。

赵森借机对小妮说："你看，原来的清水投入'坏脾气'后，也被污染了。你的言行举止是会感染别人的，就像玻璃球一样。当心情不好的时候，要控制自己。否则，坏脾气一旦投射到别人身上的时候，就会对别人造成伤害，再也不能回复到以前的状态。所以一定要控制好自己的言行。"小妮后来发现，当按照赵森的建议去做时，人真的不会那么混沌了，事情也容易理出头绪。

这样持续了一年，她逐渐能够信任自己并且静观其变，生活也步入常轨，并重新得到了父母的认可，父母对于小妮的改变也不敢相信，一家人又重新幸福地生活在一起，美好在她的生活中渐渐展现。

每个人在生活中都会遇到不合自己心意的事，这时候如果不保持冷静，不克制自己的冲动行为，就会为此付出代价。一个渴望杰出的孝子，不应让坏情绪控制自己，而是应该自己去控制坏情绪，成为情绪的主宰者。有些人常为一点小事而恼羞成怒，也有些人经常满脸愁容，精神不振，这些坏情绪直接影响人的生活和工作。

受制于情绪的人易被自然环境左右，被天气环境左右，天气好心情好，天气不好心情不好；受制于情绪的人易被别人左右，别人的行为会伤害他，别人的语言会伤害他。善于控制情绪的人是理智重于感情的人，不会让别人的行为伤害自己，更不会让自己的情绪伤害到他人，包括他的父母。

十二、孝的延伸

处理好亲情关系

世上最大的悲哀莫过于"树欲静而风不止，子欲养而亲不待"。父母总是无条件地给孩子爱，却往往忽略了对孩子"孝"的教育，很多"不孝"的悲剧正是由此开始。不妨从现在起，直言不讳地告诉孩子："我们需要你来养老！""兄弟若手足，手足断了难再续。"告诉孩子，兄弟之间应当互相关爱。处理好亲情关系，可以让家庭和睦幸福。

虽然每个民族有着自己独特的文化，但是，总有一些东西是相通的。我们历来讲究"孝悌之义"，即孝敬父母和长辈，兄弟姐妹之间友爱和睦，推己及人，"老吾老以及人之老，幼吾幼以及人之幼"。犹太民族也非常注重孝道，他们同样主张孝敬父母，兄友弟恭。

有两个兄弟。哥哥已经结婚，有妻子儿女，而弟弟还独身。这两兄弟都很勤劳。秋天时，兄弟俩将收获的苹果和玉米公平地分成两份，各自藏在自己的仓库里。

晚上，弟弟辗转难眠，他觉得哥哥家过得比较艰难，于是偷偷地把自己的一部分放进了哥哥的仓库里。

同时，哥哥觉得弟弟需要更多，因为他要为以后结婚做准备，所以把自己的一部分搬到了弟弟的仓库里。

第二天早上，他们醒来后，发现各自的仓库并没有少什么。

在以后的三天里，他们重复第一天晚上的行动。

在第四个晚上，兄弟俩在将各自的东西搬到对方仓库去的路上竟相遇了。两个人终于知道对方的心意，紧紧地抱在一起哭了。

孝敬父母、兄友弟恭是中华民族的美德。无论是父母还是兄弟，他们都是亲人，在任何一个家庭里，处理好亲情，无疑是幸福家庭的保障。作为亲人，我们应该相互相关心，一家人其乐融融。

颜含，晋代人，字弘都，父亲名叫颜默，曾经官拜汝阴太守。颜含还有两个哥哥，大哥叫颜畿，二哥叫颜辇。一家人生活得还算和美，没有什么烦心事，直到颜畿生了病。

颜畿病了没多长时间，就去世了，于是入殓装棺，但是颜含的大嫂在丈夫装棺的当天晚上，做了一个奇怪的梦。在梦中，丈夫告诉她自己要复生，让他们打开棺材。

第二天，当颜含的大嫂说起来这个梦时，颜含的母亲和其他亲人都说自己也做了同样的梦，于是颜含就执意按照梦中大哥说的给他打开棺材，对此，颜含的父亲表示出了激烈的反对，最后，颜含还是耐心说服了父亲。打开棺材一看，发现颜畿果然还有呼吸，于是一家人又把颜畿弄出来，继续伺候他。

颜畿只有微弱的呼吸，每天只能喝点稀粥，他的家人和妻子在伺候了他一个月之后，他还是不能开口说话，除了颜含，大家都失望了，不愿意再伺候他。唯独剩下颜含专心专意地伺候他。为了伺候大哥的饮食起居，颜含每天都足不出户，更别说去参加什么社交活动了，直到大哥去世，这样的日子，颜含一过就是十三年。

后来，颜含的父母和二哥也相继去世，不幸的是，二嫂又生了病，虽然治疗的效果还算不错，疾病是痊愈了，她的眼睛却因此失明了。颜含听别人说要想治好二嫂的眼睛必须用蛇胆才行，便让家人好好照顾二嫂的饮食起居，自己则四处寻访蛇胆，他的足迹几乎踏遍了半个国家，但依旧没有寻访到蛇胆，从外地回来之后，一日他正在闭目冥思苦想下次去哪儿继续寻访蛇胆，想着想着，忽然感觉到好像有一个童子递给他一个盒子，他睁开眼睛一看，盒子里装的就是蛇胆。

于是颜含马上用蛇胆做药，伺候二嫂服下，二嫂双明因此复明，而颜含的名声也被方圆多少里的人所熟知。

对待家人像对待父母一样，这是可敬的，更是值得我们学习的。如果一个人能与家人共患难，那么再苦也是甜的，而对于父母而言，这样才是真正的孝顺。

虽然很多父母都知道这个道理，都希望自己的孩子长大成人后能够有孝心，希望孩子能够与自己的兄弟姐妹好好相处，然而在教育孩子的时候，却往往忽略这方面内容，如此造就了许多不懂得孝顺父母的孩子。如果在父母在世的时候没有尽孝道，父母走了之后，纵然悔恨，也于事无补了。兄弟姐妹之间也会因为友爱的缺失而反目成仇，各奔东西。这样的事情并不少见。

当然，像这样的事情是完全可以避免的。首先，父母自己要孝敬老人，这样孩子会不自觉地效法；其次在家庭里，长幼有别，不要娇生惯养出一个小皇帝，否则会造就啃老的孩子；最后，父母对孩子的用心良苦有必要让孩子知道，父母也可以直言不讳地告诉孩子："养老靠你们了！"

兄弟睦，孝在中

孝悌本是一体，所以对父母的孝顺还体现在要与兄弟姐妹互相关爱、扶持上，兄弟姐妹之间如果能够和睦相处，让父母放心，也是对父母孝顺的表现。

杨播，北魏华阴（今陕西华阴市）人，字延庆。他有两个儿子，一个叫杨椿，一个叫杨津，杨播为人忠厚，教子有方，他经常教育两个儿子要互相尊重、谦让。

在他的教育下，两个儿子一起学习；晚上睡在一个大床上，关系特别好；在吃饭的时候，兄弟俩只要有一个没回到家里，另一个是绝对不会动筷子的，只有等到全家人都到齐之后，他们才会开始吃饭。乡亲都说他们俩是懂事的孩子，杨播每次听到别人夸他的儿子，都开心得合不拢嘴。

后来，杨播去世了，别人都认为他的两个儿子关系会变得不如以前好，但让人意外的是，兄弟俩还是亲密如昔。即使后来都各自成了家，他们依然来往很密切。

有一次，杨椿喝醉了酒，连路都走不好了，杨津就亲自搀扶哥哥回家，伺候他睡下，由于害怕哥哥酒醒之后一时半会儿还照顾不了自己，就躺在哥哥身边，根本不敢合眼，等到第二天，他的精神还不如哥哥好呢。

后来，他们老来转运，在花甲之年都当了大官，但是杨津还是像原来的时候那样，每天早晚都要问候哥哥一次，时时注意哥哥的身体和饮食情况。有时候，哥哥让他休息一下，不用那么操劳，他都对哥哥说，哥哥年龄比我大，多照顾哥哥一点是应该的。

韩邦靖，明朝朝邑（今陕西省大荔县）人，字汝度。他还有一个哥哥名叫韩邦奇，韩邦靖和哥哥从小都非常勤奋好学，两个人一起考中了进士，后韩邦靖被派到大同，官任山西左参议。

韩邦靖在大同期间，为百姓办了不少实事，深受百姓爱戴和拥护，后来山西大同有一年赶上了荒年，饿殍遍地，韩邦靖看到了百姓们生活在水深火热之中，就上奏朝廷恳请赈济灾民，对此，朝廷置若罔闻，韩邦靖觉得自己没有为百姓尽到一份力，十分抑郁，于是就请辞回家归隐，当地的百姓听说之后，就自发组织起来，含泪挽留他，韩邦靖虽然不舍，但因为已经对朝廷失去了信心，所以还是含泪告别大同百姓，回到家中。

回到家中不久，哥哥韩邦奇生了重病，韩邦靖不分昼夜地伺候了哥哥一年多。他亲自给哥哥熬药，在端给哥哥吃之前，他都要先尝一下冷热。在他的精心照料下，韩邦奇的病慢慢痊愈了。

后来，韩邦靖因为担心哥哥的病，加上担忧山西大同百姓的疾苦，积劳成疾，也卧病在床，这个时候，韩邦奇顾不上政事繁忙，亲自照顾了弟弟三个月。后来，韩邦靖因病去世，他的哥哥穿了五个月的孝服，每天都只吃一些简单的饭菜，当地的百姓被这两个兄弟深深地感动了，就为他们立了一块孝悌碑。

后来，韩邦奇为了完成弟弟的遗愿，也请求朝廷让其到大同做山西参议，朝廷准许了他的请求。他来到大同之后，当地百姓知道了他是韩邦靖的哥哥，都激动地哭着出来迎接他。

东汉人姜肱，字伯淮，是当时的彭城人。姜肱是个博学强识的人，很多人都过来向他求学，朝廷官员也多次请他为官，但他都婉拒了。

姜肱还有两个弟弟，名字分别叫仲海、季江。兄弟三个关系特别好，他们一起读书、玩耍，帮父母分忧。

由于三个人连睡觉的时候都不愿意分开，因此他们就央求母亲缝制一床特别大的被子，三个人一起盖，父母看到三个儿子关系这么好，自然也很开心，于是母亲就给他们三个人缝制了一个大被子，让三个人一起盖。后来，他们各自成家立业，虽然不再共被，但是关系依然很亲密。

一次，姜肱和季江两个人一起出门办事，为了赶紧办完事回家，他们就连夜赶路，没想到却在路上遇见了强盗，那些强盗决定抢了他们的财物之后，杀了他们。

姜肱和季江都看出了强盗的意图，于是都请求强盗杀了自己，放过对方。那些强盗没想到他们兄弟之间感情这么好，不禁被他们感动了，于是决定不杀他们，只把财物抢走了事。

兄弟两人到了目的地，跟姜肱相熟的官员看他们十分狼狈，就问他们遭遇了什么，兄弟两人只说自己赶路太累、太忙，把银子丢了，并未供出强盗。后来那些强盗听说此事后，十分敬重他们的为人，于是又把财物还给了他们。

清朝李毓秀在《弟子规》中写道：兄道友，弟道恭；兄弟睦，孝在中。

意思是说：作为兄长要善待弟弟，而弟弟就应该尊重兄长；兄弟之间和睦相处，对父母的孝心就包含其中了。也就是说兄弟姐妹之间要互相关爱、扶持，这也是对父母表达孝心的方式。

本是同根生，相煎何太急

曹丕与曹植都是曹操的儿子，他们也都是才华横溢的文学家，与父亲曹操合称"三曹"，以他们为代表的建安文学，在文学史上留下了光辉的一笔。

曹植因才华出众，从小就受到父亲的疼爱。曹操死后，曹丕当上了魏国的皇帝。曹丕是个妒忌心很重的人，他一直都很嫉妒弟弟的才华，同时也担心弟弟会威胁到自己的皇位，于是就想置弟弟于死地。

一次，曹丕命人传曹植觐见，他对跪在地上的弟弟说："父王在世的时候，总是夸奖你的文章写得如何如何好，可是，我怀疑那是别人替你写的。现在我倒要看看你是不是真的那么有才华。你我乃是兄弟，便以此为题，但诗中不可出现'兄弟'二字。限你在七步之内做出一首诗来，做得出来，便饶你不死，否则……"

曹植明知曹丕有心为难自己，但又无计可施，既伤心又愤怒。他强忍着心中的悲痛，在七步之内作了一首诗，当场念出来："煮豆燃豆萁，豆在釜中泣。本是同根生，相煎何太急？"

曹丕听了这首诗，觉得自己对弟弟太过分了，不禁感到惭愧，便饶恕了曹植的性命，将其贬为安乡侯。后来，人们常常用《七步诗》里的"本是同根生，相煎何太急"来比喻兄弟之间相互残杀是违背天理的，从而教育人们要关爱兄弟姐妹，与他们和睦相处。

血浓于水的亲情永远是我们心灵的寄托，在为人处世的情感生活中，亲人之间的情感是最真诚、最恒久的，它是亲密、友爱的象征。友就是和善相处，爱就是亲善相待。如果不能兄友弟恭，岂能长幼有序？岂能敦亲睦邻、与人为善？

一个小镇商人有一对双胞胎儿子。这对兄弟长大后，就留在父亲经营的店里帮忙。父亲过世后，兄弟俩接手并共同经营这家商店。起初生活一直都很平顺，直到有一天丢失了100元后，一切开始发生变化。

一天，哥哥将100元放进收银机，并与顾客外出办事。当他回到店里时，发现收银机里的钱已经不见了！

他问弟弟："你有没有看到收银机里的钱？"弟弟回答："我没有看到。"

但是哥哥对此事一直耿耿于怀，咄咄逼人地追问，不愿罢休。弟弟也感觉到了哥哥的怀疑，于是产生了怨恨之情。开始双方不愿交谈，后来决定不再在一起生活，在商店中间砌起了一道砖墙，从此分居而立。

20年过去了，有一天，有位开着外地车牌汽车的男子，在哥哥的店门口停下。他走进店里问："您在这个店里工作多久了？"哥哥回答说他这辈子都在这店里服务。这位客人说："我必须要告诉您一件往事。20年前我还是个不务正业的流浪汉，一天流浪到这个镇上，已经好几天没有进食了，我偷偷从您这家店的后门溜进来，将收银机里的100元取走。虽然时过境迁，但我对这件事情一直无法忘怀。100元虽然是个小数目，但是我一直深受良心的谴责，我必须回到这里来请求您的原谅。"

这位访客说完后，很惊讶地发现店主已经热泪盈眶，用哽咽地音调请求他："是否也能到隔壁商店将此事再说一次呢？"当这陌生男子到隔壁说完此事以后，他惊愕地看到两位面貌相像的中年男子，在商店门口痛哭失声、相拥而泣。

20年后真相大白时，怨恨终于被化解，兄弟之间存在的对立也消失了。如果20年前，哥哥能够不去猜疑弟弟，兄弟之情又怎么会破坏呢？

在《增广贤文》中，有这样一句话：兄弟相害，不如友生。意思是说，兄弟之间相互残害，还不如普通朋友。也就是说兄弟姐妹之间要相互珍惜血缘关系，珍视亲情。

鲁庄公姬同有三个弟弟：庆父、叔牙、季友。其中庆父最为专横，并拉拢叔牙，蓄谋争夺君位。鲁庄公病后，与三弟叔牙商量继任国王的事情，叔牙受了二哥的贿赂，就主张立庆父为新皇帝；但是与四弟季友商量的时候，季友支持立公子班，并逼叔牙以死表明拥立班，因此，最后确定让班继位。

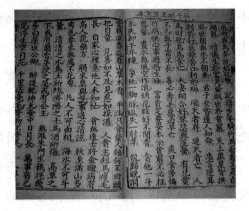

《增广贤文》书影

鲁庄公病死后，姬班继位。但是庆父不甘心，想要暗杀姬班。他唆使一个马夫乘庄公丧期打死了姬班，由庆父立姬启方为鲁闵公。庆父更加肆无忌惮，野心也越来越大。

第二年，闵公也被杀了，曾有人在哀悼闵公的时候说："不去庆父，鲁难未已。"意思是要是庆父不死的话，鲁国永远也好不了的。

闵公死后，庆父想自己当皇帝。这时候，季友趁乱领着鲁庄公的另一个儿子姬申逃到邾国，发出公告声讨庆父，要求国人杀庆父，立姬申。国人响应了季友，庆父逃亡到国外。姬申当上皇帝之后，季友从莒国押回了庆父，并将他杀死。

从上面的故事可以很清楚地看到，由于庆父和兄弟之间不合，导致国家大乱，兄弟之间也元气大伤，最后导致自己丧命，可见，兄弟之间友爱和谐是多么重要。

春秋时期齐国国君齐襄公被杀。襄公有两个兄弟，一个叫公子纠，当时在鲁国；一个叫公子小白，当时在莒国。两个人身边都有个师傅，公子纠的师傅叫管仲，公子小白的师傅叫鲍叔牙。两个公子听到齐襄公被杀的消息，都急着要回齐国争夺王位。

在公子小白回齐国的路上，管仲早就派好人马在那里拦截他。看到公子小白的车过来了，管仲弯弓搭箭，向小白射去，只见小白大叫一声，倒在车里。

管仲以为小白已经死了，就不慌不忙护送公子纠回到齐国。谁知道公子小白是诈死，等到公子纠和管仲进入齐国国境，小白和鲍叔牙早已抄小道抢先回到了国都临淄，小白当上了齐国国君，即齐桓公。

齐桓公即位以后，立即下令要杀公子纠，并把管仲送回齐国办罪。管仲被关在囚车里送到齐国。鲍叔牙立即向齐桓公推荐管仲。齐桓公气愤地说："管仲拿箭射我，要我的命，我还能用他吗？"鲍叔牙说："那时候他是公子纠的师傅，他用箭射您，正是他对公子纠的忠心。论本领，他比我强得多。主公如果要干一番大事业，管仲可是个用得着的人。"

听了鲍叔牙的一番话，齐桓公不但没有治管仲的罪，还立刻任命他为相，让他管理国政。

后来，管仲果真帮齐桓公成就了一番霸业，齐桓公成为"春秋五霸"之一。

从这里可以看出来，公子小白和公子纠这对兄弟互相残害，他们的关系还不如管仲和鲍叔牙这对朋友的关系，真是"兄弟相害，不如友生"。

忽必烈是元朝的开国皇帝。他年轻的时候，他的哥哥蒙哥是当时蒙古国的大汗，他只是一个藩王。他热衷于学习汉文化，并且在自己所在的封地推行汉文化，任用汉人做官员，恢复农业，建立学校，赢得了当地人民的尊敬。看到弟弟的势力一天天地壮大起来，并且受到很多人的拥戴，蒙哥担心他会谋反，夺取自己的汗位，于是派人监视忽必烈。

忽必烈知道这件事情之后，主动把自己的妻子、儿女送到了蒙哥那里，并且告诉蒙哥："如果我有二心，背叛朝廷，你就把我的家人都杀了。"蒙哥见他这么做，也就放心了。从此之后，兄弟二人没有了误会。

兄弟间要互相关爱，气息相通，因为彼此有共同的血缘关系，就像形体不同却同根相连的枝条一样。所以，兄弟之间要珍惜亲情，互相扶持。

兄弟之情，情义无价

《增广贤文》中写道：父子和而家不退，兄弟和而家不分。意思是说：父亲和儿子团结一致，家不会衰败；兄弟之间和睦相处，家就不会四分五裂。这句话是说，兄弟之间和睦相处是家道兴隆的基础。

孙棘，南朝宋武帝大明年间人，他的弟弟名字叫孙萨，在孙萨三岁的时候，他们的父母就去世了，因此孙萨一直和哥哥相依为命，孙棘一直对弟弟照顾有加，随着孙萨慢慢长大成人，孙棘也到了娶妻成家的年龄，于是娶妻许氏，孙棘虽然成了家，但还一直承担着照顾弟弟的重任，孙萨呢，也是个懂事的孩子，这么多年哥哥对自己的照顾，孙萨也是看在眼里，记在心里。这一家人，兄嫂爱护弟弟，弟弟尊敬兄嫂，生活过得十分和美。

这一年，朝廷征召壮丁去防卫边关，弟弟孙萨应征去充军，但由于一些事情耽误了行程，以至于没有按期到达，根据当时的处罚条例，这种没有按期到达的壮丁是要被关进监狱里的。

消息传到孙棘夫妇耳朵里，嫂子许氏跟丈夫商量说，弟弟还没有成家立业，就要先进监狱，这是我们没有承担好照顾他的义务啊。孙棘本来就想替弟弟受刑，听妻子这样一说，就来到郡里，表示要代替孙萨受刑。

但孙萨坚决不同意哥哥这样做，他对太守张岱说，犯法的是他，而不是他哥哥，怎么能让哥哥替自己受罚呢，哥哥照顾了自己这么多年，自己已经不知道怎么报答哥哥了，怎么能再连累他呢。

看着他们，太守张岱不禁起了疑心，他怀疑两个人只不过是想在对方面前做做样子罢了，于是他吩咐人将兄弟俩安置在不同的地方询问，但是兄弟俩依旧保持着原来的态度。张岱没有办法，只得请求皇上定夺。

皇上知道这事后，不禁也为两人的兄弟情义所感动，因此特意下诏赦免了他们。

兄弟之间这种为对方着想的情义，是一个家的福气，更是父母的福气。然而作为兄弟，如果一方有了什么不当的行为，另一方就要像师长一样，要立即制止这种不当行为；当一人遇到挫折的时候，另一方要像挚友那样努力帮助他。

郑均，东汉河北任县人，字仲虞，为人善良、正直。郑均还有一个哥哥，与郑均不同，哥哥仗着自己是县衙里的官吏，经常收别人的贿赂，每当这个时候，郑均就感觉特别痛心，他不止一次地劝告哥哥要清廉做官、堂堂正正做人，不要再收别人的贿赂了。但哥哥总是觉得别人送的银两不收白不收，他不但不听从郑均的劝告，反而认为郑均为人太傻。

郑均看这样劝哥哥根本不听，一气之下就到外地给别人做佣工去了，这一做就做了一年，等到岁末的时候才回家。

回家之后，郑均稍微休息了一下，就拿着挣到的银两去见哥哥，他把这一年挣的银两全给了哥哥让他花，然后对哥哥说，你看，要是我们缺银两，可以自己去挣回来；但如果我们失去的是名声，那我们去哪儿再挣回来呢？你总是收别人的贿赂，这是被人看不起的行为，不光你自己被人看不起，我们的后代也会被连累，遭人唾弃。哥哥，你说是不是这个道理呢？

郑均的哥哥觉得弟弟说得挺对的，从此，再没有收过别人的贿赂，成了一个大家都爱戴的清廉官员。

其实在一个家庭里，兄弟和睦是非常重要的，而作为父母也会因此而骄傲与放心。

鲁恭，东汉陕西人，字仲康。在光武帝统治时期，鲁恭的父亲任武郡太守，在鲁恭十二岁、弟弟鲁丕仅七岁的时候，他们的父亲生了重病去世了。

鲁恭和弟弟十分伤心，他们把父亲在老家安葬完之后，又为父亲守了三年孝，甚至比一些成年人都做得好。那些邻居和乡亲都说他们是孝顺的孩子。

在父亲去世之后，鲁恭和母亲、弟弟三人相依为命，他学习勤奋努力，进步很快，不但每天都照顾母亲和弟弟的饮食起居，还代替母亲天天督促弟弟的学习，在他的督促和指导下，弟弟进步也很快。

由于鲁恭的才学逐渐被众人所知，所以官府屡次派人邀请他去做官，但是鲁恭每次都是婉言谢绝。母亲感觉十分不解，就问他为什么这么好的机会都要放弃，毕竟好男儿应该做出一番自己的事业来才对。这时候，鲁恭才告诉母亲，自己不做官是因为害怕没人再督促弟弟，影响到弟弟的进步。

母亲听了大受感动，就执意要求他出去做点事，在母亲的坚持下，鲁恭才出去教书，等到弟弟鲁丕被举为孝廉之后，他才接受了官府的邀请，做了一名郡吏。

鲁恭知道，只有他们兄弟两个都有出息了，母亲才会真的放得下心，因此他执意等到弟弟先立业之后才去做官，其良苦用心实在是很值得钦佩。

兄弟姐妹，和谐相处

兄弟手足友爱和睦则其乐融融，而为人父母除了子孙贤孝别无他求，也就是说只有兄弟姐妹之间友爱和睦，父母才能真正地享受到天伦之乐。

《女儿经》里写道，父母跟前要孝顺，姐妹伙里莫相争。意思是说：女子不要与兄弟姐妹有什么争斗，要全心全意地孝顺父母。这句话是劝告女子做一个孝顺的女儿。

徐世勣，唐代人，唐太宗统治的时候，被任命为仆射，并赐姓为李。

徐世勣有一个姐姐，姐弟俩的关系从小就很好，不管有什么好吃的、好用的，徐世勣都惦记着给姐姐带回家一份。有一次，他的姐姐生病了，胃口不好，除了想喝点粥之外，什么都不想吃，徐世勣一听，就决定亲自给姐姐煮粥喝。当时煮粥不想现在这么方便，要先在地上支个锅，然后在锅下放木

柴燃烧，慢慢地把粥煮熟。

徐世勣一心想早点给姐姐把粥煮好，丝毫没注意到风向变了，他一心放柴火煮粥，不知道自己所在的那边火头很大，等到他煮完粥之后，才发现自己的胡须都被烧掉了。

姐姐看到他狼狈的样子，不禁心疼地说："家里有那么多仆人，你何必亲自动手呢？"徐世勣说："你和我都老了，还能为姐姐你再煮几次粥呢？"

还有一个故事，大家众所周知，那就是孔融让梨，表现出他与兄弟的和睦相处。

孔融是我国东汉时期著名的文学家。他小时候聪明好学，才思敏捷，巧言妙答，大家都夸他是奇童。四岁时，他已能背诵许多诗赋，并且很懂事，父母亲非常喜爱他。孔融还有五个哥哥和一个小弟弟，兄弟七人相处得十分融洽。

一次，孔融的母亲买来许多梨，父亲就让孔融和最小的弟弟先拿。

孔融看了看盘子中的梨，发现梨子有大有小，于是他拿了一个最小的梨子，津津有味地吃了起来。父亲看到孔融的行为，心里很高兴，他问孔融："盘子里这么多的梨，又让你先拿，你为什么不拿大的，只拿一个最小的呢？"

孔融回答说："我年纪小，应该拿个最小的，大的应该留给哥哥吃。"

父亲接着问道："你弟弟不是比你还要小吗？照你这么说，他应该拿最小的一个才对呀？"

孔融说："我比弟弟大，我是哥哥，我应该把大的留给弟弟吃。"

父亲听他这么说，哈哈大笑道："好孩子，你真是一个好孩子，以后一定会很有出息。"

从此，孔融让梨的故事被人们传为美谈。

其实与兄弟姐妹和谐相处，最重要的就是能让一个家温馨，让父母享受天伦之乐，辛弃疾写的《清平乐·村居》，告诉人们，真正的天伦之乐是什么？

清平乐·村居

茅檐低小，溪上青青草。

醉里吴音相媚好，白发谁家翁媪。

大儿锄豆溪东，中儿正织鸡笼。

最喜小儿无赖，溪头卧剥莲蓬。

茅草房屋低矮，临着潺潺的小溪，溪边长满青草。一对白发夫妻坐在一起，正带着几分醉意用吴地方言聊天。大儿子在溪东豆地锄草，二儿子在家编织鸡笼，还有调皮可爱的小儿子，正趴在草地上剥着莲蓬。

辛弃疾的身上，很少闪露着这首词中的温情与轻松。西边有茅社，虽然低矮，但是风景优美；溪边有老翁和老妪，说着方言愉快地交谈。而诗人的三个儿子，这是都在忙碌着自己的活计，大儿锄豆溪东，中儿正织鸡笼。最喜小儿无赖，溪头卧剥莲蓬。这是多么安闲自在，温情脉脉的画面。

这一首词中没有写到词人饮酒，但是读完这首词，却能体会到词人沉醉在幸福中。有明媚的风景，有各自忙碌的孩子们，词人隐身在这些画面的背后，望着这一切，内心充满了闲适满足感。我们写文章的时候，并不一定要暴露自己的身份和位置，但是通过对周围事物的观察和描述，读者也能体会作者的心境。这样更加含蓄、优美。

家庭是每一个人的避风港，辛弃疾也不例外。看到孩子们平平安安、健健康康，家长也就心满意足了。不管你是住在高级的小区还是茅檐低矮的小楼，只要家人在一起，相互照顾，也就能体会到辛弃疾所写的这种天伦之乐。

正确对待兄弟情

年轻的总裁王某，以较快的车速，开着他的新车经过住宅区的巷道。他必须小心游戏中的孩子突然跑到路中央，所以当他觉得有小孩子快跑出来时，就要减慢车速。然而，就在他的车经过一群小朋友的时候，他的车门还是被一个小朋友丢的一块砖头打到了，他很生气地踩了刹车并后退到砖头丢出来的地方。

他走出车外，抓住那个小孩，把他顶在车门上说："你知道你刚刚做了什么吗？"接着又吼道，"你知不知道你要赔多少钱来修理这辆新车，你到底为什么要这样做？"

小孩哀求着说："先生，对不起，我不知道我还能怎么办？我丢砖块是因为很长时间没有一辆车愿意停下来。"小孩一边说一边流着眼泪，"因为我哥哥从轮椅上掉下来，我没办法把他抬回去。"那男孩啜泣着说，"您可以帮我把他抬回去吗？他受伤了，而且他太重了我抱不动。"

王某听到这些话后深受感动，他决定帮这个小男孩的哥哥一把，于是他抱起男孩受伤的哥哥，帮他坐回轮椅上，并拿出手帕擦拭他哥哥的伤口。

那个小男孩感激地说："谢谢您，先生！"然后男孩推着他哥哥离开了。

年轻的总裁慢慢地、慢慢地走回车上，他决定暂时不修它了。他要开着那个有洞的车去找前几天因为琐事跟自己吵架的哥哥。

兄弟之间难免会有争吵，但是彼此宽容一下，换回来的是一份难能可贵的亲情。所以兄弟之间的情义要正确对待，不能有极端。

王徽之是东晋大书法家王羲之的儿子，他性格豪放超脱、不受约束，为人十分洒脱。他有个弟弟叫王献之，字子敬，不仅精通书法，而且擅长绘画，与父亲王羲之齐名，并称"二王"。

兄弟俩的感情非常好，他们常在晚上一起读书，边读边议。有一晚，两人一起读《高士传赞》，王献之忽然拍案叫起来："好！井丹这个人的品行真高洁啊！"井丹是东汉人，精通学问，不媚权贵，所以王献之赞赏他。王徽之听了就笑着说："井丹还没有长卿那样傲世呢！"长卿就是汉代的司马相如，他曾冲破封建礼教的束缚，和跟他私奔的才女卓文君结合，这在当时社会里是很不容易的，所以王徽之说他傲世。

兄弟两个相继身患重病，当时有个术士说："人的寿命快终结时，如果有活人愿意代替他死，把自己的余年给他，那么将死的人就可活下来。"王徽之听说了此事，便说："我的才德不如弟弟，就让我把余年给他，我先死好了。"术士摇摇头说："代人去死，必须自己寿命较长才行。现在你能活的时日也不多了，怎么能代替他呢？"没多久，王献之便去世了。

家人怕王徽之悲痛，没有把这个消息告诉他。王徽之一直很惦记弟弟，但始终没有消息。一天，他实在忍不住，便问家人："子敬的病怎样了？为什么很久没有听到他的消息？是否出事了？"家人含含糊糊，欲言又止。王徽之便明白了，悲哀地说："子敬已经去了，是吗？"家人见再也瞒不下去了，便说了实话。

王徽之听了居然一声不哭，只是下了病榻，吩咐仆人准备车辆去奔丧。到了王献之家。他在灵床上坐了下来，命人把王献之生前最喜爱的琴取来，想弹首曲子，但调了半天弦，都没调好，于是举起琴往地上一摔，悲痛地说："子敬！子敬！如今人琴俱亡！"意思是说："子敬啊子敬，你是人和琴同时死去了啊！"说罢，他便昏了过去。王徽之因极度悲伤，没过多久就病情加重了，一个多月后，他也离世而去。

睹物思人是一种最常见的怀念方式。当亲人离我们而去时，我们对他们的思念无以复加，对他们的思念无处宣泄，所以，我们只能回到当初共同生活的地方，或者是现在仍然充满他们气息的地方，悼念他们，悼念已经逝去的岁月，悼念曾经的幸福时光。在我们的眼中，他们曾经拥有的美好，也随着他们的离去而一并消失了，正如王徽之所说的"人琴俱亡"。

但我们不能像王徽之一样停下前进的脚步，因为我们与他们之间深厚的情谊始终存在，因此，我们必须在他们离开后，将他们未能完成的人生，延续下去，这才是慰藉他们最好的方法。

对于兄弟情，我们需要兄弟同心，这样才能其利断金。只有团结在一起，没有猜忌，没有矛盾，才能有一个和谐的家庭。

春秋时期，郑国大夫徐吾犯的妹妹徐吾氏长得特别漂亮，人见人爱。下大夫公孙楚和上大夫公孙黑见过她之后，都想娶她为妻。下大夫公孙楚送了聘礼，定为未婚妻；上大夫公孙黑倾慕徐吾氏的容貌，也送来礼物，强作婚约。

公孙楚与公孙黑都是贵族，而且是堂兄弟，徐吾犯一时之间，不知该如何是好，只得去请教执政子产。子产听了徐吾犯的讲述后说："因为国家政治不清明，所以才会出现两个大夫争夺妻室的事情，这不是你的过错，还是让你的妹妹自己做决定吧。"

徐吾犯让二人分别来求亲。公孙黑穿着华丽的服装，将聘礼置于堂上；公孙楚穿着军服，在院中射箭，接着跳到车上离去，他没有再送礼，因为之前他已给过聘礼，认为不需要另送。徐吾氏在屋内认真地观看了两位大夫的行动，做出了选择。她认为公孙黑确实漂亮，但不能做自己的丈夫，而公孙楚表现出了男子汉气概，决定嫁给他。她的哥哥尊重她的意见，徐吾氏遂同公孙楚结为伉俪。

但这件事情到此并未结束，失败的公孙黑很不甘心，一气之下，全副武装闯入公孙楚的家中，声称要杀死自己的堂哥，以夺取徐吾氏。公孙楚听了他的话也不甘示弱，执起武器与公孙黑打斗起来，结果在打斗中，公孙黑不幸被击伤。

如公孙黑与公孙楚这般同室操戈的事件，在历史上不胜枚举，或为名利，或为美女，或为权势……无论是为了什么，这样的事情不断发生，直到今天，它还在上演。其实，家不但是可以躲避风雨的港湾，还是你茁壮成长的土壤。兄弟姐妹间虽然免不了争吵，但毕竟血浓于水，不应妨碍亲情发展。放眼今天社会，有许多家族企业皆由兄弟姐妹携手合作，在激烈的市场竞争中联手经营、相互激励、共渡难关，最终成就一方大业而受人敬慕。所以，兄弟之间一定要互相帮助和扶持，只有团结起来，才能成长、进步，成就事业。

孝顺是女子的美德

陈抟在《心相编》中写道：尽孝兼慈，不特助夫还旺子。意思是说，如果妇女心地善良，孝顺父母、公婆，不但可以帮助丈夫立业，还可以使子孙兴旺发达。也就是说，孝顺的媳妇往往是家庭兴旺发达的基础。

乐羊子妻，姓氏不详，是东汉河南人乐羊子的妻子，因此人称乐羊子妻。乐羊子妻为人知书达理，她时常激励丈夫上进，对婆婆也十分孝顺。

一天，乐羊子在路上捡到一块金饼，就高兴地拿回家给妻子展示，没想到乐羊子妻一看，就对丈夫说："有志气的人不会捡别人丢掉的东西，这是对自己品行的亵渎。"乐羊子深受妻子启发，就惭愧地把金饼放回到了原来的对方。

妻子还常常给乐羊子说，大丈夫应该出去学习有用的知识，开阔一些眼界，不能老待在家里。在妻子的多次激励下，乐羊子决定出去学习，乐羊子妻虽然舍不得丈夫，但还是把这份思念深深地埋在心里，只是在家里不停地织布干活，尽心尽力地孝顺婆婆，以免除丈夫的后顾之忧。

没想到，乐羊子在外面待了一年，就因为想念家里偷偷地回来了，乐羊子妻看到丈夫特别开心，但当丈夫说起自己还没有学成什么东西时，乐羊子妻就拿起剪刀把自己织了一大半的布给剪断了。

乐羊子感觉十分奇怪，就问妻子为什么这样做。妻子说，学习就像织布，必须坚持不懈，才能学有所成，你现在还没有学成就放弃了，这就如被我剪掉的布匹一样，岂不是很可惜吗？乐羊子听妻子这么一说，不由得羞愧难当，就再次离家求学，据说过了整整七年才学有所成。

乐羊子离家求学之后，乐羊子妻继续在家里操持家务，孝敬婆婆。后来，乐羊子妻家里遭遇了强盗抢劫，强盗劫持了婆婆，对乐羊子妻说："要想保住你婆婆，你必须跟我们走，不然就杀了她。"乐羊子妻不甘受辱，就拔刀自刎而死。乐羊子妻的这一举动吓坏了那帮强盗，他们放了婆婆，落荒而逃。

后来，这件事情被很多人称颂，连太守也听说了，太守十分钦佩乐羊子妻，就下令按礼法埋葬乐羊子妻，并派人捕杀了强盗。

后人称赞乐羊子妻："断机励我夫，操刀卫我姑，人生当有立，何用费踟蹰。"

唐朝的时候，有一个人叫郑义宗，娶了一个卢姓女子为妻，人称卢氏，卢氏为人机敏厚道，而且十分孝顺，平日里侍奉公婆十分尽心。

有一次，一家人正在家里端坐闲聊，忽然来了一群持刀的强盗破门而入，家里其他人一看势头不对，赶紧从后窗逃走了，由于婆婆年老体衰，根本跑不动，而卢氏呢，虽然有机会逃，但是她并没有逃跑，而是护卫在婆婆的身边，一直到盗贼离开。盗贼离开之后，那些逃跑的家人也回来了，他们问卢氏明明可以跑，为什么不跑，难道就不怕盗贼杀了她吗？

卢氏义正词严地说，如果为了自己活命，而把整日侍奉的婆婆独自置于危险之地，万一婆婆遭遇了不测，即使自己可以活命，又怎么有颜面活在世上呢？家里别的人不禁感觉到十分惭愧，而卢氏的孝行也被传颂开来。

曹娥是东汉时期上虞人，父亲曹盱是一位术士，经常去江中做一些迎神的事情，在她十四岁的时候，父亲逆着舜江去迎接潮神，不幸落水，岸上的人们看到这样的情景，就跑去告诉了曹娥，曹娥听说后，就沿着江边不分昼夜地寻找父亲，边寻找便难过地痛苦流泪，就这样过了十几天，还是没有找到父亲的尸体。

在五月五日的这一天，她决定投江下水去寻找父亲尸体，五日之后，曹娥背着父亲的尸体浮出水面，虽然她已经死去多时，身体冰凉，但是她反背着双手，紧紧地背着父亲的身体，这件事情就此流传开来，人们为了纪念她的孝行，就把她生前住的地方改名为曹娥镇，把这条江改名为曹娥江，在她投江的地方还修建了曹娥庙。

因为曹娥是在五月五日投的江，也有人因此认为端午节是为了纪念孝女曹娥而设的。

没有父母就没有子女，作为子女孝顺父母是天经地义的事情，从古至今感动天地的孝顺子女很多，赵娥就是其中的一位。

赵娥，东汉酒泉郡禄福县（即肃州）人，她的丈夫庞子夏在他们的儿子很小的时候就去世了，在丈夫去世之后，赵娥就带着儿子在娘家生活。

赵娥的父亲叫赵君安，是个忠厚老实的人，赵娥还有三个弟弟，家里人丁还算兴旺，一家人对赵娥和儿子都十分照顾，日子过得也算是和和美美。

福禄县有一个恶霸叫李寿，有一天李寿又欺侮乡邻，赵君安正好在场，就上前说了几句公道话，李寿看赵君安竟然敢当众给他难堪，一气之下就把赵君安杀了。消息传到赵家，三个儿子虽然表面上不敢去杀李寿，但都想找个机会给父亲报仇。不幸的是，还没等到报仇，福禄县就遭受了一场大的瘟疫，赵娥的三个弟弟都相继死于瘟疫。

李寿本来还有点害怕赵娥的弟弟找他报仇，现在知道赵娥的三个弟弟都去世了，而赵娥也不过是个带着孩子的女流之辈，就变得更加肆无忌惮了，他高兴地跟别人说："现在赵家只剩下了个女人和孩子了，我是断不怕她来找我复仇的，哈哈。"李寿的狂言传到赵娥的耳朵里，她满怀悲愤，暗暗发誓一定要替父亲报仇。为了能够更快地杀死李寿，她天天晚上在家磨刀，丝毫不顾别人的目光。

李寿知道自己仇人过多，唯恐什么时候别人找他报仇，所以每天都骑马带刀，防卫森严，赵娥虽然每天都跟踪李寿，但一直没有找到机会下手，就这样过了一段时间。终于有一天早晨，李寿来到了一个都厅前，赵娥看到这次机会不错，就飞快跳下自己乘坐的车，抓住了李寿的马头，边大声斥骂李寿边用力向李寿砍去。

李寿的马受到了惊吓，双腿往前一跃，把李寿给摔倒了地上。赵娥抓住李寿，又向他砍去，但这次李寿躲开了，赵娥用力过猛，把挡着李寿的树干砍断了，李寿也受了伤。李寿痛得喊叫起来，然后就欲拔刀还击，赵娥这时候用左手抵着李寿的额头，右手卡住李寿的喉咙，直到李寿咽气了才放手。

后来，赵娥用李寿的刀割下了他的头，拿着去官府自首。

福禄县管事的官员明白了事情的原委之后，十分不忍心定赵娥的罪，竟然宁愿辞官也不愿意审理这个案件，后来接任的官员也十分感动赵娥的孝顺，不但不愿意治她的罪，甚至还想让她私下逃走，但是赵娥不想让这个官员为难，坚持不逃，于是赵娥的案子一直悬置在这儿。后来，碰上朝廷大赦天下，赵娥就被放回家了。从此之后，她的孝名就被传播开来。

缓解婆媳矛盾

袁女士正为一件事情烦恼。据她说，她婆婆心眼儿十分小，脾气相当大，动不动就训人。刚结婚时，她们经常吵架，有时一生气，她就收拾行李回娘家住，任凭老公屡次催她回家，她也不想回去。现在生了宝宝，她觉得老跟婆婆这样"对抗"下去也不是办法，一家人不好好过日子，却因为一些不大不小的事情大动肝火，真是不值得。宝宝慢慢长大，紧张的家庭气氛，对宝宝的成长来说，也是很糟糕的。

处理好婆媳关系是幸福婚姻的一部分。尽管说婆媳关系是很难处理的，但不是不能改变的。我们先要了解婆媳矛盾的原因。一般情况下，最常见的有如下几种。

一是争同一个男人的"宠爱"。母亲一把屎一把尿地把儿子养大，现在儿子娶了妻子，往往把更多的注意力放在了妻子身上，有些母亲就会觉得心里不平衡。更不用说，有些母亲因为离婚或丧偶，一个人含辛茹苦地把儿子抚养成人，她们这辈子的精力几乎花在儿子身上，也把一切希望都寄托在儿子的身上。一旦看见儿子跟娶进家门的妻子甜甜蜜蜜，母亲就会感觉这个与自己本来毫不相干的人夺走了自己的儿子，不管是下意识地，还是不知不觉地，她就会用语言和行动来表达对儿媳妇的不满。而儿媳妇面对婆婆的"挑战"，当然也会怒火中烧，久而久之，两人就会结下难解的怨恨。

二是代沟。婆媳是两代人，年龄相差比较大，她们年轻时受的教育差别很大，生活阅历也显然不同，因此两人的人生观、价值观大相径庭。有些婆婆文化程度比较高，保持年轻心态，"与时俱进"，这还好说；而有的婆婆受到几十年前艰苦条件的制约，没有什么文化，甚至目不识丁，她们的思想自然要保守、落后得多。当一个受过现代高等教育的儿媳妇进了家门以后，婆媳两人对待生活中各种具体问题的态度必然相差甚远，矛盾自然就产生了。

三是性格、习惯相差太大。婆媳不生活在一起还好，要是一家子全住在一套房子里，那日常生活中发生的摩擦就更多了。在吃、睡、穿、养育女子方面，婆媳的意见往往不一致。有些婆媳来自不同的地区，她们都有各自从小养成的习惯，一个喜欢吃咸，一个喜欢吃甜，一个不吃这个，一个不吃那个，各自对对方的习惯越看越不顺眼；有些婆婆喜静，不欢迎客人来访，但儿媳妇恰恰相反，她们非常喜欢一大帮女友来做客，一起庆祝周末。还有些儿媳妇来自民风淳朴的地方，家乡的亲人拜访、小住，婆婆也会因此心里有疙瘩。

婆媳关系的好坏对家庭生活有着重大的影响，它直接关系到整个家庭的稳定。在家庭中，婆婆和媳妇对丈夫来说，都是非常重要的人物，缺一不可。你不可能用"鱼和熊掌"不可兼得来要求丈夫做出选择，但婆婆和媳妇则不然，她们都希望儿子或丈夫向着自己，否则，就会导致关系恶化。同时，它还会影响夫妻的感情。婆媳和睦相处，能增进夫妻感情，儿孙满堂，其乐融融；反之，婆媳关系不好，就会给夫妻感情带来阴影，会使家庭经常处于一种冷战状态。

婆媳矛盾是一个古今中外令许多家庭头痛的难题，但是当你清楚了婆媳之间发生矛盾的原因，本着互相信任、互相尊重、互相爱护、互相关心、互相宽容忍让的态度，加上家庭其他成员齐心协力促使其向良性的方面转化，婆婆与媳妇之间会产生出真诚的爱，和睦相处。

孝顺公婆，比如爷娘

吕得胜的《女小儿语》写道：孝顺公婆，比如爷娘，随他宽窄，不要怨伤。意思是说，要像孝顺父母一样孝顺公婆。

《说苑》中在讲到人要懂得孝顺的时候，讲了这样一个故事。汉朝时候，东海有孝妇，年纪轻轻的时候丈夫就死了，也没有孩子，照理说她可以一走了之，但是她却不忍心丢下婆婆不管，赡养婆婆非常尽心，婆婆也劝她改嫁，但她始终不肯。

婆婆对邻居说："这个媳妇对我太好了，她自己过得这么清苦，又是无子守寡，这样下去她也只会变成一个孤零零的老太婆，我可不能拖累了她。我说了她也不听，该怎么办呢？"后来，婆婆想了一个最坏的办法，她自缢而死，想让媳妇安心嫁人。但是不知情的小姑状告孝妇，说她杀了自己的母亲。

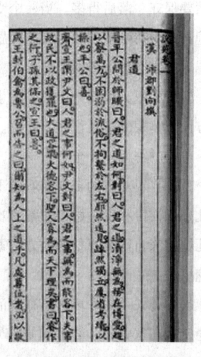

《说苑》书影

狱吏逮捕了孝妇，孝妇不承认自己有罪。狱吏严加考打，孝妇没有办法就认了罪。但是这个案子呈报上去后，法官认为孝妇赡养婆婆十余年，以孝名闻远近，一定不会杀了她。但是办案的太守不听这样的话，法官努力争辩，也没有什么结果，于是痛哭之后，离开了官府。

太守最终判定孝妇谋杀，但是在孝妇死后，郡中枯旱三年。新太守到任后，得知了这样事情，心想这样的大旱肯定是有冤屈的，于是杀牛亲自祭祀孝妇冢，并借此表彰其墓，传说当天就立刻下起了大雨。

有些子女只孝顺自己的父母，而不孝顺对方的父母，这样做是不对的，既然是一家人，对待双方的父母都要一样，这样才会有一个和睦的家庭。

余治在《续神童诗》写道：媳妇孝公婆，神明保护多。意思是说：孝敬公婆的媳妇，连神明也会保护她的。

东汉时期人姜诗十分孝顺父母，他的妻子庞氏更是勤快，对待姜诗的母亲十分孝顺，姜诗的母亲喜欢喝长江水，庞氏就每天走六七里的路去江边挑水让婆婆喝，而且庞氏每天都给婆婆做她最喜欢的鲤鱼吃。为了让婆婆吃得开心，她还特意让邻家的婆婆一起享用，此事传开，大家都说庞氏是个孝顺的媳妇。

后来，庞家院子旁边忽然奇迹般的涌出了与长江水味道相同的泉水，而且每天都有两条鲤鱼从泉水里跃出来，从此以后，庞氏就用这水和鱼奉养婆婆，再也不用那么辛苦去挑水、捕鱼了，知道此事的人都说这是因为庞氏的孝心感动了天地，天地都在庇佑她。

一个人做一件好事并不难，难的是一辈子做好事；一个人孝敬一下长辈并不难，难的是多少年如一日地孝敬长辈。孝顺是中华美德，要从生活中的小事做起，从细微之处关心婆婆，孝敬公公，尽一切努力让老人开心，让老人感受到生活的快乐。

《女儿经》中写道：公姑病，当殷勤。意思是说：公公婆婆生病的时候，要殷勤服侍。

在宋代都城，有一个人称吴氏的吴姓女子，年纪轻轻还没有生儿育女，就死了丈夫，只剩下她和婆婆相依为命，婆婆劝吴氏改嫁或者招赘个女婿，但吴氏看到婆婆孤若一人，就坚决不改嫁以留下来为婆婆尽孝，因为害怕招赘的人对婆婆不好，吴氏也坚决劝止了婆婆为她招赘的提议，一心孝顺婆婆。

吴氏为了让婆婆能过上好的生活，每天都辛勤劳作，染布养蚕，把挣来的钱都用在奉养婆婆上。

夏天的时候，吴氏为婆婆扇扇子，直到婆婆睡着为止；冬天的时候，吴氏总是害怕冻着婆婆，每天都是为婆婆暖好被窝才让婆婆就寝。

婆婆年纪大了，视力变得越来越不好，有一次，吴氏正在做饭，邻居找她有点事情，把她叫出去商量事情，婆婆在家里害怕饭煮得太烂，就想把饭倒在盆子里，没想到因为视力不好，竟然误把脏水桶当作盆子了。吴氏回来一看，为了不让婆婆知道了伤心，就偷偷去邻居家借来饭让婆婆吃，自己把那些饭捞出来、洗干净再蒸熟了吃，这件事情，吴氏一直没有让婆婆知道。

吴氏看到婆婆年纪越来越大，就把自己所有值钱的东西都典当了，想尽最大努力为婆婆办好后事。

吴氏对婆婆的孝心可谓是体现在各个方面，乡亲们都称赞她是个孝顺的媳妇。有一天，吴氏做了一个梦，梦到一个穿着白色衣服的仙女对她说："你的孝心感动了上天，上天要赐给你一枚钱币，希望能有益于你的生活。"等到吴氏醒来之后，她竟然真的在床头发现了一枚钱币。

吴氏感觉十分惊讶。在第二天的时候，这枚钱币竟然变成了上千枚的钱币，而且每当吴氏用完之后，新的钱币就又会生出来，从此之后，吴氏没有了后顾之忧，侍奉婆婆也更加尽心尽力，直到婆婆去世。

后来，这件奇事被人们传开，大家都说这钱是"子母钱"，吴氏的孝心得到了好报。后来，吴氏的生活一直很安稳，成了一个长寿的人，死的时候也没有任何病痛，在她去世之后，这钱也随之消失不见了，而她生前居住的地方却生出一股奇异的香气，很多天之后才慢慢消散。

人都有老的时候，孝敬老人是我们应尽的责任。俗话说：生儿才知育儿苦，养儿才知报母恩。自己的言传身教都是孩子的榜样，我们也有老时，我们也有儿女，所以，孝敬老人就是善待自己。

侍奉恶婆婆的媳妇更可贵

很久以前，有一个名叫阿楠的女孩出嫁了，出嫁之后，阿楠跟丈夫和婆婆住在一起。婚后只过了极短的时间，阿楠就发现她根本无法与婆婆相处。她们的性格有天壤之别，阿楠经常被婆婆的一些习惯搞得很生气，不仅如此，婆婆还不断地苛责阿楠。

日子一天一天地过去。阿楠和她的婆婆没有一天能停止吵闹和争斗。但更糟的是，按照中国传统习俗，阿楠不得不向她的婆婆俯首称臣，时时处处听命于婆婆。天长日久，家中所有的愤怒和不快越积越多，阿楠可怜的丈夫夹在当中，也痛苦不堪。

最终，阿楠再也受不了婆婆的坏脾气和颐指气使，她决定不能再这样忍气吞声下去了，她必须救自己。

于是阿楠去找她父亲的一位朋友，卖中药的黄先生。她将自己的处境告诉了并问他是否可以给她一些毒药，这样她就能杀死婆婆，把所有的问题都解决掉。黄先生想了一会儿，最后说："我可以帮你解决问题，但你必须听我的话，按照我讲的去做。"阿楠说："是的，黄先生，我会遵照你说的每一个字去做。"黄先生进了里屋，几分钟过后他从里面出来，拿着一包草药。

他告诉阿楠："你不能用见效快的毒药除掉你婆婆，因为那样会让人怀疑到你。因此，我给你的几种中药是慢性的，毒性将会在你婆婆体内慢慢培植。你最好天天都要给她做些鸡鱼肉类，再放少量的毒药在她的菜里面。还有，为了让别人在她死的时候不至于怀疑你，你必须对她恭恭敬敬。不要同她争吵，对她言听计从，对待她像对待一个王后。"阿楠答应下来，她太高兴了。她谢过黄先生，急忙赶回家，开始实施谋杀婆婆的计划。

几个星期过去，几个月也过去了，每一天，阿楠都精心烹制有毒药的饭菜伺候婆婆。她记得黄先生说过的话"要避免引起怀疑"，因此她控制自己的脾气，服从她的婆婆，对待她像对待自己的亲生母亲一样，就这样半年过去，整个家都变了样。阿楠将自己的情绪控制得好，她甚至发现自己几乎不会动怒，更不会像以前那样被婆婆的言行气得发疯。半年里她没有跟婆婆发生过一次争执，婆婆在她的眼中，也比以前和善得多，容易相处得多了。

婆婆对阿楠的态度也改变了，她开始像爱自己的女儿一样爱阿楠。婆婆不住地向邻里街坊和亲戚朋友夸阿楠，说她是天底下能找得着的最好的儿媳妇。阿楠和她的婆婆现在真的像亲母女一样和睦相处了，看到这一切，阿楠的丈夫由衷地高兴。

一天，阿楠又去见黄先生，再次寻求他的帮助。她说："黄先生，请帮我制止那些毒药的毒性，别让它们杀死我的婆婆！她已经变成一个好女人，我爱她像爱自己的母亲一样。我不想她因为我下的毒药而死。"

黄先生颔首微笑："阿楠，尽管放心好了，我从来没给你什么毒药，我给你的药只不过是些滋补身体的草药，那只会增进她的健康。其实，唯一的毒药在你的心里，在你对待她的态度里，但值得庆幸的是，那已经被你给她的爱冲洗得无影无踪了。"

《女儿经》中写道：奉姑存殁皆尽孝，难处更在姑夫明。意思是说：那些侍奉恶婆婆的媳妇更是难能可贵。

颜文姜是春秋战国时期齐国（今山东省淄博市界）人，是当时齐地青州府颜家庄人，在19岁的时候，嫁给了博山地区凤凰山下的郭姓人家。过门没多久，丈夫就病逝了，当时婆婆已经年迈，还有一个未成年的小姑子，生性善良的颜文姜就在郭家侍奉公婆，帮忙抚养小姑，十分孝顺。

婆婆为人尖刻，对颜文姜态度十分恶劣，稍一不如意，就把颜文姜责骂一顿，但颜文姜毫无怨言，还是尽心尽力地侍奉婆婆，当时凤凰山水源奇缺，婆婆喜欢喝清水泡的茶，就让颜文姜去几十里外的石马村去挑，为了不让颜文姜在路上休息，恶毒的婆婆特意制作了两只尖底的水桶，但颜文姜也从来没说过什么，每次都辛辛苦苦地去挑水。

传说，她的孝心感动了太白金星，他就化作一个牵着马的老者，在路边等着颜文姜，等到颜文姜挑水路过他身边的时候，他对颜文姜说自己的马渴了，想让它喝点颜文姜挑的水，善良的颜文姜毫不犹豫地答应了，然后让老者的马喝自己身后的那桶水。见此情景，老者不禁奇怪，就问她为什么不能喝前面那桶水。颜文姜告诉老者，前面那桶水是专门给婆婆喝的，不能让马弄脏了，后面那桶水是自己喝的。

老者决心帮助颜文姜，等到马喝完水之后，他就把马鞭给了颜文姜，告诉她回去之后，把马鞭放在水缸里，如果没有水了，就轻轻提下鞭子就可以了，但需要注意不要提得过猛，免得酿成灾难。

颜文姜回去一试，果然灵验，从此之后再也没去挑水，没想到婆婆看到颜文姜很久没挑过水了，家里却一直有水吃，就去水缸前看个究竟，她看到水缸里有个破烂的马鞭，不禁勃然大怒，猛地提出来想去鞭打颜文姜，没想到这时候一声巨响，放水缸的地方涌出巨大的水流，一下子把她冲出去很远。

正在干活的颜文姜听到巨响，赶紧过来查看，看到这种情景，她明白是婆婆动马鞭了，于是赶紧去用身体挡住涌水的地方，慢慢地水流小了下去，后来只剩下一股甘泉流出来。这股泉被后人称作灵泉，后来为了纪念孝妇颜文姜，人们又在此地建立了颜文姜祠。

有句老话说得好，"顺者为孝"。老人上了岁数，话多唠叨是正常的，每当这个时候，我们就不要和老人计较了，要尊重他们。每个人都应做到孝敬老人，尊老爱幼，婆对媳视为己出，媳对婆像生身母一样，姑嫂妯娌之间相处得像亲姐妹一样，多一点宽容少一点计较。家和才能万事兴。

有孝心的人，用爱心、诚心、感恩的心去关爱老人们，尽我们的最大所能让他们安享晚年。无论是身体健康还是疾病困扰，我们都会不离不弃，做到用爱自己父母的心，去爱公婆。

十三、孝子的底线

孝有三，大孝尊亲，其次弗辱，其下能养

孝顺的行为可以分成三个等级：最高一等的是言语、行为和内心都能尊敬父母，其次一等是不打骂侮辱父母，对他们好，再下一等的是能给他们养老送终。当然，连养老送终都做不到的就是不孝了。

首先，孝敬老人，不是一句关于美德的空话，而是行为和内心都要孝顺父母。

鹃鹃是孙敏和丈夫的掌上明珠。

孙敏和丈夫上班，就把鹃鹃交给她爷爷。鹃鹃的爷爷60多岁，鹃鹃跟了爷爷，变得很乖，很招人喜欢。只有一样使孙敏嫉妒：鹃鹃待爷爷好于她。于是，孙敏和公爹之间出现了隔阂。终于有一天，只为一件小事，他们吵翻了。老爷子孤零零地搬进很矮、很潮的西房的小屋。

鹃鹃上高中了。住校。她每月回来好几趟看爷爷。这天天气特别冷，她又跑回来。一进门，脸都冻白了。"妈，爷爷病成这样，你也不管？"孙敏发现女儿的眼里放出一股逼人的光，她心里打了个寒颤："好吧，我去……"

屋里简直是个冰窖，连尿罐子都冻裂了。前晚鹃鹃端来的那碗烩饼原封没动，已经结了冰。一双竹筷子斜插上去，活像祭祀的供品。

"鹃鹃，不是跟你说过，别来看我嘛。不要因为我闹得大家不痛快……"老爷子吃力地说。孙敏这才看清他的那张瘦脸，眼窝深深凹下去。她的心不由微微一动，但当她看到女儿像打量一个陌生人似的打量着自己的那种眼神

时，她更多想到的却是女儿对自己的离心："完全是老爷子的过错，我不谅解他。况且，老爷子很爱攒钱，他也许要把钱留给他的孙女；我老了，鹃鹃会怎样待我？不行，我得把这笔钱搞来，趁老爷子还没断气……"

孙敏脸上堆起了笑。她让女儿在给老爷子煮的挂面汤里打了个荷包蛋。

当鹃鹃慌慌张张地跑回来的时候，孙敏知道老爷子不行了。她转弯抹角地说："鹃鹃，该给你爷买点好吃的。你爷爷的钱在哪儿放着？先拿两块。我兜里没钱了……"

"我不去！"鹃鹃生气地说。

"完了还他嘛。要不来不及了！"

鹃鹃不乐意地出去了。没多久，她拿来一个小包放在桌子上。孙敏用手一摸，便感觉到它的分量。

孙敏让鹃鹃看着爷爷，自己到外面转了一圈，两手空空地转回来。

"东西呢？爷爷的钱呢？"鹃鹃瞪着眼问妈妈。

"钱，我丢了。"孙敏说。

"你——"鹃鹃的脸涨得通红，两眼噙着泪，她突然抓起孙敏的呢子大衣，发疯似的朝外跑去。

朔风狂怒地号叫着，鹃鹃的身影霎时间便被埋在风雪里。孙敏突然意识到鹃鹃是要把她的呢子大衣送进寄卖商店……

房门"乓"的一声开了，一个雪人闯进来，是鹃鹃。她那冻僵的手牢牢抱着两瓶水果罐头。鹃鹃没喘口气，便扑向爷爷的小屋。孙敏随后也跟了过去。这时小屋里传出一声低微的、却是拼尽了最后一口气的呼喊：

"你们……不能抢我的钱。我是留给鹃鹃的呀！"

接着是玻璃瓶摔碎的声音，鹃鹃撕心裂肝地哭喊："爷爷——"

"爷爷，是我害了您，是我害了您呀……我拿了您的钱，爷爷……"鹃鹃扑倒在爷爷的尸体上，哭昏了。

孙敏和丈夫把女儿送进医院。她冻伤了：脸上落下一块伤疤；那双灵巧的小手坏死了，截去了。每天黄昏，不管天气多冷，她都要出去，望着夕阳发呆……

作为儿女，对老人心存不敬，甚至怀有恶意，其实也是在为自己的将来埋下祸根。将心比心，用你期待子女对待你的方式来对待老人，才能避免悲剧的发生。

其次，莫要让等待的父母等候，及时捧上你的心意。

有一次，小桑到邮政总局给朋友拍电报。在他身边坐着一位老太太，她把头低低地俯在电报纸上。她在上面写了些字，随后把电报纸拿到眼前，眯缝着眼睛看。看过之后，把纸揉成了一团，又拿了一张新的，重新填写，写完了又揉成一团，然后又伏在桌子上，想要再填写一张。

小桑要帮助这位老太太填写，可是她怎么也不肯。她自己又拿了一张电文纸，打算再重新填写。后来她叹了口气说：

"我就住在这儿附近，可是，往五层楼上爬很吃力，不戴眼镜又写不了……您若是不急着走的话，请替我写一下。"

小桑拿过来电报纸，老太太一字一句地说出地址。然后，沉默片刻，叹息地说："请写上：亲爱的妈妈，祝贺您的生日。到我们这儿来吧。吻您。"

小桑看了看老大娘，问她："您的妈妈还健在？"

老大娘很不愉快地冷笑一下说："妈妈——就是我。"

"啊？"

"明天是我的生日，女儿她很可能忘了给我拍贺电，因此，我就决定……免得邻居们责怪她。她是我的好女儿，大家都很尊重她，她还在大城市里当主任工程师。"

小桑想象得出来，她的女儿一定是整天很疲劳、很操心的人。在办公室和在家里都有好多事情要做。可能，女儿过去有时候忘记了给妈妈拍贺电，老年人就会抱怨："你看，孩子们不需要我们了，把我们忘记了……"

"女儿不会忘记向您祝贺的。不过偶然情况总是免不了……"

老太太抬起一双忧伤的眼睛望着小桑，低声说："她已经忘记12年了。"

小桑对老人家还能说什么呢？用什么语言来安慰她？是不是要责怪她的女儿呢？虽说这是有理由的。可是，老大娘已经平静下来，她对他说："对不起，请您帮我买一张带玫瑰花的贺电专用电报纸，我的女儿干什么都喜欢漂亮的……"

可怜天下父母心！父母为儿女考虑得是那么周到，我们又为他们做了些什么呢？我们对自己的生日念念不忘，却忘了向至爱的亲人献上一句我们的问候。

再次，要孝养父母。

一个名牌大学毕业生应聘于一家大公司。主管审视着他的脸，出人意料地问："你替父母洗过澡、擦过身吗？""从来没有过。"青年很老实地答道。"那么，你替父母捶过背吗？"青年想了想，说："有过，那是在我读小学的时候，那时母亲还给了我10块钱。"在诸如此类的交谈中，主管只是安慰他别灰心，会有希望的。

青年临走时，主管突然对他说："明天这个时候，请你再来一次。不过有一个条件，刚才你说从来没有替父母擦过身，明天来这里之前，希望你一定要为父母擦一次，能做到吗？"这是主管的吩咐，因此青年一口答应。

青年虽大学毕业，但家境贫寒。他刚出生不久父亲便去世，从此，母亲便给人帮佣，拼命挣钱。孩子渐渐长大，读书成绩优异，考进名牌大学。学费虽令人生畏，但母亲毫无怨言，继续帮佣供他上学。直到今日，母亲还去帮佣。

青年回到家，母亲还没有回来。母亲出门在外，脚一定很脏，他决定替母亲洗脚。母亲回来后，见儿子要替她洗脚，感到很奇怪。于是，青年将自己必须替母亲洗脚的原委说了一遍。母亲很理解，便按儿子的吩咐坐下，等儿子端来水，把脚伸进水盆里。青年右手拿着毛巾，左手去握母亲的脚，他这才感到母亲的双脚已经像木棒一样僵硬，他不由得抱着母亲的脚潸然泪下。读书时他心安理得地花着母亲如期送来的学费和零花钱，现在他才知道，那些钱是母亲的血汗钱。

第二天，青年如约去了那家公司，对主管说："现在我才知道母亲为了我受了很多的苦，您使我明白了在学校里没有学过的道理，如果不是您，我还从来没有握过母亲的脚，我只有母亲一个亲人，我要照顾好母亲，再不能让她受苦了。"主管点了点头，说："明天你到公司上班吧。"

我们从出生到成年，一生受过父母太多的恩情与照顾，而我们对父母的回报，与他们的爱比较起来实在是微乎其微，微不足道。学着做一点力所能及的事，学着孝敬父母，孝顺不是光有心就足够了，还要用行动来表明。

工作和家庭并非单选项

工作，对大多数人来说是生活的一个不可缺少的组成部分。但是，家庭方面同样是重要的。当两者发生冲突了，就要学会权衡，找到最佳的解决方法，有些人认为，遇到这种情况，不是选工作就是选家庭，其实工作和家庭并非单选项，可以多选。

曾国藩任两江总督的时候，总督府戒备森严，不是任何人都能随意进出的。

这天，总督府门前来了一个衣衫褴褛的老人，身上背着一个背篓，吵吵嚷嚷地要见总督大人。门口的侍卫自然瞧不起这样的落魄之人，就把老人赶了出去。老人心有不服，冲着门里大喊："我是来找我干儿子的，我干儿子在这里做官，我今天一定要见他。"侍卫一听，都乐了："你干儿子在这儿做官？我看，就是你干爹也不够格啊！"

这时，曾国藩刚刚从外面回来，轿子还没有停稳，他就听见了吵闹的声音，撩开帘子一看，赶紧从轿子上下来。

"干爹。"曾国藩大步上前，双手紧紧握住老人的。

原来，这个老人不是别人，正是曾国藩在白阳坪时认的干爹。曾国藩做官以后，老人从来没有找过他，这次是因为老人在家乡的地被人霸占了，告到了官府，可是官府却向着恶霸说话，把老人惹急了，才来这里找曾国藩帮忙的。

曾国藩听明白了老人的意图，左右为难。按说，他虽然任两江总督，可是从来没有给地方上的官员递过条子，干涉过别人办公，可是干爹的案子的确是老人受了委屈。一时之间，曾国藩也不知道该如何是好。

转眼几天过去了，曾国藩还是没能给老人答案，老人很是着急。这时，曾夫人开导曾国藩说："大人为父母官，为百姓申冤，是你应该做的事情啊。如果你不替老人出头，就是没有尽职；大人是老人的干儿子，如果不能为老人解决难题，就是不孝。这怎么说，你都应该帮助老人的。"

曾国藩一向敬重夫人，他每一次遇到难题，夫人都会尽力帮忙。这一次他见夫人说得也很有道理，于是排除了顾虑，赠给老人一把有自己签名的扇子，让他回去重新与官府说事。

一个人为了在企业中取得成功而必须做的一些事，可能会在他的家庭里引起冲突。他可能为了工作而忽略家人的感受，他可能必须延长工作时间，甚至在夜晚或周末加班。他可能被迫做公务旅行，并且要长时间地离开家里。所有这些会被父母看作是对家庭不负责任。

要解决由于事业需要而造成的矛盾，并且增进家庭幸福，不存在万能的灵丹妙药。在现代社会中，一个人要谋生，他必须付出的代价之一就是要工作。这不仅对一位有雄心的人来说是正确的，而且对任何人来说都是如此。毫无疑问，要实现抱负，就需要做出一定的牺牲。

如果父母理解并赞成子女的目标和计划，他们就会作为子女的合作者心甘情愿并关怀备至地帮助他取得成功。他们将乐意做出需要做出的牺牲，但这意味着父母和子女必须相互沟通思想。他必须把企业生活的实际状况向他们详加解释，一旦理解了他所做的事与他所追求的目标之间的因果关系，父母将会配合得更好。要在思想隔阂的鸿沟上架起桥梁，唯一的方法只能是相互理解。

千跪万拜一炉香，不如生前一碗汤

孝是中华民族的传统美德，也是一个人的良知，很多人为自己没有机会侍奉父母而引以为终身的遗憾。

有一些事情，当我们年轻的时候，无法懂得，当我们懂得的时候已不再年轻。世上有些东西可以弥补，有些东西永远不能弥补。

"孝"是稍纵即逝的眷恋，"孝"是无法重现的幸福，"孝"是一失足成千古恨的往事，"孝"是生命交接处的链条，一旦断裂，永无连接。

赶快为你的父母尽一份孝心。也许是一处豪宅，也许是一片砖瓦，也许是大洋彼岸的一只鸿雁，也许是近在咫尺的一个口信，也许是一顶纯黑的博士帽，也许是作业簿上的一个红五分，也许是一朵山花，也许是花团锦簇的盛世华衣，也许是一双洁净的布鞋，也许是数以万计的金钱，也许只是含着体温的一枚硬币……

但在"孝"的天平上，它们等值。

只是，天下的儿女们，一定要抓紧啊！趁父母健在……

朋友，从今天起，从现在起，善待父母吧。千万不可让眼泪、悔恨啃啮无处报答的孝心！

一个女孩大学毕业后，回到家乡当了小学教师，在一次同学聚会时，她出于职业习惯，为大家讲起了她所教的那个班级的一些事情。

"……一次，我给学生们布置作文，题目是《我的理想》，好多学生尽管文笔还差得很多，但理想都很远大，有要当警察的，有要当科学家的，有要当音乐家的，可是班上偏偏有这样一个学生，他是这样写的："爸爸有病死得早，只有我和妈妈相依为命，妈妈胆子小极了，很怕晚上有鬼来抓她，于是我就想，我长大了的理想是做一只勇敢的狗，天天守在她身边，让她睡个好觉……'"她边笑边向大家解释道："你们说说，这也算是理想，那孩子们都不用读书了。"说着说着她竟有些气愤了。

然而，这个孩子的理想却深深地打动了许多人。这个理想对那个孩子的妈妈来说，一定是人世间最大的安慰了。

生活在今天的孩子是幸福的，同时也是不幸的，过多的呵护使许多人习惯了来自亲人的爱，认为亲人为自己付出是理所应当的，很少为亲人着想，更不会想到用自己的爱去回报亲人，逐渐丧失了一颗对亲情的感恩之心。

每一天，都有人在毁灭自己年轻、宝贵的生命。

在自己解脱的时候，他们却非常自私地把痛苦留给了年迈的父亲、母亲。

他们在学校里学到了知识，却忘却了自己，忘却了父母，忘却了亲人，忘却了感恩。

他们永远不会再体会到做父母的辛苦了，永远也想不到母亲伤痛欲绝的样子。

他们永远也……他们已经没有永远了。他们用自己的勇气和方式选择了另一种生活方式。他们只是为自己活着，方式已经并不重要了。不会对亲人感恩的人，幸福将远远地离去。人必须懂得对亲情感恩。敞开心胸，于平淡生活中品味亲情之真，体验亲情之美，吟唱亲情之善。于是，亲情便更加难能可贵。

生活中，我们总是对父母要求太多。你是否想过，自己能为父母做些什么？

小旭家经营服装生意。有时他会到他父母做生意的商店里去瞧瞧。那里每天都有一些收款和付款的账单要经办，小旭往往受遣把这些账单送往邮局寄走。他渐渐觉着自己似乎也成了一个小商人。

一天，他突发奇想，想开一张账单给他妈妈，索取他每天帮妈妈做点事的报酬。几天后，妈妈发现在她的餐盘旁边放着一份账单，上面写着：

母亲欠儿子小旭如下款项：

为取回生活用品20元；

为把信件送往邮局10元；

为在花园里帮助大人干活20元；

为他一直是个听话的好孩子10元；

共计：60元。

小旭的母亲收下了这份账单并仔细地看了一遍，什么话也没有说。晚上，小旭在他的餐盘旁边找到了他所索取的60元报酬。正当小旭如愿以偿，要把这笔钱收进自己口袋时，突然发现在餐盘旁边还放着一份给他的账单。他把账单展开读了起来：

小旭欠母亲如下款项：

为在她家里过的十年幸福生活0元；

为他十年中的吃喝0元；

为在他生病时的护理0元；

为他一直有个慈爱的母亲0元；

共计：0元。

小旭读完，感到羞愧万分！过了一会儿，他怀着一颗忐忑不安的心蹑手蹑脚地走近母亲，将小脸蛋藏进了妈妈的怀里，小心翼翼地把那60元塞进了她的围裙口袋。

人是最善于索取的动物，在亲人无私的爱护下，我们渐渐觉得父母所做的是理所当然，在接受时逐渐变得心安理得。朋友，请不要漠视父母为我们付出的辛劳，更别忽略了父母那颗默默奉献的心。

我们不要总想着向父母索取什么，要懂得孝顺他们。俗话说：千跪万拜一炉香，不如生前一碗汤，所以在父母的有生之年，孝顺他们吧！

看清伪孝

有些人孝顺，有些人不孝顺，孝顺的人以实际行动来证明，而不孝顺的人往往打着孝顺的幌子做出不孝顺的事情来。所以，我们要看清伪孝。

李克是一个从贫困乡村进城打工的小青年。在初来城里的日子里，李克总是焦急地等待着母亲的信，一收到信，便急不可耐地拆开，贪婪地读着。半年以后，他已是没精打采地拆信了，脸上露出讥诮的冷笑——信中那老一套的内容，不消看他也早知道了。

母亲每周都寄来一封信，开头总是千篇一律："我亲爱的宝贝，早上（或晚上）好！这是妈妈在给你写信，向你亲切问好，带给你我最良好的祝愿，祝你健康幸福！我在这封短信里首先要告诉你的是，我很好，身体也好，这也是你的愿望。我还急于告诉你：我日子过得挺好……"

每封信的结尾也没有什么区别："信快结束了，好儿子，你别和坏人混在一起，别赌博，要尊敬长者，好好保重自己……"

因此，李克只读信的中间一段。一边读一边轻蔑地蹙起眉头，对妈妈的生活兴趣感到不可理解。尽写些鸡毛蒜皮，什么邻居的羊钻进了自家的园子里，把她的白菜全啃坏了；什么村里有个娱乐场所，等等。

李克把看过的信扔进床头柜，然后就忘得一干二净，直到收到下一封母亲泪痕斑斑的来信。

这天，他又收到了母亲的信。李克把刚收到的信塞进衣兜，穿过下班后变得喧闹的宿舍走廊，走进自己的房间。

今天发了工资。小伙子们准备上街：忙着熨衬衫、长裤，打听谁要到哪儿去，跟谁有约会，等等。

李克故意慢吞吞地脱下衣服，洗了澡，换了衣。等同房间的人走光了以后，他锁上房门，坐到桌前，从口袋里摸出还是第一次领工资后买的记事本和圆珠笔，翻开一页空白纸，沉思起来……恰在一个钟头以前，他在回宿舍的路上遇见一位从家乡来的熟人。相互寒暄几句之后，那位老乡问了问李克的工资和生活情况，便含着责备的意味摇着头说："你应该给母亲寄点钱去。冬天眼看就到了。家里得烤火取暖……你是知道的。"

李克自然是知道的。

他咬着嘴唇，在白纸上方的正中仔仔细细地写上了一个数字：1000 元。经过仔细计算，扣除还债、买衣服、娱乐、吃饭等，还剩余 80 元。

李克哼了一声。80 元，给母亲寄去这么个数是很不像话的。他想："等下次领到预支工资再寄吧。"

他伸了个懒腰，想起了母亲的来信。他打着哈欠看了看表，掏出信封，拆开，抽出信纸。当他展开信纸的时候，一张 100 元的纸币轻轻飘落在他的膝上……

李克想孝顺，但更多想的是自己，这种行为就是伪孝，这种行为才叫人心寒。其实父母没有那么多的要求，只要我们常联系，常回家看看，心里想着他们，他们就心满意足了。下面的这个故事，就是真正的孝顺，只要心中有爱，奇迹就能发生。

自从父亲不幸身亡后，10 岁的莎莎只有和母亲相依为命。明天就是圣诞节了，疾病缠身的母亲，掏出家里仅有的 50 元递给莎莎，让她上街给自己买点礼物。

莎莎却拿着钱去找医生。她把 50 元递给医生，小声请求道："医生，您能再帮我母亲做一次腰椎按摩治疗吗！"医生轻轻摇了摇头，无奈道："莎莎，50 元不够的——最少也得 350 元……"莎莎失望地走出了诊所。

大街的一角围了一些人，莎莎挤进去一看，是一个街头的轮盘赌。轮盘上依次刻着 26 个阿拉伯数字，这些数字也依次对应着 26 个英文字母。不管你押多少钱，也不管你押什么数字，只要轮盘转两圈后，指针能停在你的选择上，那么你都将获得 10 倍的回报。

轮盘赌的主人冲莎莎挥挥手，示意她让开。莎莎却没有退缩，她犹豫了一会儿，把手中的 50 元放在了第 12 格上。

轮盘转两圈后，停在了第 12 格，莎莎的 50 元变成了 500 元。轮盘再次旋转前，莎莎把 500 元放在了第 15 格。莎莎又赢了，500 元变成了 5000 元。人们开始注意莎莎，轮盘赌的主人问："孩子，你还玩吗！"

莎莎把 5000 元放在了第 22 格。结果，她拥有了 5 万元。轮盘赌的主人的声音颤抖了："孩子，继续吗？"莎莎镇定地把 5 万元押在了第 5 格，所有的人都屏住了呼吸。不到一分钟后，有人忍不住惊呼："上帝啊，她又赢了！"那个轮盘赌的主人快哭了："孩子，你……"莎莎认真道："我不玩了，我要请医生为我妈妈按摩——我爱我的妈妈！"

莎莎走后，有人开始计算连续 4 次猜对的概率有多少。轮盘赌的主人则像呆了似的凝视着自己的轮盘，突然，他痛哭道："我知道我输在哪里了，这孩子是用'爱'在跟我赌啊！"人们这才注意到，莎莎投注的 12、15、22、5 四个数字，对应的英文字母正是 L、O、V、E！

真正的孝子，不会因为某种利益而让亲情变质，不会因为自己的感受而忽略了父母的感受，他们的心里只有父母，爱父母就如同父母爱自己一样深。

做一个盛满"孝顺"的箱子

有位老人，他的妻子已经过世，所以他一人独居。老人曾是个裁缝，一生辛辛苦苦，但没有积攒下一分钱，而今上了年岁无法再做活计。他的双手颤抖不止，捏不住一根针，老眼昏花，缝不直一个针脚。他有三个儿子，全都已经长大成人结婚成了家，他们忙着谋生度日，只是每周回来一次，看看老父亲，吃顿便饭。

老人越来越老了，他的儿子们来得也越来越少。"他们根本不想待在我身边了，"他自言自语，"他们都怕我成为累赘。"他彻夜无眠，担忧自己如何度日，终于他想出了个计划。

第二天，他去见做木匠的老朋友，请他给做个盒子。然后他又去见做锁匠的朋友，跟他要了把旧锁。最后他又去见一个吹玻璃的朋友，要来了他所有的碎玻璃片。

老人拿回盒子，装满碎玻璃，用锁锁紧，放在了饭桌底下。他的儿子们过些时候来吃晚饭时，脚碰到了盒子上。

"这盒子里装的什么呀？"他们看着桌子下边发问。

"噢，什么也不是，"老人回答，"只是我攒下的东西。"

他的儿子碰了碰那盒子，看看有多沉。他们踢了一脚，听见里面发出哗啦啦的声响。"里面肯定装满了老头子这些年积攒的金子。"他们彼此嘀咕着。

于是他们讨论起来，意识到他们得保住这笔财产。他们决定轮番同老人住在一起，照顾他。第一周，最小的儿子搬了进来，照料父亲，为他做饭。第二周二儿子值班，第三周大儿子值班，他们这样坚持了很长一段时间。

最后，老人生病死了。儿子们给他办了一个很体面的葬礼，因为他们知道桌子底下有一笔财产，现在他们可以稍微挥霍一些老头子的积蓄。

丧事过后，他们满屋子搜寻，找到了盒子的钥匙，打开了盒子。当然，他们发现里面全是碎玻璃。

"多讨厌的把戏！"大儿子喊道，"对你儿子做这样卑劣的事！"

"他不这么做又能怎么样呢？"二儿子伤心地问道，"我们必须对自己诚实，要不是因为这个盒子，我们可能直到他死也不会关心他。"

"我真感到羞愧，"小儿子哭泣着，"我们逼着自己的父亲欺骗，因为我们完全忘了小时候他对我们的教育。"

但是大儿子还是把盒子翻了个遍，检查了一下，确实什么值钱的东西也没有。他倒出了所有的碎玻璃，三个儿子望着盒子里面惊呆了，盒子底下刻着一行字：孝敬你们的父母吧。

盒子底下的字"孝敬你们的父母吧"，值得那三个儿子回味，更值得我们去深思。

中国自古讲求孝道，孔子言："父母之年，不可不知也。一则以喜，一则以惧。"父母的身体健康，儿女应时刻挂念在心。

父母对子女珍爱如自己的生命，问寒问暖，无微不至。儿女的生日，最先为他们祝福的是父母；我们是否扪心自问过：我们对父母的挂念又有多少呢？是否留意过父母的生日？民间有谚语：儿生日，娘苦日。当为自己生日庆贺时，你是否想到过用死亡般的痛苦，给你生命的母亲呢？

是否曾给孕育你生命的母亲一声祝福呢？或许一声祝福对自己算不了什么，但对父母来说，这声祝福却比什么都美好，都难忘，都足以使他们热泪盈眶！

一位知名学者曾写下这样的文字：

当你一岁的时候，她喂你吃奶并给你洗澡，而作为报答，你整晚地哭着；

当你三岁的时候，她怜爱地为你做菜，而作为报答，你把一盘她做的菜扔在地上；

当你四岁的时候，她给你买下彩色笔，而作为报答，你涂了满墙的抽象画；

当你五岁的时候，她给你买既漂亮又贵的衣服，而作为报答，你穿着它到泥坑里玩耍；

当你七岁的时候，她给你买了球，而作为报答，你用球打破了邻居的玻璃；

当你九岁的时候，她付了很多钱给你辅导钢琴，而作为报答，你常常旷课并不去练习；

当你十一岁的时候，她陪你还有你的朋友们去看电影，而作为报答，你让她坐到另一排去；

当你十三岁的时候，她建议你去把头发剪了，而你说她不懂什么是现在的时髦发型；

当你十四岁的时候，她付了你一个月的夏令营费用，而你却整整一个月没有打一个电话给她；

当你十五岁的时候，她下班回家想拥抱你一下，而作为报答，你转身进屋把门插上了；

当你十七岁的时候，她在等一个重要的电话，而你抱着电话和你的朋友聊了一晚上；

当你十八岁的时候，她为你高中毕业感动得流下眼泪，而你跟朋友在外聚会到天亮；

当你十九岁的时候，她付了你的大学学费又送你到学校，你要求她在远处下车怕同学看见笑话你；

当你二十岁的时候，她问你："你整天去哪？"而你回答："我不想像你一样"；

当你二十三岁的时候，她给你买家具布置你的新家，而你对朋友说她买的家具真糟糕；

当你三十岁的时候，她对怎样照顾小孩提出劝告，而你对她说："妈，时代不同了。"

当你四十岁的时候，她给你打电话，说亲戚过生日，而你回答："妈，我很忙没时间。"

当你五十岁的时候，她常患病，需要你的看护，而你却在家读一本关于父母在孩子家寄身的书；

终于有一天，她去世了。突然，你想起了所有该做却从来没做过的，它们像榔头一样痛击着你的心……

许多时候，我们对抗着、逆反着、叛离着父母，长大了，又因为懒惰或是一心追求名利，慢慢忽略了亲情，忽略了一日比一日年迈的父母，忽略了双亲望眼欲穿的牵挂。千金散去还复来，亲情逝去永不返。

年轻时我们总以为来日方长，却忘记了父母已经黄昏迟暮。说不定哪天，我们正为不失掉一次赚钱的机会而忙得天昏地暗的时候，却惊悉自己永远失去了至爱的亲人。所以，天下儿女们，找点空闲，常回家看看吧！或是认真地写封信，告诉双亲："好想你们！"这些许的点滴将会使他们获得莫大的慰藉和满足。否则，"子欲养而亲不在"，是世上最痛彻心扉的愧疚和遗憾。

父母是为你付出最多的人，也是你永远的牵挂、心灵的港湾，所以千万不要等到失去了，才觉得珍贵而悔恨不已。幸福，是我们做一个盛满"孝顺"的箱子，去孝顺我们含辛茹苦的父母。

才能并不能让父母幸福，孝心比什么都重要

有人说：自己学业有成，事业有成了，才能无人能敌，才是对父母的孝顺。其实并不然，无论你是平凡人还是成功人士，有一颗孝心最重要。如果你没有一颗孝顺父母的心，那么你再成功，也会被划入不孝的行列。

据说还有这样一个被广为流传的事情，揭示了孝顺要体现在行动上这样一个简单的道理。

三个妇女在打井水，一位老人坐在石头上休息。一个妇女对另一个说道："我的儿子很机灵，力气又大，谁也比不上他。"

"我的儿子会唱歌，唱得像夜莺一样悦耳，谁也没有他这样好的歌喉。"

另一个妇女说。

第三个妇女默不作声。

"你为什么不谈谈自己的儿子呢?"两个邻居问她。

"有什么好说的呢?"她说,"我儿子什么特长也没有!"

说着,她们装满水桶,提着走了。老人也跟着她们走去。她们走走停停,渐渐手臂疼痛,背也酸了,水溅了出来。

忽然迎面跑来了三个男孩,一个孩子翻着跟斗,他母亲露出欣赏的神色;一个孩子像夜莺一般欢唱着,妇女们都凝神倾听;第三个跑到母亲跟前,从她手里接过两只沉重的水桶,提着走了。

妇女们问老人道:"喂,怎么样?我们的儿子怎么样?"

"呵,他们在哪儿?"老人答道,"我只看到了一个儿子!"

可见,就算再能干,如果没有孝心或者不能把孝心体现在行动上,那也不配当父母的孩子。

有两个学生,大学同班。由于家境不好,都对父母供养自己读书抱有感激之情。一个认为应好好学习,争取各科第一;一个认为应打工挣钱,力争减轻父母负担。

第一个学生,每天一早第一个走进教室,每晚最后一个离开。他的笔记也是全班做得最全面、最工整的一个。老师非常喜欢他,让他做了学习委员。

星期天,他从不像其他学生那样出去郊游、逛街,他认为那样对不起良心。为了多学点东西,也为了走向社会能找个好工作,课余时间他选修了心理学、逻辑学、公共关系学等学科。

一有空,他就到图书馆翻资料、做笔记。由于他勤奋好学,成绩突出,他几乎获得了学校设定的每一项荣誉。每当他把这些写信告诉父母,父母心里也总是升起无限的安慰和满足,他们为有这样懂事的孩子而骄傲,他们认为再苦再累都值得。

第二个学生却总是让父母担心，有几次父母甚至想断了他的学业。因为他们省吃俭用，供他上学，他不仅没考过一次好成绩，有一次还挂了红灯。更可气的是，军训一结束，他竟干了一件让父母丢脸的事——低三下四地到各学生宿舍收购军训服，然后倒卖给小商小贩。这一次他虽然赚了两个月的生活费，却让父母整整不舒服了一学期。

他们想，父母再穷，难道就缺你这几个钱吗？放假的时候，两位老人苦口婆心地说："只要你能专心学习，考出好成绩，我们再苦再累都心甘。"

最让两位老人不能容忍的是，大学二年级的时候，他竟写信来说，以后再不要他们的钱了。接到信后两位老人的心简直都伤透了，这个孩子竟是这样不听话，以断绝和父母的经济往来来抗议父母的苦心劝告。最后他们得知儿子是因策划一种"高考文化衫"赚了钱，心里才稍稍安慰了些，不过他们已不再对他寄什么希望，他们想，他学习不好，将来找不到工作，那是他自作自受。

大学毕业那年许多学生都忙着寄求职信，参加人才市场竞争，只有他无动于衷，因为这时他已是两个公司的老板。最具戏剧性的是，前往他公司求职的人中，竟有好几位是他的同班同学，其中包括那位学习最好的学生。

天生我材必有用。人生就是一场选择，不同的才华、志向于不同的事业，对父母的孝敬也不必拘泥于形式，更不要因为世人的一些看法而放弃自己的梦想。

沉默的爱，也值得歌颂

在海林格的记忆中，父亲一直就是瘸着一条腿走路的，他的一切都平淡无味。所以，他总是想，母亲怎么会和这样的一个人结婚呢？

一次，市里举行中学生篮球赛，海林格是队里的主力。他找到母亲，说出了他的心愿，他希望母亲能陪他同往。母亲笑了，说："这肯定不成问题。我和爸爸都会去的。"海林格听罢摇了摇头，说，我不是说父亲，我只希望你去。母亲很是惊奇，问这是为什么，他勉强地笑了笑，说，我总认为，一个残疾人站在场边，会使得整个气氛变味儿。母亲叹了一口气，说，你是嫌弃你的父亲了。父亲这时正好走过来，说，这些天我得出差，有什么事，你们商量着去做就行了。

比赛很快就结束了，海林格所在的队得了冠军。在回家的路上，母亲很高兴，说，要是你父亲知道了这个消息，他一定会很高兴的。海林格沉下了脸，说，妈妈，我们现在不提他好不好？母亲接受不了他说的话，尖叫起来，说，你必须要告诉我这是为什么！海林格满不在乎地笑了笑，说，不为什么，就是不想在这时提到他。

母亲的脸色凝重起来，说，孩子，这话我本来不想说，可是，我再隐瞒下去，很可能就会伤害到你的父亲，你知道你父亲的腿是怎么瘸的吗？海林格摇了摇头，说，我不知道。母亲说，那一年你才两岁，父亲带你去花园里玩，在回家的路上，你左奔右跑。忽然，一辆汽车急驰而来，你父亲为了救你，左腿被碾在轮下。海林格顿时呆住了，说，这怎么可能呢？母亲说，这怎么不可能？不过这些年你父亲不让我告诉你罢了。

二人慢慢地走着。母亲说，有件事可能你还不知道，你父亲就是威廉——你最喜欢的作家。海林格惊讶地蹦了起来，说，你说什么我也不信！母亲说，其实这件事你父亲也不让我告诉你，你不信可以去问你的老师。海林格急急地向学校跑去。老师面对他的疑问，笑了笑，说，这都是真的。你父亲不让我们透露这些，是怕影响你的成长。现在你既然知道了，那我就不妨告诉你，你父亲是一个伟大的人。

两天以后，父亲回来，海林格问父亲，你就是大名鼎鼎的威廉吗？父亲愣了一下，然后就笑了，说，我就是写小说的威廉。海林格拿出一本书来，说，那你先给我签个名吧！父亲看了他片刻，然后拿起笔来，在扉页上写道：赠海林格，生活其实比什么都重要。威廉。

多年以后，海林格成为一名出色的记者，如果有人让他介绍自己的成功之路，他就会重复父亲的那句话：生活其实比什么都重要。

最深沉、博大的爱总是"含情脉脉"，就在心底，因为害怕一旦说出来，就会给被爱者心灵的负担。

家人的"折磨"是你的幸福

任何时候，家人对你的"折磨"都是一种磨砺，经过这个过程你将会朝着更圆满的方向发展。折磨虽然痛苦，但这些痛苦只是暂时的，它最终将对你大有裨益，促使你更好地发展，让你最终走上成功的人生道路。

在李德18岁那年的一个早上，父亲要李德开车送他到20公里之外的一个地方。那时李德刚学会开车，就非常高兴地答应了。

李德开车把父亲送到目的地，约定下午3点再来接他，然后就去看电影了。等最后一部电影结束的时候，已经是下午5点了。李德迟到了整整两个小时！

当李德把车开到预先约定的地点时，父亲正坐在一个角落里耐心等待。李德心里暗想，父亲如果知道自己一直在看电影，一定会非常生气。

李德先是向父亲道歉，然后撒谎说，他本想早些过来的，但是车子出了一些问题，需要修理，维修站的工人们花了两个小时的时间修车。

父亲听后看了他一眼，那是李德永远不会忘记的眼神。

"李德，你认为有必要对我撒谎吗？我感到很失望。"父亲说。

"哦，你说什么呀？我说的全是实话。"李德争辩道。

父亲又一次看了他一眼："当你没有按预约时间到达时，我就打电话给维修站，问车子是否出了问题，他们告诉我你没有去。所以，我知道车子根本没有问题。"一阵羞愧感顿时袭遍李德的全身，他无可奈何地承认了看电影的事实。

父亲专心地听着，悲伤掠过他的脸庞："我很生气，不是生你的气，而是生我自己的气。我觉得作为一个父亲我很失败，因为你认为必须对我说谎，我养了一个甚至不能跟父亲说真话的儿子。我现在要步行回家，对我这些年来做错的一些事情好好反省。"

李德的道歉，以及他后来所有的话都是徒劳的。父亲开始沿着尘土飞扬的道路行走，李德迅速地跳到车上紧跟着父亲，希望父亲可以回心转意停下来。李德一路上都在忏悔，告诉父亲他是多么难过和抱歉，但是父亲根本不予理睬，独自一人默默地走着、沉默着、思索着，脸上写满了痛苦。

在回去的路程里，看着父亲遭受肉体和情感上的双重折磨，这是李德生命中最难过和痛苦的经历。然而，它同样是生命中最成功的一次教育。自此以后，李德再也没有对父亲说过谎。

从故事中我们可以看到，父母对我们的教育在我们还未懂事的时候总觉得那是一种折磨，然而这种折磨往往是我们成长道路上的良言，而对于子女，对于父母的"折磨"我们需要正确对待，这样不仅是对父母的孝顺，更能塑造一个品质完美的自我。

十四、提高行孝的实力

孝顺，就让家人分享你的成就

孝顺父母"物养"固然重要，这是最基本的行孝，但是"心养"却更加难得。物养是安父母之身，而心养则是发父母之心。何为心养呢？一是过节、过生日要想着父母，平时多陪陪父母。二是让自己成功，让父母分享你的成就，这一点刘翔就做得很好。

在雅典奥运会上，刘翔以12秒91的惊人速度夺得男子110米栏冠军，一下子成为世界瞩目的体坛新星。在家人眼中，他一直是个孝顺、恋家的孩子。

在刘翔9岁时，有一天，妈妈下班后和同事一起去浴室洗澡，忘记和家人打招呼。结果一踏进家门，看见儿子正号啕大哭："我和爸爸急死了呀，到处找不着你，平时你5点就能到家的。我一个人在家就开始瞎想了。"他一边说着，咧开嘴又伤心地哭了。

在刘翔小的时候，父母工作都很忙，因此刘翔就和爷爷、奶奶住在一起，和奶奶的亲密胜过了父母。2001年刘翔参加世界大学生运动会前，奶奶鼓励他说拿回金牌给奶奶看看，刘翔顽皮地说："你放心，我一定拿一块回来给您戴上。"然而就在他高高兴兴准备出发的前几天，奶奶被确诊得了胰腺癌。刘翔怀着悲伤的心情离开上海。他暗下决心，为了奶奶也得赢回金牌。果然，他夺得了大运会110米栏冠军。

回到上海，他下了火车就直奔医院。在病房里，他轻轻地扶奶奶坐起来，小心翼翼地把金牌挂在奶奶脖子上，他怕奖牌太重，还用手一直托在下边，亲切地说："奶奶，我拿金牌回来了。"老人欣慰地点了点头，落了泪。接着，九运会赛期将至，刘翔在登上开往广州列车的那天晚上，和父母一同去医院看望奶奶。然而，当他带着九运会110米栏的金牌回来时，奶奶已经去世了。他悲痛难忍，哭了整整一个晚上。他向过世的奶奶发誓，一定要尽快冲出亚洲，走向世界，拿很多很多的金牌告慰她老人家。

刘翔以行动实现了自己的誓言，2002年国际田联大奖赛，他以13秒12的成绩打破了男子110米栏世界纪录。2004年，在欧洲举行的4站田径大奖赛上，刘翔在男子110米栏的比赛中又一举夺得3金1银。

成了世界冠军，刘翔依然是个恋家的懂事孩子。他曾对父亲说："我在外面，时常想听听你们的声音，那是对我最好的安慰。我也想随时知道你们以及爷爷在家中的情况，以免担心。"刘翔每次出国比赛回家，行李里总装满了给家人的礼物。

刘翔是一个为祖国赢得荣誉的运动员，同时，他也是父母的好儿子。无论走到哪里，他都是一个心系家人、时刻关心和牵挂着自己父母的人。

中国有一句古话叫作"好男儿志在四方"，但也不能因为学习或者事业而忘了自己的父母。因为有了他们的辛勤哺育和鼓励，才有了我们今天的成绩，因此无论多忙，一定要抽空多陪陪父母，在精神上多多关怀和陪伴他们。努力做出更多的成绩，让家人为你骄傲和自豪。

不要啃父母的"老本"

人到老了，有三老很重要：老伴、老友和老本。其中前二者是精神世界的需要，而后者则是物质上的支撑，然而现在很多年轻人有手有脚，却做着实足的啃老一族。他们认为向父母要钱是天经地义的事情，殊不知，他们这样做会让父母走向更加困苦的深渊。其实，老本对父母很重要。做子女的不要总是惦记着父母的那点钱，一个真正的孝子应该想着为老人留一份养老钱。

有这样一个谜语，谜面是"一直无业，二老啃光，三餐饱食，四肢无力，五官端正，六亲不认，七分任性，八方逍遥，九（久）坐不动，十分无用"。你是不是已经猜到了？对，谜底就是我们毫不陌生的新兴族群：啃老族。

所谓啃老族，就是大学毕业后，到了就业年龄，却仍依赖父母的年轻人。啃老族也叫吃老族或傍老族。他们并非找不到工作，而是主动放弃了就业机会，赋闲在家，不仅衣食住行全靠父母，而且花销往往不菲。啃老族年龄一般在 23—30 岁之间，有谋生能力，却仍未"断奶"，得靠父母供养。社会学家称这一群人为"新失业群体"。据有关专家统计，在城市里，有 30% 的年轻人靠啃老过活，65% 的家庭存在啃老问题。

缘何"啃老"

追求梦想：他们对于自己的现实工作有理想，觉得非要达到理想才能满足自己需要，会有一直转换工作的情形。

丧失自信：他们因工作经历失败，对往后就业会有挫折感，信心遭受打击，不敢再面对就业。

自闭：从小与社会环境造成隔阂，自闭性格使得他们长大后不愿走出社会与人交往接触。

家庭溺爱：他们从小受到家人的期待，认真读书只为了满足家人的期

"啃老"漫画

待，拥有高学历却不懂为自己的将来打算，遂成米虫的心态。

中华民族一直有着"养儿防老"的传统家庭价值观。从某种程度上来说，父母对孩子的养育是一种投资，到达一定阶段后就可以收到回报。但随着就业压力增大，以及独生子女逐渐成年，"啃老族"的队伍在扩大。

"啃老族"已经成为年轻人从"家庭宝贝"踏入社会的特殊的过渡阶段，但这毕竟只是一个过渡阶段，每个人都应当尽量缩短或者避免这一过渡阶段，练就迅速融入社会的适应力。毕竟，长时间"啃老"，给父母造成了经济压力的同时，也将使你离社会就业群体越来越远。20 几岁已经不是小孩子了，父母不可能是我们永远的经济后盾。要告别"啃老"生活，实现经济上的独立，我们需要做的是找一份自力更生的工作，并合理规划自己的开

销，学会投资，为自己和父母的生活争取更多的收入。大手大脚惯了的"啃老族"应当开始学会规划自身的消费，要迈向成熟与独立，先从经济上的成熟和独立开始。

改进"啃老"

首先，考虑所买东西的使用价值。有很多消费者都是在一定诱惑下冲动性地进行了购买。看一看你的储物柜里，是不是已经买了很多根本无用的商品？将它们收拾出来，看看能不能通过网上的或现实中的二手市场卖出，既让对你无用的商品在他人手中实现使用价值，也为自己换得一笔财富。当你将堆积如山的冲动性消费品卖出后，你或许会渐渐明白，什么东西是自己平时爱买又完全没太大用处的，那么，在下一次促销现场的时候，你会多一分理智，想清楚："这件东西我真的有买的必要吗？"

其次，选择最有利的购买时机。买东西时，我们多动一下脑筋，便可以发现，购买的时机也是一个很重要的问题。商品价格的涨跌一般也有一定的季节性规律，对商品价格的未来走势，谁也不可能预期得绝对准确，但是根据以往的经验，可以进行判断，大概预测其未来涨跌情况的概率和幅度，从而对购买的时机做出决策。

再次，选择合适的付款方式。卖家也会提供多种购买方式，可以根据自己的经济实力做出最适合自己的选择。如果是分期付款，最直接的问题是银行按揭到底贷多少年，获得的利益和支出的利息比最理想，这个问题的计算稍微复杂一些，要考虑怎么能使支付的利息总数最低，而又不太多地影响你的生活计划。分期付款的压力既是前进的动力，也会给自己的生活增加艰难的程度，但要看看自己是否能承受得住这种压力。

最后，考虑性价比。买东西还要考虑性价比是否合算，要尽量用最低的价格买最棒的产品。要考虑商品对自己的用处、使用年限和商品的性能、服务、品牌、价格等。这牵涉到很多数据，以及在这些数据基础上选择最优方案的问题。从对商品的性能价格之间的比较，到做出购买决策的过程，实际上是人在头脑中进行的一个很复杂的计算过程。你不一定要有很好的数学头脑，但要有"斤斤计较"的理财意识。

有人说，懂得规划自己消费的人，才是懂得规划自己人生的人。年轻人告别"啃老"不是为了别人，而是为自己的未来做好准备，为了让父母更好地过晚年。当然，我们说告别"啃老"是指不再依赖父母的金钱援助，而不是断绝与父母的联系。我们在需要购买重要物品，尤其是昂贵物品时，最好与父母、兄长商量，让他们给我们理性的分析与建议，算一算该不该买。久而久之，我们也能形成一套自己的成熟消费观和价值观，告别"啃老"的生活。

做"月光族"不如把钱用到父母身上

在父母身上花钱，连眼皮都不要眨，这是行孝之人的信仰，然而现在的"月光族"只为自己花钱，从不顾及父母的感受。

对于"月光族"这个词，如今我们一定不觉得陌生。所谓月光族，就是一到月底就把零用钱用光光、花光光的人，从来想不到为父母花一分钱。

月光族一般都是年轻一代，与父辈勤俭节约的消费观念不同，新时代的月光族喜欢追逐潮流，扮靓，图享受，只求吃得开心，穿得漂亮，想买就买。

小梁在市区一家公司工作，月收入 2000 多元，但是至今没有积蓄。她每月算起自己的花费都是一塌糊涂。"这个月和姐妹们逛了几次街，买了点化妆品，其他的想不起来买什么了，不知不觉工资就全花完了。"小梁为了方便，办了几张信用卡，埋单时是潇洒了，但接到银行的催款单时，有时还要向父母求"支援"。她的父母本身就没有什么收入，只能从自己的"老本"里出。

一些进入适婚年龄的年轻人为了结婚买房甘当"房奴"，还有一些人计划着"先买车后买房"，开着车子出去和朋友们玩时很潇洒，做"车奴"倒也心甘情愿。越来越多的80后成了信用卡推销的主要目标人群，也催生了越来越多的月光族，更出现了越来越多可怜的父母。

如今，都市里月光族队伍越来越壮大。这群年轻人往往有着稳定且具有较高收入的工作，可因为生活无计划，消费超出能力，过着"今朝有酒今朝醉，月月收入月月光"的生活，而不得不做起"月光公主"或者"月光王子"。

其实我们也不是不想存钱。可是钱似乎永远不够用，手里有三千块钱，恨不能花五千块，薪水涨五百，花销就涨八百，简直是无底洞。你或许也在疑问，为什么总是缺钱呢？

对啊，为什么总是在缺钱？明明卡里的数字在发工资时总是让人兴奋，可没过多久那4位数就变成了0。一个月30天左右的日子也不是很长，可自己怎么总能将工资卡里的钱花得分文不剩？

谁也不想一直月光下去，当一辈子的月光族。年轻的时候能够成为月光族是因为觉得未来离自己还遥远，苍老也离自己很遥远。80后的年轻人不再需要承受上一辈太多的负担，每月把钱花光也没什么大不了的。然而，失业可能不经意就会来袭，疾病也可能找上你，父母的赡养等着你，没有存款你根本应付不来意外。从长远的角度看，不节制花钱，你的生活就很不稳定。为了将来的幸福生活，月光族必须要学会自救。

现在的人们，距离家庭还很远。大多过着一人吃饱、全家不愁的日子。他们也很少考虑父母，只管自己过得舒服，所以他们放肆地购物，看见什么买什么，想买什么买什么，到头来就成了盼着发工资的"月光一族"。

可是未来一旦结婚，单身要变成"二人世界"，再从"二人世界"变成

"三人生活"，另外我们还要赡养父母，那时如果没有储蓄的话，就会面临非常大的经济压力，"月光族"在财务上是没有未来的。所以，我们要摆脱做"月光一族"，要学会做会持家的人。

专家提出，做到以下几点，合理"开源节流"，摘去"月光族"的帽子并不难：

第一，计划经济。对每月的薪水应该好好计划，哪些地方需要支出，哪些地方需要节省，每月做到把工资的1/3或1/4固定纳入个人储蓄计划，最好办理零存整取。储额虽占工资的小部分，但从长远来算，一年下来就有一笔不小的资金。储金不但可以用来添置一些大件物品，也可作为个人"充电"学习及旅游等支出。另外每月可给自己做一份"个人财务明细表"，对于大额支出，超支的部分看看是否合理，如不合理，在下月的支出中可做调整。

第二，尝试投资。在消费的同时，形成良好的投资意识，因为投资才是增值的最佳途径。不妨根据个人的特点和具体情况做出相应的投资计划，如股票、基金、收藏等。这样的资金"分流"可以帮助你克制大手大脚的消费习惯。当然，需要注意的是，在开始经验不足时进行小额投资，以降低投资风险。

第三，择友而交。你的交际圈在很大程度上影响着你的消费习惯，多交些平时不乱花钱、有良好消费习惯的朋友，不要只交以消费为时尚、认为追逐名牌才有面子的朋友。不顾自己的实际消费能力而盲目攀比只会导致"财政赤字"，应根据自己的收入和实际需要进行合理消费。

第四，自我克制。年轻人大都喜欢逛街购物，一逛街便很难控制自己的消费欲望。因此在逛街前要先想好这次主要购买什么和大概的花费，现金不要多带，更不要随意用卡消费，做到心中有数，不盲目购物，不买不实用或暂时用不上的东西。

第五，少参与抽奖活动。有奖促销、彩票、抽奖等活动容易刺激人的侥幸心理，使人产生赌博心态，从而难以控制花钱的欲望。

第六，务实恋爱。恋爱是很大的一笔开支，处于热恋中的男女总想以鲜花、礼物或出入酒店、咖啡厅等场所来进一步稳固情感，尤其是男性，即使囊中羞涩也不惜"打肿脸充胖子"。不要认为钱花得越多越能代表对恋人的感情，把恋情建立在金钱的基础上，长远下去会令自己经济紧张，同时也会影响对爱情的判断。

第七，不贪玩乐。年轻人大都爱玩、爱交际，适当的玩和交际是必要的，但一定要有度，工作之余不要在麻将桌上、电影院、歌舞厅里虚度时光。应该培养和发掘自己多方面的特长、情趣，努力创业，在消费的同时更多地积累赚钱的能力与资本。

其实，一个人的理财方式所代表的也是一个人的生活态度。当你学会合理控制自己的收支，不仅能够在金钱上有盈余，更重要的是，你摆脱了"月月赚钱月月光"的经济压力，享受到了更为理性和健康的生活。

月光族只是满足自己对物质的追求，从来不考虑自己还要赡养父母这一现实问题。这种不孝的行为值得我们大家去反省。试想想，父母是否把挣来的钱自己花呢？如果他们也像你们一样做一个月光族，那么你怎么会有一个好的生活？当然也不会上一个好的学校，更不会有一个好的未来。

给父母理出一份"养老钱"

有适当的存款不仅可以让自己的生活多一份保障，同时也是孝顺父母的坚实基础，所以，我们要有一笔养父母的钱，这就要求我们学会理财。

理财是一种生活习惯，哪怕自己得到的是一分钱，也要清楚地知道这一分钱将如何使用，怎么赋予它不同的用途；当你能够坚持不懈地进行投资，哪怕每日、每周、每月、每年获得的回报只是很少的一部分，但是你坚持这样去做，时间就会让你轻松成为一位富翁。

假如人一生能活 100 岁，那么前 20 年是享用父母的钱，65 岁之后是退休阶段了，很多人已经不再创造财富了。所以我们创造财富的时间只有短短的 40 年左右。在这个阶段，我们还要承担赡养父母和养育孩子的责任。

今天有钱，不等于明天还有钱；今天开始理财，那么明天也许就可以享有富足人生。20—45 岁是我们积累财富的黄金时段，也是理财的最佳阶段。而 20 多岁又处于人生事业刚刚起步的时候，养成一种理财的习惯，善用它们，合理地进行投资，为自己未来富足生活创造一个源源不断获得收入的渠道，是新时代青年最可靠的选择。

年轻人在购物时大多属于冲动型，经常会有不经意的花费，所以就需要时常打理自己的存折，运用不同的方式来打造自己的"黄金存折"，比如将一部分钱作为定期存款；一部分购买保险，或者定期定额购买基金作为稳定投资；另一部分拿去做短线投资，这样不仅有机会可以赚到高额的回报，也不致在一夕之间花光自己的辛苦钱。

很久很久以前，一位有钱人要出门远行，临行前他把仆人们叫到一起并把财产委托他们保管。依据他们每个人的能力，他给了第一个仆人十两银子，给了第二个仆人五两银子，给了第三个仆人二两银子。拿到十两银子的仆人把钱用于经商并且又赚了十两银子。同样，拿到五两银子的仆人也赚了五两银子，但是拿到二两银子的仆人却把钱埋在了土里。

过去了很长一段时间，他们的主人回来与他们结算。拿到十两银子的仆人带着另外十两银子来了。主人说："做得好，你是一个对很多事情都充满自信的人，我会让你掌管更多的事情。现在就去享受你的奖赏吧。"

同样，拿到五两银子的仆人带着他赚到的五两银子来了。主人说："做得好，你是一个对一些事情充满自信的人，我会让你掌管很多事情。现在就去享受你的奖赏吧。"

最后，拿到二两银子的仆人来了，他说："主人，您的二两银子还在这里，我把它埋在地里，听说您回来，我就把它挖出来了。"主人回答道："你这个又愚又懒的仆人，你浪费了我的钱！"他夺过仆人的二两银子，并说："凡是有的还要加给他；没有的，连他所有的也要夺过来。"

这个仆人原以为自己会得到主人的赞赏，因为他没完好地保存了主人给的那二两银子。在他看来，虽然没有使金钱增值，但也没丢失，就算是完成主人交代的任务了。然而他的主人却不这么认为，他不想让自己的仆人在等待中虚度年华，而是希望他们能主动些，变得更杰出些。他想让他们超越平庸，其中两个做到了——他们把赋予自己的东西增值了，而只有那个愚蠢的仆人得过且过。

个人理财对于孝子是非常有用的，孝子应该知道怎样去赚钱与理钱。这不仅仅是一门学问，更是为自己的孝行奠定基础。现实生活中有很多值得警醒的例子，比如，在医院等着给家人动手术的子女们，由于资金不够，而无法挽救自己的亲人，从而造成了悲剧。如果我们有一定的经济基础，那么这些悲剧可是也以避免的。所以，我们需要理财，需要积累一些对父母行孝之财。

一个人的财商如何，与他能赚多少钱没有太大的关系，财商的高低是测算一个人如何运用自己的金钱和财富为自己带来幸福的生活。个人需要运用财商指数把小钱变成大钱，企业需要运用财商指数创造利润，政府也要靠财商指数来筹措资金。可以说财商是个人与组织的赢利之源。

几年前，陈丽是个不折不扣的"月光族"，不但每月把薪水花光，还动用父母给她存的"小金库"。一段时间后，陈丽意识到了不能再这样下去，万一哪天需要钱，总不好意思再让外地的父母给自己掏吧。

看身边同事纷纷购买国债、基金，她也拿出"小金库"里的钱进行了尝试。同时，她又参加了"零存整取"储蓄，强制性存款。一段时间后，她发现自己的资产逐渐增多，心里也变得安宁、踏实了。

陈丽结婚后，经过和老公商量，拿出了一部分资金投入股市，进行短线操作，当时正值牛市，他们大赚了一笔。现在，夫妻两人还在股市里进行"竞赛"，每人投入部分资金，看谁做得更好。这样不但增加了生活乐趣，还让老公对她的独立性刮目相看。

女孩子以后就是家庭的女主人，一定要有理财意识，并养成理财习惯。不要什么都想着以后有老公呢，家里的财他会理，自己心里爱情至上，这种做糊涂老婆的想法是不成熟的。只有养成理财习惯，有了充实的家庭小金库，爱情才会更加甜蜜。能娶到这种"财女"老婆，使家里财务井井有条，老公们只会暗自庆幸自己好运气。

所以，我们要学会理财并学会投资，投资策略的选择主要受以下几个方面的影响：

第一，自己的经济实力。俗话说："量体裁衣，看菜吃饭。"家庭的经济实力，决定了个人投资方式的选择。如日常结余较少的低收入家庭，宜采取储蓄或购买保险的方式进行投资；日常结余较多的中等收入家庭，可以采取以定期存款和债券为主，适当投资股票和期货为辅的投资组合方式；某些高收入家庭，可适当涉足投资收藏等领域。

第二，丰富自己的投资知识。投资是一门学问，需要一定的专业知识，尤其是投资渠道和方式越来越多的现在，只有真正的行家里手才能出奇制胜。投资若想盈多亏少，投资者必须在专业知识上尽可能地丰富自己，积累投资"资本"。同时，职业特征对个人投资方式的选择也有一定的决定作用。有的投资项目需花费较多时间和精力，这对某些从事日常工作繁忙的职业人士来说就不适合，因为这会影响自己的工作。所以，投资还要考虑自身的知识面和职业特征，不要盲目随大流、赶时髦。

第三，投资环境及投资意图的影响。不同金融资产对客观环境的要求是不同的，比如股票、期货增值虽然比存款高，但对地理通讯条件的要求相对也较高。再如国家债券，由于一些地方还没有形成流通转让市场，期货转让就很难取得较高的收益率。所以，客观环境和条件对投资方式的影响也至关重要。投资意图的不同，直接影响着投资方式的选择。一般说来，低收入家庭以保全资产为目标，注意资产的安全性。但如果将投资收益作为家庭的一项重要收入来源的话，那就把资产的增值性放在首要位置，同时兼顾安全性，可以选择高风险、高收益的期货等作为主要投资方式。

第四，家庭投资的一般策略。敢于投资是金融意识增强的一种表现，而善于投资、使资产既保值又增值，则是家庭投资理财的关键。在目前人们金融知识普遍缺乏的情况下，不妨将手中的资金进行多元性分散投资，这样较为稳妥，将资金的 1/3 储蓄，1/3 用于投资实业，1/3 用于购买债券、股票等，这对于普通家庭来说是不错的投资组合。

把理财变成一种习惯，那么理财将不再是一种负担、一种高深的学问。理财越早越好，理财习惯最好从二十几岁就养成，因为这段时间我们走出了大学校门，应该不再指望父母了，而是用自己挣的钱来孝顺父母，你努力工作的终极目的是为了谁？是不是为了报答父母？是不是为了更好地尽孝，让父母过得更好？那么从现在开始就要学会理财，给父母理出一份"养老钱"，而不是把钱用到无用处。

送家人一份保险，送亲人一份平安

26 岁的小美是家里的独生女。小美的父母很早以前就下岗了，母亲身体不好，多年来靠父亲四处打零工维持着艰难的生活。小美在四年大学生活里一直坚持勤工俭学，直到去年毕业，进入一家外资企业工作，拿着优厚的薪水，一家人才终于松了口气，父母也不必再那么辛苦，准备安享晚年了。

然而，突如其来的一场车祸令小美全家措手不及。小美在一场车祸严重受伤，巨额的医疗费也让小美的父母一筹莫展。正无奈时，保险公司工作人员来到了小美家，并雪中送炭地送来了 20 万元保险赔偿金。

原来，小美在工作后不久就在寿险规划师的建议下，购买了 20 万元意外伤险。幸好有这 20 万元赔偿金，解决了小美医疗费的燃眉之急。

或许当初买保险的时候并没有对保险有具体的认识，但小美在举步维艰的时候，才真正感受到了保险的真正价值。

我们对于"保险"这个词并不陌生。保险是以契约形式确立双方经济关系，以缴纳保险费建立起来的保险基金，对保险合同规定范围内的灾害事故所造成的损失，进行经济补偿或给付的一种经济形式。

就像大家所知道的，事故的发生是一个概率的问题，而买保险就是承认这个概率的存在。从本质上讲，买保险的目的是减小未来生命中或者一段时间内可能发生的事故发生后给个人、家庭和社会带来的影响。

从经济学上看，保险作为最古老的风险管理方法之一，是为了确保经济生活的安定，对特定危险事故或特定的事件的发生所导致的损失，运用多数单位的集体力量，根据合理的计算，共同建立基金。通俗地说，就像在一个家庭中，如果某个家庭成员发生意外，就会找亲戚朋友来帮忙。但亲戚朋友有限，能提供的帮助也有限，于是，我们有了社会范围内的保险。

有些年轻人喜好激进的投资方式，现金投资总喜欢和收益率挂钩，因此，保险投资很难让其感兴趣。但保险的优势不在于投资收益率的高低，而在于它的保障功能。保险好比理财金字塔的地基，只有为自己准备好充足的保障，其他的理财计划才可能一一实现。只要每年缴纳的保费在合理的收入比例范围内，保险对你的整体投资计划不会有什么影响，还能为风险投资保驾护航。在风险投资失败的时候，你完全有能力跌倒了再爬起；在意外和疾病等风险来临的时候，因为购买了足够的保险也不会影响你对风险投资的继续。

但是，选择保险必须慎重。保险不是普通的商品，一件衣服或一套家具买来了，不喜欢可以不穿、不用，也可以送人；而保险不能转送。有些人买保险，是因为营销员是朋友或亲戚，碍于情面硬着头皮买下；或是不看条款，光听介绍，盲目轻信，买后才发现不适合自己，出了险很麻烦。因此，当我们为自己和家人挑选保险的时候，应当注意广泛搜集信息，根据实际情况选择最合适的保险，让其为我们的生活筑起一道无忧的城墙。

买保险时需要注意三个问题：

首先，了解保险公司。保险公司是经营风险的金融企业，《保险法》规定保险公司除了分立、合并外，都不允许解散。也就是说，保险要提供几十年的服务，保险公司的实力、信誉、条款、售后服务等至关重要。购买前应了解公司，如经济性质、注册资金、业务开展情况、理赔情况等。

其次，量入为主买保险。买保险时应根据自身的年龄、职业、收入等实际情况，理性地购买适当的保险，既要使经济上有能力长时期负担，又要能得到应有的保障。

再次，不是每个年轻人都需要寿险。寿险是为了保障家人的生活。也就是说，寿险是保障依赖他人收入而生活的人。如果没有人依赖你而生活，基本上不用买寿险，应买医疗险或意外险。

现代社会，工作和生活的双重压力越来越大，使越来越多的家庭承受着更高的风险。因此作为子女需要根据自己和家人的具体情况做一份最合理的保险方案也显得越来越重要了。

在生活中，谁也不希望考虑家人的事故、老年、疾病或者死亡问题。然而人生在世，难免会有风险。彩虹总是在风雨过后才会出现，风险又岂能在经历之后才相信？人不能永远交好运，幸运一时，谁也不能担保幸运一世。既然我们不知风险何时降临，除了担心外，更应该为自己和家人做好准备，拥有充分的保障。面对多变的人生，每个子女都渴望父母安康，有一个安全和稳定的生活，但是，一次意外可能就使你负债累累，一次事故就有可能会拖垮全家。因此，给家人加一道保险就显得十分重要。它使你在最需要的时候，不必靠运气，不会有遗憾。

俗话说："晴带雨伞，饱带饥粮。"出发前做好准备工作，遇到任何事情都会从容不迫，保险正是人生中这种从容不迫的准备。人生是长途跋涉的旅行，既然注定会有坎坷和崎岖，何不给车加满油，准备好备用胎？人生不打无准备之仗，一个对自己和家人负责的人总是未雨绸缪，在出发前就做好准备。提前采取防御措施，正确面对风险，降低风险的伤害程度，这是每个现代人必须面对的课题。而保险，正是应对意外风险的有效工具，毕竟预防总比治疗好。

子女们，人生有太多的等待，但有些事是不能等的，比如保险，因为无法预知未来，不知道哪一天会发生意外。在买保险的时候觉得多余，意外发生时，后悔买得太迟、买得太少。与其将来后悔，不如现在立即行动，为家人加一道保险。

十五、行孝需要大智慧

爱父母，拒贪婪

在现实生活中，你有没有过这样的体会：某同学上学是父母的轿车接送，而自己只能搭公交车或骑自行车，没面子；班级组织郊游，某同学穿的是高级登山鞋，背的是高档运动包，带的是很贵的零食和饮料，自己只穿着普通球鞋，背着普通背包，只带了面包和矿泉水，没面子；当同学聚会时，某同学一出手就是几百元，而自己为几十元钱还要苦苦地向妈妈讨要，没面子……你想想，这些都是因为他有钱，而你没有钱，于是你深感心里不平衡。如果真的是这样，你就有必要警惕自己的贪婪心了。

一般而言，贪婪心理的成因主要有以下几个方面：

首先，错误观念支配下的侥幸心理。认为社会是为自己而存在的，天下之物皆应为自己所拥有。这种人存在极端的个人主义思想，是永远不会满足的。他们会得陇望蜀，有了票子想房子，有了房子想位子，永不休止。

其次，行为的强化作用。有贪婪之心的人，初次伸出黑手时，多有惧怕心理，一怕引起公愤，二怕被捉。一旦得手，便喜上心头，屡屡尝到甜头后，胆子就越来越大。每一次侥幸过关都是一种条件刺激，会不断强化他的贪婪心理。

再次，攀比心理。有些人看到原来与自己境况差不多的同事、同学、战友、邻居、朋友、亲戚、下属或者小辈，甚至原来比自己条件差得远的人都发了财，心里就不平衡了，觉得自己活得太冤枉，由此也学着伸出了贪婪的双手。

最后，虚荣心理。有些人由于自己的地位变了，权力大了，讨好的人多了，就开始变得飘飘然起来。他们失足犯罪，往往不是为金钱所惑，而是被胜利冲昏头脑，自我膨胀，被见风使舵的人利用或牵着鼻子走，从而混淆是非，放弃原则，经受不住权力和地位的考验。

如果我们一味地追求物质享受，最终只能沦为金钱的奴隶，自己的意志将随金钱而摆动，自己的行为将受金钱所控制。如果不能正确地理解金钱的作用，禁不住金钱的诱惑，仅仅用父母的钱来满足自己的虚荣心，很难得到满足，很可能发展到为了金钱走上违法犯罪的道路。

俗话说："天上神仙府，人间帝王家。"皇帝是一国之主，金银财宝可以任意享用，应该说是人间最富有的人。皇帝的女儿是公主，也一定可以打扮得像天仙一般。可是，宋朝的开国皇帝赵匡胤却不一样，他不但生活俭朴，反对奢侈，还严格教育子女在生活上要俭朴。

有一次，他的女儿魏国长公主穿着一件羽绣饰的华丽短袄去见他。宋太祖见了很不高兴，他命令女儿回去后马上脱下，以后也不准穿这样贵重的衣服。魏国长公主很不理解，噘着嘴巴说："宫里翠羽很多，我是公主，这一件短袄只用了一点。有什么要紧？"

宋太祖严厉地说："正因为你是公主，所以不能享用。你想想，你身为公主，穿了这样华丽的衣服到处炫耀，别人就会仿效。翠羽珍贵，这样一来，全国要浪费多少钱啊！你现在的地位和生活已经够优越了，你不要身在福中不知福，要十分珍惜才是，怎么可以带头铺张浪费呢？"

宋太祖

公主没办法，只好脱去那件美丽的翠羽短袄，但心里仍然想不通。她想，你既是皇上，又是我的父亲，却对我要求那么严格，看你对自己要求怎么样。于是，她向宋太祖试探性地问："父皇，您做皇帝的时间也不短了，进进出出老是坐那一顶旧轿子，也应该用黄金装饰装饰了！"

宋太祖却心平气和地对女儿说："我是一国之主，掌握着全国的政权和经济，要把整个皇宫装饰起来也能办到，何况只是一顶轿子！古人说得好：'让一人治理天下，不能让天下人供奉一人。'我应该按照这句话去做。倘若我自己带头奢侈，必然有更多的人学我。到那时，天下的老百姓就会怨恨我、反对我。你说我能带这个头吗？"

公主一边听着，一边琢磨着每一句话，再看看皇宫里的装饰也很朴素，连许多窗帘都是用青布制作的，公主觉得父亲说的话确实有道理，于是诚心诚意地向父亲叩头表示心悦诚服。

人一旦能轻易地得到想要的东西尤其是金钱，会产生依赖别人的习性。如果孩子在父母那里很轻松地得到金钱方面的奖赏，那后果是极为可怕的。一方面，他会毫不珍惜地将钱随便花光，不会把钱用到应该用的地方，甚至错误地利用这些钱；另一方面，孩子由于轻松地从父母那里得到钱，很可能就会产生什么事都容易做到的错误想法，以致长大后不会去为自己的生存奋斗，甚至会变得堕落。

但金钱真的是最重要的吗？其实未必。人一定不能因为想要迫切改变现状而被金钱欲冲昏了头脑。对待金钱，人们既要热爱它，但又必须冷静地对待他。有人说过："人们不应该追着金钱跑，而要迎面向它走去。"对于金钱，我们需要更理性地对待，用有限的资产去孝顺父母，去创造无限的"亲情"资产。

有人说过：金子！黄黄的、发光的、宝贵的金子！这东西，只这一点点儿，就可以使黑的变成白的，丑的变成美的；错的变成对的，卑贱变成尊贵；老人变成少年，懦夫变成勇士。呵，你是可爱的凶手，帝王逃不过你的掌握，亲生的父子会被你离间！

说白了，钱就是货币，是一种充当一般等价物的特殊商品，它可以作为价值尺度、流通手段、储蓄手段、支付手段和世界货币等发挥作用，它可以用来购买其他任何商品。有人说："金钱是一种祝福，不过只有在离开它之后我们才能受益。金钱是有文化修养的标志，也是进入上流社会的通行证。"

一位商人和一位孝子聊天，商人对孝子说："假如有人愿意出 10 万美元买你的心脏，你卖不卖？"

孝子毫不犹豫地回答："不卖！"

商人又问："如果有人出 100 万美元呢？"

孝子仍然说："不卖。"

"要是 1000 万美元你卖不卖？"商人再问。

这时候，孝子犹豫了一下，说："也许我可以考虑一下。"

商人心里想："看来孝子在金钱面前，也不过如此，同样也禁不起金钱的诱惑。"

商人笑着说："没有了心脏，你要 1000 万美元还有什么用处呢？"

孝子认真地说："我的父母和子女有了这笔钱，就可以从此过上比较优裕的生活了。"

商人感动了。

孝顺父母，在物质上需要提高自己的经济实力，在精神上更要让父母感受到自己对他们的爱。爱钱、贪婪，只会让父母承受更大的负担。所以，爱父母，拒贪婪，这是孝顺子女应该明白的道理。

孝顺的人懂得摆脱私欲走正道

你的德行是否能承载你的财富？老子说："重积德则无不克，无不克而莫知其极，莫知其极，可以有国。有国之母，可以长久。"德行是行孝之门，我们需要摆脱私欲走正道，从而修身养性，这是孝的升华。

私欲是一切生物的共性，任何生物的私欲都是无限的。有些人在私欲面前能保持原则，但有些人却在私欲面前会变得丧心病狂，会自己亲手毁掉自己的幸福，父母也跟着遭殃，这是大不孝的行为。正因为如此，人的不合理的私欲必须要受到社会公理、道义、法律的制约，否则这个社会就不属正常的社会。

从前，有一个农夫，他非常贫穷，但是他想要赡养自己的父母，所以每天不辞辛劳地工作。一天他来到一片离家很远的树林，碰到一位老妇人，那老妇人对他说："我知道你每天很辛苦，这些都是为了你的父母、你的家庭。我送你一枚魔法钻戒，它能够使你拥有财富。当你说出你想要得到什么，同时转动你手指上的戒指时，你将会立刻得到你所希望的东西。但是，这枚戒指只能实现你的一个愿望，所以你在许下你的愿望之前要仔细考虑清楚。"

惊愕的农夫接过戒指，激动地踏上了回家的路，他知道这枚魔法钻戒可以让父母过上幸福的日子了。

这个晚上，农夫在路上遇到了一个商人，他拿出了魔法钻戒，向商人讲述了这段奇特的经历。商人邀请农夫晚上住在他家，深夜，商人来到熟睡的

农夫身边，小心翼翼地偷走了农夫手指上的魔法钻戒。

农夫早上醒来，准备向商人告别，却发现商人被一堆金子压死了。农夫在金子堆中找到了戒指。农夫回到家，把魔法钻戒的故事讲给妻子听。妻子按捺不住激动，对丈夫说："试试看，让它带给我们大片的土地。"

因为亲眼看到商人被金子压死的惨状，农夫担心要是轻易向这只魔戒许愿的话，会给自己带来同样的厄运。于是他对自己的妻子说道："我们必须仔细对待我们的愿望，不要忘记，这戒指只能帮我们实现一个愿望。"农夫接着解释，"最好让我们再苦干一年，我们将会拥有多顷良田，能让父母的生活达到温饱。"从此，他们竭尽全力地工作，并且获得了足够的钱，买下了他们所希望拥有的土地。此时，农夫的妻子想要一头牛和一匹马。农夫说："亲爱的，我们何不再继续苦干一年，给父母存一点钱？"于是一年后，他们买回了牛和马。

"我们是最快乐的人，"农夫说，"不要再谈什么魔法钻戒了，我们拥有年轻，拥有坚实的双手，父母过得很好，等到我们老的时候，我们再去用这戒指吧。"30年以后，农夫和他的妻子已经变得很老了，他们的头发变得和雪一样白，他们拥有了所希望获得的一切，而那枚魔法钻戒依旧被完好地保存着。

如果你得到这样一枚戒指，你会想要什么？那是你怎么努力也无法实现的吗？是你真真正正需要的吗？

在欲望面前，我们经常迷失了自己，变得非常贪婪，从而使自己走向堕落的深渊。于是，很多人都主张要克制自己的欲望，禁欲的观念也由来已久。其实，只要我们正视自己的欲望，学学故事中的农夫，在面对现实的压力和欲望的诱惑时，以一种冷静的态度，利用自己的欲望去拼搏进取来最终实现自己的欲望，才是最可取的。

人心不能清静，是因为物欲太盛。人生在世，除了生存的欲望以外，人还有各种各样的欲望，欲望在一定程度上是促进社会发展和自我实现的动力。可是，欲望是无止境的，尤其是现代社会物欲更具诱惑力，如果管不住自己的欲望，任它随心所欲，在行走时，就会因为身背重负而寸步难行。

"欲望越小，人生就越幸福。"这就好像一个小小的石洞，最容易被填满，而浩瀚无垠的大海却永远难以满足。以人们的习性来看，凡事莫不是越大越好，但人的欲望越大，就变得越贪婪，人生就越容易导致灾祸。古往今来，被难填的欲壑所葬送的贪婪者，多得不可计数。

从前有一个穷人，他有个80岁的老母亲，他每天拼命地工作，所以很想得到一块土地，这样就可以种点庄稼，有点收入。地主就对他说，你从这里往外跑，跑一段就插个旗杆，只要你在太阳落山前赶回来，插上旗杆的地都归你。那人就不要命地跑，太阳偏西了还不知足。太阳落山前，他是跑回来了，但已精疲力竭，摔个跟头就再没起来。于是有人挖了个坑，就地埋了他。他的母亲也因为没有人照顾而死去。

有些人因为欲望太多，想得到更多的东西，即使他们的理由是好的，但是被贪婪蒙蔽了心，把现在所拥有的也失掉了。人心不足蛇吞象，当人们陷入对物质的无止境追求时，也会失去更多，有的是时间，有的是健康，有的是父母亲情。

其实，人人都有欲望，都想过美满幸福的生活，都希望丰衣足食，这是人之常情。但是，如果把这种欲望变成不正当的欲求，变成无止境的贪婪，那我们就无形中成了欲望的奴隶了。

在欲望的支配下，我们不得不为了权力、为了地位、为了金钱而削尖了脑袋向上爬。我们常常感到自己非常累，但是仍觉得不满足，因为在我们看来，很多人比自己生活得更富足，很多人的权力比自己大。所以我们别无他路，只能硬着头皮往前冲，在无奈中透支着体力、精力与生命。

扪心自问，这样的生活，能不累吗？被欲望沉沉地压着，能不精疲力竭吗？静下心来想一想：有什么目标真的非让我们实现不可，又有什么东西值得我们用宝贵的生命去换取？朋友，让我们斩除过多的欲望吧，将一切欲望减少再减少，从而让真实的欲求浮现。

古人云："达亦不足贵，穷亦不足悲。"当年陶渊明荷锄自种，嵇叔康树下苦修，两位虽为贫寒之士，但他们能于利不趋，于色不近，于失不馁，于得不骄。这样的生活，也不失为人生的一种极高境界！

要求人一点私欲都没有是一种办不到的理想：我们总是在做我们内心想做的事情。从这个角度说，每个人都是自私的，但自私并不那么可怕，可怕的是私欲太盛、利令智昏，时时处处以自己为中心，以损公肥私和损人利己为乐事，一切以自己为中心想问题，一切以自己为中心办事情，在满足一己之私的过程中，不惜损害公益事业，不惜妨害他人利益。这样的人谁不怕？怕的时间长了，也就如同瘟疫一样，人们避之唯恐不及；怕的人多了，也就如过街老鼠一样，人人见之喊打。这样的人即便比别人多捞取了一些利益，也不会获得真正意义上的幸福。他们的成功充其量不过是鸡鸣狗盗的成功，没有任何值得骄傲和自豪的。

所以，我们需要自制，自制是孝的核心，是一种美德。节制欲望，利用自己的欲望来推动自己去奋力拼搏则是一种智慧。只要把好自己欲望的方向盘，你才会发现在欲望的强劲推动下，你已经取得突飞猛进的进步。

有位老总在自己的名片上印上了"自由人"三个字。有人问他何故要给自己加上这么个头衔，他说："我现在离了婚，无牵无挂，在公司里我说了算，在外面可以随心所欲。"他的话语刚落，包里的手机就响了。他掏出手机听了一会儿，脸色骤变，匆匆向别人告辞说："我母亲得病了，我都五年没见到她了，我得去看看。"

其实，当你觉得自己得到全世界的时候，你往往失去了另一个世界，所以收起欲望，走向正道，做一个放心的孩子，做一个孝顺的孩子。

面对欲望的诱惑，我们要保持理智，分辨出心中的欲望是有助于我们成长和远大目标的实现，还是纯粹只是满足个人的享受，然后做出正确的选择，这才是行孝之人该做的事。

偷奸犯科是不孝

对于父母而言，孩子一生平安、健康最为重要。然而有些人却打着孝顺的幌子来做一些偷奸犯科事儿，那么这就不是孝，而是给自己的沉沦找的一个借口。

在一个小镇上，一个小女孩像如今的许多年轻人一样，厌倦了枯燥的家庭生活和父母的管制。她离开了家，决心要做世界名人。可不久，在经历多次挫折后，她日渐沉沦，最后，只能走上街头，开始出卖肉体。许多年过去了，她的父亲死了，母亲也老了，可她仍在泥沼中醉生梦死。

这期间，母女从没有什么联系。可当母亲听说女儿的堕落后，就不辞辛苦地找遍全城的每个街区、每条街道。她每到一个收容所，都哀求道："请让我把这幅画贴在这儿，好吗？"画上是一位面带微笑、满头白发的母亲，下面有一行手写的字："我仍然爱着你……快回家吧！"

几个月后，没有什么变化。桀骜的女孩懒洋洋地晃进一家收容所，在那儿，正等着她的是一份免费午餐。她排着队，心不在焉，双眼漫无目的地从告示栏里扫过。就在那一瞬，她看到一张熟悉的面孔："那会是我的母亲吗？"

她挤出人群，上前观看。没错！那就是她的母亲，底下有行字："我仍然爱着你……快回家吧！"她站在画前，泣不成声：这会是真的吗？

这时，天已黑了下来，但她不顾一切地向家奔去。当她赶到家的时候，已经是凌晨了。站在门口，任性的女儿迟疑了一下，该不该进去？她终于敲响了门。奇怪！门自己开了，怎么没锁？不好！一定有贼闯了进去。记挂着母亲的安危，她三步并作两步冲进卧室，却发现母亲正安然地睡觉。她把母亲摇醒，喊道："是我，是我！女儿回来了。"

母亲不敢相信自己的眼睛。她擦干眼泪，果真是女儿。娘儿俩紧紧抱在一起，女儿问："门怎么没有锁？我还以为有贼闯进来了。"

母亲柔柔地说："自打你离家后，这扇门就再也没有上锁。"

父母对子女的爱是最伟大的，它没有任何附加条件。无论你是优秀还是普通，甚至是很不堪的。父母亲是永远珍爱你如宝贝的人，父母是为你的一点点进步无比自豪的人，父母是能大度地原谅你的无知的人，父母是永远不会抛弃你的人。

有一个人很孝顺，但是他没有钱给母亲治病。所以他决定抢银行，在抢劫时被警察包围，无路可退。情急之下，劫犯顺手从人群中拉过一个人当人质。他用枪顶着人质的头部，威胁警察不要走近，并且喝令人质要听从他的命令。警察撤掉包围，劫犯挟持人质向外突围。

突然，人质大声呻吟起来。劫犯忙喝令人质住口，但人质的呻吟声越来越大，最后竟然成了痛苦的呐喊。劫犯慌乱之中才注意到人质原来是一个孕妇，她痛苦的声音和表情证明她在极度惊吓之下马上要生产了。鲜血已经染红了孕妇的衣服，情况十分危急。

一边是逃离漫长无期的牢狱之灾，一边是一个即将出生的生命。劫犯犹豫了，选择一个便意味放弃另一个，而每一个选择都是无比艰难的。四周的人群，包括警察在内都注视着劫犯的一举一动，因为劫犯目前的选择是一场良心、道德与金钱、罪恶的较量。

终于，劫犯将枪扔在地上，随即举起了双手。警察一拥而上，围观者竟然响起了掌声。孕妇不能自持，众人要送她去医院。已戴上手铐的劫犯忽然说："请等一等好吗？我是医生！"警察迟疑了一下，劫犯继续说，"孕妇已无法坚持到医院，随时会有生命危险，请相信我！"警察终于打开了劫犯的手铐。

一声洪亮的啼哭声惊动了所有听到它的人，人们高呼万岁，相互拥抱。劫犯双手沾满鲜血——是一个崭新生命的鲜血，而不是罪恶的鲜血，他的脸上挂着满足和微笑。人们向他致意，忘了他是一个劫犯。

警察将手铐戴在他手上，他说："谢谢你们让我尽了一个医生的职责。这个小生命让我想起了我的父母，我也是在父母的期待中来到这个世界的，我却辜负了他们对我的期望。我现在希望自己不是劫犯，而是一名救死扶伤的医生。"

没有钱，可以用双手去创造，不能有金钱更好地孝顺父母，可以用心去孝顺，如果没钱就去抢劫，那才是真正的不孝顺，幸好这个抢劫犯最后良心发现，最终才没有酿成悲剧。

探监的日子到了，一位来自贫困山区的老母亲，经过乘驴车、汽车和火车的辗转，探望服刑的儿子。在探监人五光十色的物品中，老母亲给儿子掏出用白布包着的葵花瓜子，葵花瓜子已经炒熟，而且老母亲全嗑好了，没有皮白花花的像密密麻麻的雀舌头。

儿子接过这堆葵花瓜子肉时，手开始颤抖，母亲亦无言语，撩起衣襟拭泪。她千里迢迢探望儿子，卖掉了鸡蛋和小猪崽，还要节省许多开支才凑足路费。来前，她在白天的劳碌后，晚上在煤油灯下嗑瓜子，嗑好的瓜子仁放在一起，看它们像小山一样增多，自己没有舍得吃一粒，十多斤瓜子嗑了许多夜晚。

儿子垂着头，作为身强力壮的小伙子，正是奉养母亲的时候，他却不能。在所有探监人当中，他母亲的衣着是最破烂的。母亲一口一口嗑的瓜子，包含千言万语。"扑通"一声，儿子给母亲跪下，他忏悔了。

在父母的眼里，无论你是平凡人，还是犯人，你都是父母的心头肉，他们不会因为你犯了法而不爱你。所以，天下的父母都是伟大的，而作为子女的我们为何要让父母担心、伤心呢？做一个守法的公民吧，让社会放心，更让父母安心。

孝以养志，可谓孝矣

古人不但强调要赡养父母的身体，还强调要"养志"，认为这是最高的孝道。汉朝桓宽说："最好的孝道，是养志，顺从父母意志，让父母心里愉快；次一等的孝道，是养色，让父母总有笑容；最次的孝道是养休，只是让父母吃好喝好而已。"

舜五十岁了，还跑到农田里去，望着天空哭诉，他很悲痛，常常在农田里哭诉很久。当时，舜有很大的威望，很多人都投奔他。帝尧让他的九个儿子、两个女儿，还有百官，把牛羊、粮仓等都备齐，到田野里去侍奉舜，可见舜的威望，同时天下的士人也多有投奔到他那里去的。帝尧还将把整个天下都让给舜。由于舜对于苍生百姓的付出，天下人都愿意跟随他。

但因为不能使自己父母顺心，舜还是觉得自己对不起父母，虽然天下人都喜欢自己，但是因为不能使自己的父母顺心，舜也感到一无所有一样。

让天下人喜欢自己，本是人的愿望，却不足以解除忧愁。爱好美色，本是人的愿望，舜娶了尧的两个女儿，却不足以解除忧愁；富有，本是人的愿望，舜已拥天下的财富，却不足以解除忧愁；尊贵，本是人的愿望，舜贵为天子，却还不足以解除忧愁。舜看似拥有一切，却解除不了忧愁。

在别人的眼里，舜拥有了天下，但是他还是有忧愁的，因为在舜看来，只有使父母顺心悦意才能解除忧愁。

孟子认为人生最大的应做的事是侍奉父母，最大的应保全之物是自身的身心道德，如果是道德沉沦，就不可能用真诚心侍奉父母。

曾子侍奉父亲总是备了酒肉，很好的饭菜，还要请示父亲该把剩下的酒肉分给谁，非常听从父亲的。孟子赞扬曾子是为父亲"养志"，即照顾到也满足了父亲的心胸、感情、气魄等精神文化的层面。到了曾子的儿子曾元奉养曾子，每次曾子问"还有吗"，曾元就说"没有"，其实是想把好东西留下来给曾子下次食用，只是考虑自己父亲肚子吃饱，在孟子眼里，这叫"养口体"。

能让父母以慷慨心养志自然就照顾到邻近许多人，也满足父母的人际关系和对外形象；反之，满足父母的口腹之欲则仅表现了孩子对父母个人爱护。如此做法，不一定每个父母还会像曾子一样觉得人生充满意义，也表达不了孩子对家庭以外他人的诚意。也就是说"大孝养志、下孝养体"。

养父母之心是讲让父母欢喜，父母对我们的希望我们能够做到。如果父母对我们没有很高的志向，我们也应该以圣贤之志为志，立志做圣贤，这也是养父母之志。

我们要孝养父母之志，父母对我们都有志向，哪个父母不希望儿女出人头地？哪个父母不望子成龙，望女成凤？通常父母的志向，从我们自己的名字可以看出来。譬如说有人叫"忠国""栋梁"等，这就表示父母希望子女成为祖国、成为世界栋梁之材。

孝之承志，还需修身立志

当一个人有了远大志向的时候，就不会拘泥于眼前，他会有一股冲向前的勇气。他会严格要求自己，摒弃生命中很多的诱惑，也不会畏惧挫折，在遭受磨难时妄图依赖他人。因为在有志者的眼中，只有一条路要走，那就是成功之路。

秦朝末年，统治者昏庸无道，不断搜刮民脂民膏。百姓不仅要交纳沉重的赋税，还要服繁重的徭役，生活在水深火热之中。当时，有一个人名叫陈胜，他因为家境贫寒，不得不以替别人耕种为生。他深刻地体会了到下层人民的疾苦，也为当时社会上所存在的严重的贫富差异而愤愤不平，于是，他便暗暗地下定决心，一定要改变这种局面。

　　一天，他和别人一起在地里劳作，中间休息的时候，他们谈起了现在过的苦日子。陈胜因失望而叹息了好长时间以后，对同伴们说："假如以后谁发达了，一定不要忘记曾经一起受苦的人啊！"同伴们都觉得他是异想天开，笑着回答他说："我们都是被人雇来耕地的农民，连自己的土地都没有，哪里谈得上富贵啊？别做白日梦了！"陈胜长长地叹了一口气说："燕子和麻雀又怎么会知道天鹅凌空飞翔的远大志向呢？"

　　公元前209年，蕲县大泽乡（安徽宿县西南）的营房里，900多人被困此地，抱怨声此起彼伏。外面阴雨绵绵，丝毫没有要停止的意思。这么多天了，大泽乡真的快成了大泽。

　　"这样的天气，怎么赶路呢？"

　　"这里到渔阳还远着呢！这样下去什么时候能到？到了也是个死！"

　　这时两个押送他们的军尉喝了些酒，微有醉意。

　　被征徭役的吴广故意大声说："我看秦朝迟早要灭亡啊。"

　　军尉果然被激怒了，摇摇晃晃地过来呵斥道："吵什么吵？想造反啊！"说着拔出剑来吓唬吴广，吴广趁机从地上一跃而起，夺剑杀了军尉。陈胜上来帮忙，把另一个也杀了，然后对着众人大声说："现在雨这么大，我们已经没有办法按期到渔阳了。不能按期到，就是死路一条。壮士不死则已，既然要死，就要干出一番轰轰烈烈的事业来！谁天生就是王侯将相呀！"将士们都积极拥护，视死如归。

　　他们很快就得到了老百姓的积极响应，纷纷"斩木为兵，揭竿为旗"，起义队伍迅速壮大起来，很快逼近咸阳。虽然陈胜最后被部下杀死，未能亲自完成推翻秦朝的任务，但是，是他点燃了火种，星星之火，可以燎原。

　　不在沉默中爆发，就在沉默中灭亡。即便爆发后依然是灭亡，索性不如来个鱼死网破，至少还曾经为自己的梦想奋斗过、打拼过。

　　可见，志向对于一个人的发展是多么的重要。而一个真正的孝子，不仅仅是要顺从父母让父母快乐，还要继承父母的志向，替父母完成他们的愿望。《中庸》上写道："夫孝者，善继人之志，善述人之事者也。"儿女果真能够如此，才算尽了大孝。曾国藩是有名的孝子，他相信，一个有孝心的人不仅是有志向的人，而且还能承传父母的志向，最终也必定有成圣贤。

嘉庆十六年（1811年），湖南省白阳坪一个普通的农家小院里，一个小生命呱呱坠地了。这个乳名叫做宽一的孩子，就是后来晚清四大名臣之一曾国藩。曾国藩父亲的志向就是要振兴家族，为国尽力。

曾国藩年少的时候，曾家算得上是附近的书香之门，但生活上并不富裕，过日子常常捉襟见肘。迫于生计，曾国藩一边要跟着父亲读书，一边要到市场上去卖竹篮，用得来的钱贴补家用。

终日的辛苦渐渐让曾国藩感到了厌倦，他开始意识到，如果不改变现状，就可能一辈子在这样的山村里为了生计发愁，整天过着吃了上顿没下顿的日子，没有未来，也看不到生活的前景。这不是曾国藩想要的生活。

可是在当时，曾国藩作为农民子弟，又是一个汉人，是没有什么机会能够出人头地的，唯有走科考这一条路，待金榜题名时，才能打通仕途之路。为此，曾国藩的父亲决定让儿子参加科举。而决心改变命运的曾国藩也听从了父亲的教导，选择了寒窗苦读，从此专心于学问，闭门不问世事人情。

艰苦的岁月给了曾国藩很多的磨炼，再加上在学习中知识的积累和心智的开发，曾国藩渐渐看到了比以前更加广阔的世界，他的人生志向也渐渐开始确立。

道光十三年（1833年），曾国藩准备好盘缠，长途跋涉，到北京参加科考，不料却名落孙山。那年正好遇到皇太后六十大寿，按照惯例要增设恩科一次，所以年后还有一次机会。曾国藩留在京中继续苦读，这年他25岁，遥望南天，踌躇满志，于是写下了一首《乙未岁暮杂感》：

去年此际赋长征，豪气思屠大海鲸。

湖上三更邀月饮，天边万岭挟舟行。

竟将云梦吞如芥，来信君山铲不平。

偏是东皇来去易，又吹草绿满蓬瀛。

尽管这一次依然没有高中，但是一个 25 岁的年轻人，能够有气吞云梦，铲平君山的志向，不禁让人刮目相看。

道光十八年（1838 年），曾国藩考中第三甲进士。在别人看来，这已经是很不错的成绩了。但是，满腔抱负的曾国藩并不满足，在朋友的帮助下参加了朝考，并如愿以偿进入了翰林院。

一个从农村里走出来的孩子，已经踏出了他仕途之路的第一步，使自己以后的前途有了良好的开端。

作为子女，立志重要，孝之承志也同样重要。一个孝子志向远大，那么他的后代也会传承其志向。把志向传下去，把孝传下去。

"孝" 字当头，付诸行动的爱

我们有理由相信，一个孝顺父母、尊敬兄长的君子，也一定可以成为国家之栋梁。反之，自私虚荣、嫌弃双亲的人，即使有再高的学识，也不会成为对国家、对社会有用的人。在为国尽忠，为父母尽孝方面，曾国藩做得就非常好。

曾国藩曾说：自敬方能自尊，敬亲方能齐家，敬人方能使人敬己，敬业方能事业有成。

中了进士以后，曾国藩就住进了湖南会馆，那里不仅管住宿，还承办伙食。尽管如此，曾国藩每月的俸禄依然不够他的开销，常常要靠家里接济。

官场有官场的规矩，每个人都要在这个圈子里应酬。那时候，曾国藩的俸禄很少，每个月除了交给会馆的钱，大多数的开销都用在了买书和随份子上。

这天，曾国藩又看见桌子上放了一张请柬，是他的顶头上司赵辑派人送来的。看到请柬，曾国藩就浑身不舒服。这个赵辑不仅心胸狭窄，还特别贪婪，曾国藩历来是对他敬而远之的。赵辑也知道他不受曾国藩的欢迎，所以从来不给曾国藩好脸色，还常常在背地里骂曾国藩，跟一起做官的幕僚说他的坏话。对于赵辑的所作所为，曾国藩不是不知道，只是碍于共事的面子，没有将事情放上台面上来讲。

前不久，赵辑的父亲从乡下来北京看他，为此他希望摆几桌酒席，为父亲接风，同时也顺便收一些礼钱。这样的做法在曾国藩看来是十分不可取的，利用父亲来达成自己贪婪的欲望，怎么说都不是孝顺。

曾国藩转念又一想，赵辑的做法固然不对，而自己也没有为父母做过什么。以前为了筹措自己进京赶考的盘缠，家里几乎一直都是勒紧裤腰带过日子，可是现在自己做了官，依然没能改变家里的现状，没能报答父母的恩情，甚至连一句感激的话都没有说过。为此，他觉得十分难过，想马上写信告诉父母自己心中的想法，可是一提起笔，又不知从何说起。

反复思量，他终于想到了一个办法，在写信向父母报平安的同时，给父母寄去了冬菜一篓、寿屏一副。冬菜就是腌制的白菜，并不是特别贵重的东西，寿屏就是一种屏风，也算不上宝物，但曾国藩知道，父母并不要求自己给予多少回报，相对于那些贵重物品，他们更看重儿子的心意。

余治在《续神童诗》中写道："想到亲恩大，终身报不完。"意思是说：回想一下父母对我们的恩情，就是终身来报答都报答不完。所以，我们一定要尽全力报答父母的恩情。

对待父母，很多感激的话没办法当面说出口，很多的情感也没有办法用语言来表达。如果没有办法将对父母的心意说出来，我们也可以学习一下曾国藩，用实际行动让父母感觉到自己对于他们的爱。

叶天士，名桂，号香岩，别号南阳先生。约生于清代康熙五年（1666年），卒于乾隆十年（1745年）。晚年又号上律老人，江苏吴县（今苏州市）

人。清代名医，四大瘟病学家之一。

叶天士少年继承家学。祖父叶紫帆医德高尚，又是有名的孝子。父亲叶阳生，医术更为精湛，而且博览群书，喜欢饮酒赋诗和收藏古文物。在良好的医学环境下，叶天士很早就在医学上展露其过人的才能。但世事多变，父亲不到50岁就去世了。从小随父亲学习医术的叶天士因为父亲的去世，家境贫困难以维持生计。因此当时只有14岁的叶天士便开始行医应诊，同时拜父亲的门人朱某为师，继续学习医术。他聪颖过人，"闻言即解"。一点就通的叶天士加上勤奋好学、虚心求教，很多见解往往超过教他的朱先生。

有一次，叶天士母亲患病，他总也治不好，又遍请城内外名医，收效也甚微。他便问仆人："本城有没有学问高深但又没什么名气的医生？"仆人回答说："后街有个章医生，常夸自己医术比你高明，但请他看病的人寥寥无几。"叶天士如获至宝，吃惊地说："能出此大言者，当有真才实学，快快请来府中！"仆人请章医生时说："太夫人病势一日比一日危险，主人终夜彷徨，口中反复念着'黄连'，不知何意。"章医生来到叶天士家，对老夫人一番视诊后，又细看了过去叶天士开的药方，思索良久才说："药、症相合，理当奏效。但病由热邪郁于心胃之间，药中须加黄连。"叶天士一听便说："我早就想在药中加入黄连，只因母亲年纪大，恐怕会灭了真火。"章医生说："太夫人两尺脉长而有神，本元坚固。对症下药，用黄连有何不可？"叶天士很是赞同，结果两剂药下去，老夫人的病就好了。叶天士对章医生自叹不如："章医生医术比我高明，可以请他看病。"此后两人经常切磋医术。

叶天士本来就"神悟绝人"、聪明绝世，加之这样求知若渴、博采众长，并且能融会贯通，因此在医术上突飞猛进，不到30岁就医名远播。因为求学谦逊，"师门深广"，叶天士在医学上取得了非凡的成就，与扁鹊、华佗、张仲景、皇甫谧、孙思邈、李时珍等神医齐名，被称为"中国古代十大名医"。

叶天士治病求人，勤奋好学，孝顺父母，这些都是一个孝子应该具备的品质。作为一个孝子，要有仁爱，爱天下人，天下人方可爱你。

让男方父母喜欢自己

作为孝顺的子女，不仅孝顺自己的父母，更要孝顺爱人的父母。作为女孩子，怎样让男方父母喜欢自己呢？一般男方的家长对女方的人品比较关心，他们大都希望自己未来的儿媳妇温柔、善良、勤快和孝顺，具有东方传统女性的美德。

现代母亲对儿媳妇的选择标准无疑已经宽松多了，所以假如你对于家务不太了解也不必慌张，不懂的话，你不妨向他的母亲请教。上了年纪的女人，大多高兴有指导别人的机会，与其使她发觉你太聪明，倒不如使她觉得你文静得有点"傻"。

有些男方家长本身不善言谈，他们已经习惯了家里面的安静气氛，对什么事情都不会喜怒形于色，就算是未来的儿媳妇上门拜访，他们表面上也不过是多了个客人而已，但在心里面，却在细细地对你评头论足，所以你要做好充分的思想准备来抵挡他们那看似淡漠实则探寻究竟的目光。在言谈举止方面要表现得既传统又现代。

所谓传统是指：他们在做饭、端菜时要主动抬手帮忙。尽量避免纵声大笑、高声喊叫或当着他们的面跟男友亲热，更不可当众训斥男友或者要性子、任性、撒娇、生气等。

所谓现代是指：你要有你这个年龄应有的活泼和开朗，能让他们感受到你的青春气息和色彩，既端庄大方又活泼快乐，表现在说话上要口齿清晰、表情温柔、略显羞涩，并对他们尊重有加。

有的男方家长爱子心切，急于尽快给儿子找媳妇，好传宗接代，因此他们不大挑剔媳妇什么，只要儿子喜欢，肯带回家来，那他们简直把你跟神仙似的捧着，似乎生怕一得罪你，他们儿子就找不着媳妇似的。

对于这样的家庭，你要以好换好，以诚换诚，能进入这样的家庭，只要你稍稍顾全大局一些，便绝对是进了福门，跟你在娘家没有丝毫的区别，甚至比在家更得宠。虽然是初次探访，但他们对你的热情足以使你消受不起，所以你说话时不妨也活泼、有趣一些。

"伯父、伯母，我初次来访，你们就把我当闺女一样对待，真让我好感动！"

"自从我们谈恋爱以后，他就多次说到你们如何好，真是耳听不如眼见。也怪不得他说你们好，你们太宠他了，小心把他惯坏了。"

"他曾说过我不如伯母对他好，看样子我还真比不上您的细心，瞧您，吃完饭碗都不舍得让他洗，来，我来帮您吧！"

从上面的例子可以看出，你可以很自然地使自己成为非常欢迎你的人家家中的一员，不要辜负人家待你的一片诚心，更不能故作清高，冷淡或伤害人家的真心诚意，否则的话，你一定会后悔的。

如果你找了一位年龄跟你相差较大的男子做你的恋人，那么当你去拜见他的老父老母时，或许会因为他们不大信任你而受到冷淡。那你一定不要沮丧、气馁和委屈，因为这是人们很正常的心理状态，你完全可以用你的言行让他们感受到你的诚恳和可信，而千万不要任意撒娇，惹得他们反感。

"伯父、伯母，你们好！二老身体都还很健康吧，看上去挺硬朗的，也挺精神的，比我想象的要年轻许多。我过完年要出一趟差，你们需要什么尽管说，不要客气！等我什么时候有空闲给你二老一人织件毛衣，我织毛衣的水平还可以，我爸妈身上的毛衣就是我织的。我什么家务活都会干的，所以你们有什么需要我干的，就叫我好了。"

不管他们待你的态度如何，你都能客观、冷静地对待，这多少包含了你对他们儿子的爱，所以他们很快会接纳你的。

一个女性最优秀的品德就是宽容大度、孝顺父母、端庄开朗，如果你具备这些优点，那么任凭什么样的家门你都能叩开，任凭什么个性的父母的心你都能打动。

但要注意的是，他们在对你进行考察、探测的同时，你不妨对他们也做个猜测，所谓将心比心。如果他们在你做到了上述几点后，还依旧不欢迎你的话，或许其中隐含着什么苦衷或不为人知的缘由，那你说什么都多余，反而增加彼此的心理负担，所以最好的方式就是沉默或找借口一走了之。至于他们的儿子，你不妨再多考察一段时间，再确定你们是否进一步发展关系。

常言道，女人是水做的，那么就请你拿出水一样温柔的感情来，去感化你周围所有的人，包括你未来的公公、婆婆、小姑和小叔，让他们为拥有你这样一个家庭成员而感到骄傲和快乐。

让女方父母喜欢自己

可以毫不夸张地说，首次拜见女方父母会影响到自己的一生幸福，这种情况下如何应对，也是需要讲究技巧的。

有的父母或许对未来女婿的外貌、家庭背景不做过高的要求和挑剔，却对学历及事业上有没有发展前途比较关注，因此他们考察你的时候，希望你能不断学习提高，在事业上有所追求并渴望有所建树。如果你恰恰在这方面有雄心壮志并确实在努力着，那么他们就会认定你是可造之才，对你未来的前途充满信心，把女儿托付给你，他们也就大放其心。从某一方面来讲，这也是孝顺，毕竟在父母的眼里，子女出息了，才是父母最大的愿望。

"伯父、伯母，身体还好吧？前一阵子白天上班，晚上准备考研，实在太忙了，这两天考完试才得以抽空专程来拜访你们，你们不会见怪吧？""我们单位正在进行一项重大的技术研究，我报了名，等研究生结束我就可加入技术攻关小组。这个攻关小组的组成人员都是科学院里最有经验的专家及技术人员，我想一定能从他们身上学到许多有益的知识和经验。伯父、伯母，你们认为呢?"

有些父母本身就是好好先生，肯定会点头称好。他们知足常乐，对什么都不刻意要求，对女婿也一样，只要你有健康的身体、孝顺父母就行了。把女儿嫁给你，但愿你能细心、体贴，孝顺父母，做个好丈夫。

对于这样心理类型的父母，只要你能在初次拜访时有足够的语言表达你如何爱他们的女儿，将来也一定会好好爱护、照顾他们的女儿，并像孝顺自己的父母一样孝顺他们，使他们无后顾之忧就足够了。

"伯父、伯母，你们好! 虽然我们认识时间不长，现在来拜访你们显得有些冒昧，但我觉得她是非常好的女孩，想必她的父母也是很好的，所以忍不住来看望你们，你们不会怪我不懂事吧? 再过六天，就是她的生日，今年是她的本命年，一定要好好庆祝的。我和父母商议，准备在她生日那天，邀请你们全家吃顿便饭，一则为庆祝生日，二来也和你们二老聚一聚，以便今后常来常往，互相照应，就当多了门亲戚，不知你们意下如何?"

以上的表白在相恋时间不长的条件下，就主动邀请女方父母和自己的父母相见似乎显得过于轻率，但在他们看来，真难为你一片痴心。虽然在他们眼里，你或许还有点孩子气，但你的赤诚和负责任的心态会让他们欢喜，同时你还表现出了你的细心和周到，他们一般都不会太为难你。

对于有女儿没儿子的父母来说，他们一般不太愿意女儿嫁出去成为别人家的人，他们指望着女儿给他们养老，所以自然希望女婿能成为自己的半子。再加上平日里一向没有重劳力，所以希望女婿勤快、有眼力、肯吃苦并且孝顺，如果没有条件同住，最好也能常来常往，不使二老寂寞、无依无靠，所以他们在挑选女婿时就往往较注重这些方面。你如果看中了这样人家的女儿，就必须有这方面的心理准备，同时还要努力给他们留下手脚勤快、憨厚朴实、心平气和的印象。

如果你能讨得他们欢心，你自己也会受益无穷，因为他们会把你当亲生儿子一样看待。虽然你付出了一些心力、体力，可你得到的将远远超出你付出的，你会是这样家庭的真正的主人。所以初次到这样的人家去拜访，你最好少说多做，察言观色，尽力施展出做家务、干体力活的本领。让他们充分感受到有你和没你就是不一样。

"伯父、伯母，你们好！我听说伯母近来身体不大舒服，所以过来看看您。像你们这把年纪的人，有什么病痛之类的，最好还是去医院好好检查治疗，不能老挺着。我妈妈认识一个好大夫，什么时候我带你们去好好检查一下，这样也好放心。"

"冬天快到了，不如趁今天没事，我帮你们买些煤。"

从以上例子可以看出，到这样的人家去拜访，首先自己不要见外，诚恳、实在地把自己当成她家的一员，他们一定会欢迎你的。

有些父母比较爱慕虚荣，他们对未来的女婿有没有才华不太苛求，只对有无钱财非常关心，在他们的潜意识里希望通过女儿这棵"摇钱树"为他们自己招财进宝，以便在左右邻里面前炫耀。对这样的父母，如果你确有经济实力，不妨满足一下他们的虚荣心。若你没有雄厚的财力，那么在初次拜访时可大方一些，买一些礼物。同时在言谈上旁敲侧击地进行规劝，并暗示你现在虽没有钱财但日后说不定会财源滚滚，让他们对你未来的经济实力充满憧憬，再加上你很年轻，说不定还真会致富有门，而不至于因为你是穷小子，而断然拒绝女儿与你的交往，因此你必须在这一方面有所表白。

"伯父、伯母，你们好！请收下我的一点小小的心意，不知你们是否喜欢？你们的女儿是一个非常好的女孩子，我很喜欢她。她不像别的女孩那样只注重钱财，不重视男友的人品。我刚刚大学毕业，现在很穷，但这是暂时的，我会努力改变这一切的。"

你如果这样处置应付，你的女朋友一定觉得你很了不起，一定会为你骄傲的。她一直提心吊胆，现在总算放下了心。

在你拜见女友父母之前，可事先让你的女友为你提供一些内部消息，比如她的父母属于什么性格的人，有什么兴趣爱好或特长，尤其是有没有什么嗜好。然后根据不同的情况选择一个主要话题，并围绕这个话题多做些准备，掌握和了解此方面的知识内容，便于随机应变、投其所好。

在一个长辈的面前，太聪明的言行未必能博得好感。一般年轻人轻佻傲慢，无非就是太聪明所致。才干和智慧应该是在有意无意之中流露出来，才能博得人赞叹，而有意地显露，便不免流于轻佻。

长辈喜欢你聪明，但并不愿意你聪明到自鸣得意的程度。他们爱才干，但绝不爱只是嘴上的才干。而且你必须明白，老年人的理想和年轻人有些不同，如果他们要选择一位女婿，不一定要那些自命不凡的人，而要稳重可靠的人。

表现出对亲人的关心

亲情是人世间最无法割舍的感情，也是人世间最真挚的感情，努力为爱付出，首先就要为亲情而付出，懂得爱自己的亲人，才会懂得去爱其他人。

最关心自己的人，总是最容易被忽视的人，不信你用心想想，你平时有没有关注过身边的亲人。可能你觉得很委屈，我天天看着呢，怎么没有关注？但是，你又为身边的人做过些什么呢？

早上起床，对身边的亲人道一声"早安"，也许平时没这样做过，也许他们会瞪大了眼睛惊异地看着你，放心，他们的惊异转而会变成喜悦和欣慰。如果有空，为大家做一个早餐，叫大家起床一起吃顿愉快而丰盛的早餐。

该吃午饭的时候，给亲人去一个电话，叮嘱他（她）午饭要吃好，然后有机会午休一下。下班了，再去一个电话，叮嘱他（她）下班早点回家，路上注意安全，一起回家吃饭。

晚饭后，亲切地询问亲人今天有什么见闻，有什么生活感受，工作是不是很累。如果父母在身边，为他们捶捶背揉揉肩，当然，这样的服务，爱人也是可以享受的。

当亲人生病时，更要全力地照顾他们。生病的人往往比较脆弱，不但是身体上，心理上也是如此，如果此时身边有人嘘寒问暖、悉心照顾，那对于病人来说，是最好的精神康复之药。如果你爱对方、关心对方，此时此刻，你就最应该出现在对方的身边。放下你手中的一切活动和工作，不离对方半步，陪他（她）看完医生，照顾他（她）吃完药，按照医生的吩咐，也许他（她）该躺下休息，那么让他（她）静静地休息一会。此时，也许你可以抽空做做你的工作，这也叫忙里偷闲吧。或者你可以为病人熬点粥或者炖点什么汤之类的，病人身体脆弱，往往不想吃太油腻、太辛辣的东西，这些滋补类的汤类、粥类最适合病人了。

病人也许有哪里不舒服，问问他（她），是不是需要你给捶捶或者揉揉。病人也不能老是待在家里，适当地出去呼吸一下新鲜空气，对身体康复有好处。傍晚时分，太阳快要下山的时候，搀扶着病人去外面散散步，比如，某个小湖边、小树林里。当一天过去，问问他（她）今天感觉如何，是不是好了一点呢！

爱的全部就是付出与回报之间的感动，懂得爱的人才会舍得付出，为爱而付出，不在于做多少轰轰烈烈的大事，而在于生活中的点点滴滴汇流成河。

亲情长久的秘诀是互相欣赏

一个家庭当中，需要互相欣赏，子女要欣赏父母，同时父母也需要欣赏子女。只有这样，很多困扰子女与父母的难题才可以迎刃而解。许多相处和谐的父母与子女都是因为互相欣赏。相反，很多人正是因为不欣赏自己的父母又或者父母讨厌自己的孩子，对他（她）多方挑剔，才让很多小事情显得严重，很多小阻碍变成家庭难以逾越的大障碍。而生活中的一些小事，往往能让我们理解何为欣赏的真谛。

一个小孩子拿着一袋糖给父亲，调皮地说："爸爸，你从来没吃过这么甜的糖。"父亲放了一块在嘴里，哇，好酸呐！父亲赶紧把糖吐了出来。小孩的母亲不相信，也来试试，在丈夫和儿子的鼓励下，坚持了 20 秒，也终于忍受不了而宣告失败。

儿子朝他们撇撇嘴。妻子和丈夫忍不住又试了试，强忍着酸涩，忍耐了 50 秒钟后，竟然品出一种香香甜甜的味道。

那糖袋上印着一段很有趣的文字：

这里能体会你人生多少的勇气和毅力？

10 秒不要灰心哦！

20 秒够劲吧！继续坚持！

30 秒我们了解你的感受。

40 秒渐渐你会发现它的奥妙。

50 秒胜利属于你！

其实这就像家庭一样，平庸和苦涩中常有甜蜜和温情，只需要你在必要的时候坚持一下、耐心一点。想起子女与父母之间的争吵，其实大多数情况下并没有大的矛盾，只是一些鸡毛蒜皮的小事。父母与子女之间，在众多的琐事背后，多想想对方好的地方。

对于父母而言，要学会欣赏自己的孩子，每个孩子的性格和特点都是不同的，许多父母喜欢把自己的孩子跟别的孩子进行比较，当发现自己的孩子不优秀时，就会对孩子施加压力，让孩子痛苦不堪。其实父母正确的态度是，要学会欣赏孩子的优点，而不是一味地纠结孩子的缺点。这样才会给孩子一个自由的生长空间，孩子才会更加孝顺你。

对于孩子而言，如果你讨厌父母的唠叨，讨厌父母的喋喋不休，那么你实在是不孝。父母的唠叨多半是因为对自己的爱，如果你把这种爱当成累赘，那就是不孝。作为子女，我们需要欣赏自己的父母，而不是对他们不厌烦。

所以，一个家庭中，父母与子女之间要抛弃挑剔，学会相互欣赏。所谓欣赏，并不是说对方就有多么的伟大和高尚。亲人间的相互欣赏其实可以源自耐心和发现。就像我们在本节开始所说到的糖，当你在品尝家庭这颗糖时，也请在忍耐中等待甜蜜的时刻。

拥抱家人，打造温馨家庭

中国人是一个受过太多痛苦和折磨的民族，在历史的轨迹中常见悲情，以致表现在个性上，总显得较为严肃拘谨，所以最不擅长从肢体语言中表达对他人的爱和关怀。有时偶尔被要求在大庭广众面前表现一下爱意时，常是显得生涩腼腆，甚至不知所措。

我们太重视内敛，习惯深藏不露，唯恐别人看穿我们的内心世界。在严峻的外表下，虽然藏有一颗温柔的心，但是别人所看到的，却是只可远观不可近觑的威严。孔子说："君子不重则不威。"为了重与威，常少了一分温柔与慈爱，用肢体表达情感时，往往显得紧张僵硬，生涩而不自在。

为人父母者常以为让孩子生活温饱，凡事足矣。所以我们总能从一些文章中看到，父亲大都呈现严父的形象，而母亲则只是一个操劳沉重的背影，较少看到一家和乐、温馨自然的情境。

现在的父母观念已通，渐渐能够自然地向孩子流露慈爱和关怀，所以亲子关系也显得自然融洽多了。在爱中长大的孩子，能够较容易表达内心的感受，心灵也是比较健康。

其实，有人遭遇难处或伤痛时，一个亲切的拥抱，会带来极大的安慰。尤其在一些安慰的言辞不足以道出心中的感受时，用一个有力的拥抱，可以表达更深的心意和感情。如果你将此法应用在与家人相处的时候，那么你必将能够赢得一个温馨和睦的家庭。

有一位年轻人曾含着泪向一位朋友诉说，他说他这辈子没有真正抱过他的母亲，当然他们过去20多年里，可能有一些不为人知的问题存在。那一天他在听完一堂名为《心灵聚会》的讲程后，回到家里主动走过去和母亲拥抱，虽然只是一个小小的举动，但他说他的内心却得到极大的释放和安慰。

我们学习多抱抱孩子、多抱抱父母、多抱抱配偶，试着对他们说："谢谢你，让我抱抱你！"多一些主动，多一些表达，让心中的爱也能透过肢体和语言呈现出来，不要只是一味地放在心里，或在故人已矣时，才流露出心中的思念。现在就试试吧！用热情的拥抱表达你对家人和伴侣的真挚感情。在艰涩和不习惯后，你将会更自在，也会渐渐地习以为常。

如果拥抱一下可以让我们充满希望和关爱，拥抱一下可以给人祝福和慰藉，那么父母比陌生人更需要拥抱，想想，自己有没有拥抱过父母呢？

随着社会的进步与发展，人与人之间的交流越来越少，这种情况不但存在于陌生人之中，而且在父母与子女间也严重存在，父母与子女的代沟越来越大，孩子对父母越来越不理解。而与父母有隔阂的孩子，和父母沟通的时间少之又少。如果说有什么方式能重新打破情感的隔阂，也许，你要做的，仅仅是一个拥抱。这个拥抱能加强彼此之间的了解，增进双方的交流，从而打造一个个温馨和睦的家庭。

十六、家庭是培养孝道的场所

孝的教育：父母是孩子的第一任老师

教育家说："孩子是站在自己的肩膀上成长的，父母的高度决定了孩子未来的高度；自己能走多远，孩子才能走多远。"父母是孩子最好的老师，只有通过自己的人格力量才能获得孩子的钦佩和敬爱，才能让孩子在自己的教育中成为未来社会的精英，而孝道就是在家庭这个场所中形成。

俗话说，要求子顺，先孝爷娘，事实也确实如此。要想孩子能够成长为一个孝顺的孩子，自己必须先给孩子做好表率，西汉时候的石奋的例子就是个很好的证明。

石奋，西汉山西人，他有四个儿子，分别叫石建、石甲、石乙和石庆。

石奋一家都以孝著称，他们家风朴实，小辈对长辈都是孝顺恭敬。石奋

父母是孩子的第一任老师

对自己的父母特别孝顺，平日里常常抽时间陪父母聊天谈心，在父母生病的时候，更是亲自熬药，为父母做可口的饭菜，等到父母仙逝之后，也不忘时时祭扫父母墓碑。

石奋的孝顺举动被四个儿子看到眼里，记在心里，多年之后，石奋年事已高，他的儿子们都像他孝顺父母一样地孝顺他，尤其是他的大儿子石建更是如此。当时石建被窦太后封为郎中令，每天都要忙于朝廷政事，但是他丝

毫不因此而对孝顺父亲稍有懈怠，每过五天必会回家一次，然后亲自为父亲洗换下的内衣，冲干净厕所，为了不让父亲担心自己忙不过来，他特意叮嘱仆人不要告诉父亲这些是他亲自做的。虽然仆人多次劝告他休息，但是他仍旧坚持去为父亲尽孝。

当别人问他原因的时候，他说：这个榜样是父亲帮他树立的，他只不过是传承这一家风而已。

朱庆澜先生说："无论什么教育，教育人（即教育者）要将自身做个样子给孩子看，不能以为只凭一张嘴，随便说个道理，孩子就会信的。"尤其是在家里，"做父母的，一天到晚同儿女在一起，一举一动，儿女都把你监管着。比如教儿女不要吸烟，父亲就不能吸烟，如果父亲吸了烟，不但叫孩子疑心，还会让孩子从此不信任父母的话，看不起父母，做出不服父母、不孝父母的事"。

因此，做父母的"要禁止儿女不要做哪件事，自己先不要去做；要教儿女做哪样事，要自己先去做"。朱庆澜先生把自己的以身作则看作是家庭教育的"根本道理""根本方法"，并且断言："根本法一错，什么教法都是无效的。"这话是很有道理的。

有人说："你们自身的行为在教育上具有决定意义。不要认为只有你们同儿童谈话，或教导儿童、吩咐儿童的时候，才是在教育儿童。在你们生活的每一瞬间，甚至当你们不在家的时候，都在教育着孩子。你们怎样穿衣服，怎样跟别人谈话，怎样谈论别人，你们怎样表示欢迎和不快，怎样对待朋友和敌人，怎样笑，怎样读报——所有这些对孩子都有很大的意义。"

在孩子面前，父母是活的教科书。孩子犹如一张白纸，在他们幼小的心灵里，你灌输什么就会留下什么样的印记。有位教育家说过："父母对自己的要求，父母对自己一举一动的检点，这是首要的、最基本的教育方法。"

俗话说："喊破嗓子，不如做个样子。"这完全可以用来比喻父母对孩子的身教。在这个世界上，孩子通过模仿而学习，他们的第一个模仿对象正是父母。孩子是父母的一面镜子，每位父母都可以从孩子身上看到自己的影子。

因此，家长要求孩子相信的，自己必须相信；要求孩子做到的，自己必须身体力行。要求孩子独立，不依赖父母，自己先要做到独立；要求孩子孝顺，自己也要孝顺父母。我们很难想象，一个终日喝酒、打牌、打麻将的父亲，或一个每天把大量时间花在穿戴打扮、逛商场上的母亲能给孩子做出勤奋学习的榜样；我们也很难想象，一对连自己老人都不愿赡养的父母能教会孩子关心和爱。

为了孩子提高自身的修养，为了孩子有一个更好地培养孝道的场所，为了孩子以更加积极的态度对待生活，为了孩子努力去拓展自己有价值的人生，让孩子在自己身边学会做人，父母必须先修正自身，给孩子一个良好的榜样。

作为家长我们必须谨记：父母是孩子最好老师，父母是孩子最好的榜样。

品行造就孝道

人是一种社会性、群体性动物，任何人都不能离开社会而生存，人的社会本质弥补了自然性的缺憾，使人成为万物之灵，而德是人社会属性的本质体现，也是人区别于动物的标志之一，一个没有道德的人只是生物学上的一个生物而已。一个人只有当具备了一定的德行才能在这个社会上立足。立德也是一个人生存和发展的需要，作为母亲要把这种概念深深植入到自己的教育理念中来。

古语说："积德者不倾"。这里"倾"指倾覆、倾危、倒坍，也有不倾夺、不争胜的意思。积德行善，不与人争夺，就不会倾覆危亡、丧身败家。

清代文华殿大学士张英教诫子孙："人必厚重沉静，而后为载福之器。"不管是在古代的社会，还是当今社会中，我们都要重视对后代的德行教育。

父母不但要注重自身的德行和修为，还应该重视对孩子的德行教育和培养。那么什么才是具有良好德行的人呢？

良好德行的人指的是品德、健康、才能三位一体的人。父母在家庭教育中只重视对孩子身体健康的锻炼，孩子将成为四肢发达、头脑简单的人；只重视智能教育，孩子会弱不禁风；只重视品德教育，孩子可能会成为懦夫。这三种人对社会、对人类都是无用的，因此，父母在心中要树立这样的一个理念：孩子的教育必须全面进行。

教育孩子不仅要发展他们的智力，同时要培养他们的品德。我们已有了大量关于早期教育造就天才的个案，如一些大音乐家、美术家、科学家的产生，就离不开早期教育。而这些教育，父母起着举足轻重的作用，主要是因为父母是陪伴孩子的第一人，也是时间最长的人，父母的一言一行都成为孩子模仿的对象。如果父母不注意培养孩子的德行，就是没有尽到做父母的责任。

正如有人所说，孩子的心灵是一块奇妙的土地，播上思想的种子，就会获得行为的收获；播上行为的种子，就能获得习惯的收获；播上习惯的种子，就能获得品德的收获；播上品德的种子，就能得到命运的收获。

因此说，孩子的命运掌握在父母的手中。父母若严格要求自己，做孩子的表率，努力培养孩子好的德行，为开拓他们的美好前程积极创造条件，同时也就使自己成为一个伟大的人。

在对孩子进行品行教育的时候，一定要注意行为习惯的培养，随时随地并坚持不懈。人生在世，自己的所作所为必然会得到相应的报答，让孩子懂得这一道理非常重要。

有一对父母在教育孩子方面有着丰富的经验，例如，如果孩子做了好事，第二天早起时，孩子就能在枕头旁边发现放着好吃的点心之类。家长会告诉孩子，这是由于你昨天做了好事，仙女奖赏给你的。假若孩子做了坏事，第二天早上起来这些东西就不会出现。这时父母就告诉孩子，因为你昨天做了不好的事情，仙女没有来。

孩子脱下衣服，自己不收拾时，就让它一直放到第二天，父母也不收拾，并且决不拿出新衣服给他穿。如果他晚上把衣服折叠好，"仙女"就时常给换成新的。如果他把玩偶丢在床上不收拾好，"仙女"就把它藏起来，使他几天之内不能用这一玩具做游戏。

有一天，孩子把一个珍贵的娃娃丢在了草坪上，娃娃被小狗给咬坏了。因此，他哭叫着把它拿到妈妈那里。妈妈抱起他，并说"真可怜"。但是，妈妈决不说给孩子买新的，还教训他说："把那么好的娃娃放到草坪上，这是多么残忍啊，假若我把你放到野外，被老虎和狮子吃掉的话，你会不会伤心难过啊？"

还有一次，孩子要到朋友家去，问妈妈可以不可以。妈妈说可以，并且要他必须在 12 点半以前回来。但是，那天不知为什么，孩子 12 点半没有准点回来，而是过了 10 分钟才回来的。妈妈什么也没说，只是指了指手上的表让孩子看。孩子知道迟到不对，道歉说："是我不对！"吃完饭，孩子赶紧换衣服，准备去看他们每到星期二就去看的好看的戏剧、电影等。妈妈让孩子再看看表，并说："今天因时间太紧迫来不及了，戏是看不成了。"于是孩子流了眼泪。但是妈妈只对他说了句："这真遗憾！"。妈妈这样做是为了让他知道，妈妈说话是算数的，并且都是为他好。

教育孩子不是一件很容易的事情，这是一件需要费点心思来思考的事情。尤其是在孩子德行的培养上，更是如此。这个家长还专门为孩子量身定制品行表，也是值得父母们借鉴的。

这个家长认为使孩子养成良好的品行，她还给女儿绘制了品行表，一周一张，内容有 13 项：服从、礼节、宽大、亲切、勇敢、忍耐、真实、快活、清洁、勤奋、孝顺、克己、好学、善行。

如果女儿做了与这些项目相符的行为，就在那天的一栏中贴上一颗金星，反之，则贴上一颗黑星。每星期六数一下，若金星多的话，下周就可得到和金星数相等的书、发带、鲜果等，如果是黑星多，就不能得到这些物品了。

这个品行表，在星期六统计之后也不准孩子将其扔掉，这样做是为了使孩子下决心，在下周消灭黑星。这样做也有利于培养孩子积极的心态，因为如果长期保留黑星，会使孩子感到沮丧。

宽大、亲切、勇敢、忍耐、孝顺、快活、清洁、勤奋……这些美德是学习成绩、家庭背景、交际关系所无法替代的，是孩子今后成就一切大事的根本素质。父母不妨也为自己的孩子量身定做一个"品行表"。

孝道的环境培养孝道的人

在孩子的成长过程中会面对不同的"环境"，其中家庭教育环境对孩子的影响居于首位。在一个和睦的友爱的家庭环境中，会培养出一个孝顺的孩子，在一个充满矛盾与争吵的家庭环境中，会培养出一个冷漠的孩子。

心理学家强调，环境因素与儿童的智力成长有重要联系。好的父母很重视为孩子创造一个良好的家庭教育环境，提供一个探索未知世界的自由时空，对孩子学习、道德修养、掌握科学知识和技能以及智力发展都有着十分重要的意义和价值。

环境给人的影响是无处不在的。所有具有天赋的孩子不是从天上掉下来的，而是适应环境条件培养出来的。如果孩子的父母不孝敬自己的父母，那么这个孩子将来也不会孝敬自己的父母。人的天性是后天教育环境产物，人的天性差别是因为人所处的环境和后天的机遇，以及所受的教育不同所造成的。

每个孩子除了身体条件有所不同外，他们所处的环境如家庭结构、父母与孩子的关系、兄弟姐妹的关系、家庭的阶层关系等也不同。在这种错综复杂的环境影响下，孩子的天性与道德修养自然也是千差万别。

可以说，为孩子选择一个好的环境，其实就使教育成功了一半。

孟母为了孟子的成长三次迁居：从坟场、杀猪宰羊的集市一直到学院旁边，并在此定居下来。孟母之所以不辞劳苦地一次又一次搬家，是因为她深知，良好的环境是培养孟子天性以及成材的保证！

有人说过："没有一个孩子生下来就注定会成为好人，也没有一个孩子命定一生会庸碌无为。一切都取决于后天的环境，取决于后天的培养和教育。"如同自然界中，一棵嫩芽能否长成参天大树或结出美丽的果实，全靠种树人对它的悉心栽培。同样，一个婴儿能否变成家长所期待的孝顺与成功之星，全依赖于家长所施的教育与为他提供的环境而定。

家长是孩子的第一任老师，家长更是孝的榜样，家庭是孩子接触的第一环境，家庭环境的好与坏将直接影响着孩子的人生观、价值观。当今是科技迅猛发展、知识日新月异的时代，也是一个倡导孝心的时代。对于培养孩子好的道德品质，家庭环境起着非常关键的作用。

有这样一个故事：

一天，有一对夫妇带着他们刚出生不久的儿子小司去旅行，船行至非洲的海岸时遭到大风暴的袭击，船被海浪推翻，除了夫妇一家三口幸运地飘到了一个岛上外，船上其余的人全都葬身海底。他们三人所处的是个荒无人烟的海岛，岛屿上有一片热带丛林。因为无法适应丛林里的生活，这对夫妇不久都身染疾病相继去世，只剩下小司孤零零地活着。第二天，一群猩猩收养了奄奄一息的小司，后来他就跟着这群猩猩父母成长。20年后小司已经不会像人类一样走路，也不懂人类的语言了。他只会像猩猩那样攀爬跳跃，在树枝间飘来荡去。

后来，小司被一个好心人收养，但是他做人的天性已经没有了，他不懂人类的语言，也不懂什么是情，更不知道孝敬父母，他与这个好心人的家庭里格格不入，他不懂得报恩与感动，最后小司逃离了人类的世界，继续在树枝间飘来荡去。

小司失去了最好的成长环境，导致了他天性的埋没，他不知道什么是知识，不知道什么是孝顺，似乎人类的一切他都不知道。由此，我们不得不承认家庭环境是子女教育的重要场所之一。

对父母而言，应该创造良好的家庭人际环境，家庭成员之间感情融洽，团结和睦，互相关心照顾，能使孩子感受到幸福。在气氛和谐的家庭里成长的孩子表现出有感情、有信心、有能力、关心人、有孝心、乐观开朗等积极的性格特征。一个温馨的、和谐的家庭环境就是一个可以培养良好品质的环境，一个培养孝道的环境，一个可以造就孩子本性的环境，这才是好的环境。

让孩子跟父母一起变孝顺

有一本关于教育的书上有这样一段经典的话：

如果一个孩子生活在批评之中，他就学会了谴责。如果一个孩子生活在敌意之中，他就学会了争斗。如果一个孩子生活在恐惧之中，他就学会了忧虑。如果一个孩子生活在怜悯之中，他就学会了自责。如果一个孩子生活在讽刺之中，他就学会了害羞，如果一个孩子生活在妒忌之中，他就学会了嫉妒。如果一个孩子生活在耻辱之中，他就学会了负罪感。如果一个孩子生活在鼓励之中，他就学会了自信。如果一个孩子生活在忍耐之中，他就学会了耐心。如果一个孩子生活在表扬之中，他就学会了感激。如果一个孩子生活在接受之中，他就学会了爱。如果一个孩子生活在认可之中，他就学会了自爱……

是的，如果一个孩子在冷漠的家庭里长大，那么他也没有一颗感恩的心，也不会去孝顺自己的父母。不难看出，在一个家庭中，家庭教育是塑造孩子性格的重要一环，家庭环境对孩子的成长是多么的重要，而决定这种环境氛围和习惯的正是孩子的父母。孩子如果生活在某种氛围中，就会受到那种氛围的影响，天长日久，耳濡目染，就会塑造出某种气质。

所以，作为家长，本着对孩子终生负责的态度，要注重营造良好的家庭环境氛围，教育孩子形成开朗的个性。一个感恩、孝顺、热情、勇敢的家长造就的可能就是一个感恩孝顺的孩子；而一个沉默、自私、孤独、不孝的家长，培养的孩子也将是一个不孝子。

孩子良好的个性多是需要父母用爱去塑造的：鼓励、赞扬、肯定、支持，会让孩子充满自信；批评、指责、打骂、否定，只会让孩子变得无所适从。

正所谓，有什么样的父母，必会有什么样的孩子。父母孝顺，孩子也就孝顺，父母不孝，那么在孩子的人生观里就会认为"我也可以不孝"。在每一个家庭中，父母的一言一行、一举一动无一不在以身示范，也无时无刻不在潜移默化地影响着孩子。比如，父母孝敬爷爷奶奶，为他们养老，那么孩子也会潜移默化地知道孝顺的含义。有时可以这么说，父母的正确言行，可以引导孩子有正确的行为；同样的，错误的言行，也必然会使孩子走向另一个反面，甚至是万丈深渊。每个人的言行，不管是好的，还是坏的，是对或是错，都是通过学习而得来的，而在家庭里，父母是孩子们学习的最好样板。

有这样一个母亲，她对婆婆非常冷淡，经常还不给婆婆饭吃。这个母亲把所有的精力都放的孩子身上，对孩子的管理非常严格，每天都板着面孔。孩子每天一放学回家，他们之间就过上了几乎互相敌视的生活，她常常慨叹："这可真是家门不幸啊，我居然生了这种孩子！"

后来，一位教育专家告诉这个母亲："这是因为你的教育方式出现了问题，你对你的婆婆很冷漠，那么孩子同样也会对你冷漠，因为你是孩子模仿的对象。你是什么样的行为，他就会学着做。还有如果你想用责骂的方式纠正孩子的行为，他就会经常摆起对抗架势，板着面孔。虽然你们之间是母子关系，也应互相尊重，但他不会在乎的。如果你能及时反躬自省，改变自己的态度，孩子自然也会明白而改变态度的。"

经过专家开导，这个母亲便改变了自己的态度。不久，这个母亲就高兴地表示：听了专家对自己的建议与提示以后，她不仅每天为婆婆做饭，而且不让婆婆干一点累活，不久，两人的关系发生了质的变化，母亲还每天都怀着歉疚的心意对待孩子，结果好的转变很快出现了，孩子看到家庭那么和睦，自己也高兴起来，而且变得非常温顺乖巧。他们恢复了彼此间的感情交流，母子关系融洽。

这个故事告诉家长的，当你变时，孩子也会跟着变。例子中的母亲从不孝顺婆婆到孝顺婆婆，导致了孩子从冷漠变得乖巧懂事。当你和孩子相处不愉快时，仔细想想是不是哪儿出现了问题。

对于一个刚出生的孩子来说，他们不具备分辨是非的能力，也没有对错的价值和道德观念，他们思想中的价值观念的形成，有80%都是受父母的言行所影响。所以说，每一位家长的态度和言行都决定着孩子们以后的个性与观念。父母的变化会影响孩子的变化，有时孩子身上所表现出来的毛病，恰恰都是受父母影响所形成的，或者说，都是因为父母自身不良影响所致的。

不做事事代劳的父母

现在，孩子的依赖习惯已经成为一个严重的社会问题。依赖可以带来很多不良的影响，比如，啃老、不孝、自私等。依赖带来的危害也让人越来越担心：孩子逐渐失去独立思考的能力和学习的勇气，因为越来越依赖父母而导致无法独立生活。

因为总需要借助别人的扶助来获得自己的利益，渐渐地，孩子必然会养成一种坐享其成的不良习惯。依赖让人变得脆弱，依赖心理严重的孩子总是要按照别人的安排行动，难以形成较强的独立应变能力。有些孩子一旦有着很严重的依赖心理，不仅一辈子啃老，而且更有可能做出不孝的行为来。

有一位父亲领着儿子去游玩，遇到一个土坑，儿子非要下去玩。父亲没有办法只好让孩子去玩，等过了一会，孩子玩够了，要上来。父亲想让孩子自己上来，所以刚开始没有管他。

但是儿子连哭带骂："坏爸爸，大坏蛋！呜呜……"父亲心软了，把孩子拉上来。

正在这时，有一个教育学家路过，对这个父亲说："你这样教育孩子会让孩子失去独立的能力，你越是溺爱，孩子的言语越不孝，现在还小，如果长大了呢？"这位父亲听了连连点头。

过了一会，孩子又看到一个土坑，还要下去玩，这时爸爸躲到不远处的地方，不让儿子看见。儿子玩够了，要上来，开始喊爸爸。爸爸却一声不吭，装作没听见。儿子开始直呼其名，他还是不理。

于是，儿子又连哭带骂："坏爸爸，大坏蛋！呜呜……"可无论怎样叫喊哭骂都不见爸爸露面，儿子只好自己想办法。他发现土坑里有一个小阶梯，便手脚并用地爬出了土坑。当他发现爸爸就在不远处蹲着时，惊喜地扑上去，举着小拳头自豪地说："我是自己爬上来的！没有爸爸，我自己也能爬上来！"

孩子小的时候，对父母、长辈有所依赖是自然的，也是正常的表现。随着年龄的增长、自立能力的增强，年轻的父母这个时候就不要事事代劳了，而是要锻炼他们的自理能力，帮助他们改掉依赖的习惯。帮助孩子改掉依赖的习惯，做父母的就应该从自身做起，不能什么事情都代替孩子做。因为孩子本身就是一个独立的个体。

孩子也有独立的人格、尊严和决定自己未来的权利，每个孩子都有自身的特性和幸福、快乐。家长不能把自己一生未竟的理想和抱负强加在孩子身上。

有的家长不顾孩子的天性和意愿，越俎代庖地为孩子一生画下明确的路线，让孩子按照自己制定的目标和路线去努力。而有些年轻的家长让孩子完全脱离集体这个大环境，在与世隔绝的状态下按自己的方式教育孩子，给孩子的心理造成难以消除的阴影甚至性格扭曲，孩子成了满足自己心理愿望的工具。这些的做法看起来似乎是为了孩子的将来，实际上不利于孩子责任意识的养成和培养，也是父母极为自私和残酷的体现。

鲁迅先生曾说："子女是即我非我的人，但既已分立，也便是人类中的人。因为即我，所以更应该尽教育的义务，教给他们自立的能力，帮助他们改掉依赖的品行，锻炼他们的责任意识；因为非我，所以也应同时解放，全部为他们自己所有，成为一个独立的人。"鲁迅先生的话表达了一种现代儿童观——子女，是我的孩子，又不完全等同于我，他从母体出来后，已与母体分开，成了人类中的一个独立的人。因为还是我的孩子，作为父母就

鲁迅

有教育他的义务，而这种教育主要是教给他自立的能力，而不是任何事情都帮助他们处理，因为他不等同于我，所以要解放孩子，使他们完全成为独立的人。

孩子依赖父母只是源于父母的过分帮助和保护。当孩子满怀热情，想自己动手尝试时，父母的一个"不"字只会打消孩子的积极性，久而久之，孩子不再想做，也逐渐地想不到去做了。父母总是安排好一切，这样也向孩子

传达着错误的信息，给孩子造成一种不需要自己做的印象，孩子得不到机会去学习照顾自己，依赖心理也就悄然而生。

姜明出生在一个富裕的家庭，他的父亲是当地有名的企业家。姜明23岁大学毕业后，进入父亲的企业工作。按照家族惯例，从小业务员做起，熟悉情况后便加入管理层，姜明一路走来，顺风顺水。在同龄人眼中，他确实是一个值得羡慕的对象。父母给了他良好的生活环境，他从小没吃过苦，没走过弯路，但他并没有因为自己的幸运而沾沾自喜，反而产生了一种危机感。他对自己的定位并不是一个依赖父母的富家子弟，他时刻保持谦虚的态度，让自己永远用一颗平常的心去面对未来的路。

两年以后，姜明用一句"我要超越自己"作为理由，离开了父亲的企业，没要家人一分钱，没依靠父亲一点关系和帮助，在另一个城市创办了自己的小店铺。从没遇过大风大浪的他终于在自己创业的路上遇到了困难。对于创业初期的艰难，他并没有气馁，他认为父亲给了他一帆风顺的童年，也让他在困难来临的时候缺乏应对的智慧和能力，现在才是锻炼自己的好机会。他欣然接受挑战，渐渐地，他的小店铺开始走上了正轨，生意日渐兴隆，而他自己也能游刃有余地处理很多问题了。

经历了创业初期的辛劳，他的脸上有了自信，而他的内心也装满了理想的果实。对于未来，他充满希望。这家小店也只是创业的第一步，他的理想是能像父亲那样拥有一个真正属于自己的企业。对他而言，在这条理想之路上，唯一的交通工具就是不断进取、不断超越，因为超越而赋予年轻更多的内涵。

那么，作为父母如何让孩子摆脱对父母的依赖呢？父母要做的，除了从对孩子的照顾中把自己和孩子解放出来，还需要注意哪些呢？著名的心理学家艾里克森给父母们提出了几点建议：

首先，鼓励孩子不断地进行尝试。比如洗衣服，有的父母担心孩子洗不干净，把水洒得到处都是，于是进行干涉，这样只会让孩子产生强烈的挫败感，这对孩子独立性的培养大为不利。家长不妨告诉孩子洗衣服的步骤和注意事项，这样，孩子经过几次尝试之后，自然熟能生巧。

其次，不断强化孩子的适应能力。父母可以让孩子在家中做一些力所能及的事情，比如倒垃圾、叠被子、打扫卫生、洗菜等，这样能增强孩子独立做事的能力，摆脱孩子凡事都要依靠父母的习惯。千万不要想着孩子动作太慢，就不让他做家务，否则只会养成孩子依赖的心理，也更容易让孩子丧失对家务的参与和责任感。

再次，利用榜样的作用激励孩子，对孩子摆脱依赖及促进其独立自主也能产生一些积极的效果。可以经常告诉孩子一些名人独立的故事，让他从中汲取力量。在孩子做事的时候，积极地鼓励他，也能增强孩子的自信心和独立做事的热情。

要让孩子明白：不要寄希望于你出色的父母，依赖的习惯是阻止你步向成功的一块绊脚石，要想成大事，你必须把它们一个个踢开。你的一切成功、一切造就完全决定于你自己，有时候确实需要别人的帮助，但如果将别人的帮助当成了一种依靠，就势必会形成一种懒惰的习惯。对于一个杰出的人来说，他的选择是："舍弃依靠，自己去奋斗。"

父母如果事事都为孩子打理好，不让他们有一个独立生存的机会，那么他们永远是长不大的孩子，甚至认为家长这么做是应该的，当父母老了、累了，不能为子女做那么多事情了，这时子女已经养成了衣来身手、饭来张口的习惯，所以他们还是会无休止地让父母付出，从不顾及父母的感受，这不仅是孩子的悲哀，更是父母的悲哀。

一个家庭像一棵大树，爷爷奶奶是树根，爸爸妈妈是树干，孩子是树上结的果，要想枝繁叶茂、硕果累累，你就要往根上浇水施肥给营养。现在很多家庭教育弄反了，一味地往果上施肥，这样能有效果吗？这就是很多家庭教育失败的根本原因，本末倒置。现在把眼光从疼爱孩子、关注孩子转到尊重老人、孝敬老人身上，孩子自然就好了。

父母与孩子一起成长

现在有这样一个观点被提出来：父母与孩子一样需要成长，而且，没有父母的成长，就没有孩子的发展。比如，一对父母不懂得孝顺，他们只爱孩子，而不爱父母，那么孩子也会只爱自己，不爱父母。

如果父母改掉了这个坏习惯，那么孩子也会在潜移默化中改掉不孝的习惯。这就是父母与孩子一起成长。其实，父母跟孩子之间的相处本来就是一个学习成长的过程。父母是孩子的第一任老师，除了对孩子言传身教，更要掌握教育孩子的多种方式方法。教育孩子的过程其实也是父母不断提高自身素质的过程。

新的教育理念，就是让父母与孩子一起成长。我们的父母更加自觉地关注与直接地介入孩子的成长，不是把孩子的教育仅仅看成是学校的事情。我们希望让孩子拥有幸福快乐的生活方式，希望父母与孩子一起共读共写。因为只有这样，父母与孩子才会避免成为"生活在同一个房间的陌生人"。

也许不少父母还记得这样一个女孩，她叫王可，在成都接受了幼儿园教育后，五岁便跟随留学的父母去了美国。她的中小学教育是随留美的父母在美国完成的。

王可在与父亲合著的《成长1+1》一书里，真实地记录了有着不同文化背景的两代人，在一起成长过程中所经历的矛盾和谅解。

生活、学习中，父亲更像是王可的一个朋友。他表示，生命里轻松的一面更精彩，他支持女儿参加选美，参加各种社会活动。家长是孩子最初的老师，在家庭教育中平等沟通、和孩子一起成长很重要。孩子学会这种平等的沟通方式，在长大以后，也会用这种平等的方式与别人沟通。他说他从来不会用打骂的方式去教育孩子，解决分歧的方式就是与孩子平等交流，和孩子一起快乐成长。

家长要与孩子一起成长，必须完全放下架子，做孩子真诚的朋友。想一想，当我们做错了事情，并因此而伤害了孩子，我们是否敢于承认？是否向孩子道歉？有时，我们要求孩子做到的事情，我们自己是否做到了？

父母是孩子榜样，孩子也以父母的行为作为成长的样本。所以，想让孩子成为一个孝顺并存的人，父母也要不断地提高自身的修养。

在一起成长的路上，如果父母不爱学习，想让孩子爱学习会学习几乎是空想。想教出爱学习的孩子，父母首先要表现出对知识、对学习的爱好和渴望。如果父母不爱家人与长辈，而想让孩子爱家人与长辈也几乎是空想。想教出爱长辈的孩子，父母首先要对长辈尊敬与孝顺。

无法否认，今天的孩子是在信息时代长大的，他们吮吸着改革开放的新鲜乳汁成长，他们身上有许多我们并不一定具备的优点和习惯。因此，我们不能只想着教育孩子，也要向孩子学习，科学的态度是与孩子相互学习共同成长。

教育专家孙云晓提醒家长，向孩子学习应注意五个原则：第一，向孩子学习的前提是了解孩子，了解时代的变化；第二，欣赏孩子的优点是向孩子学习的主要条件；第三，向孩子学习应以真诚、孝顺为本；第四，努力做孩子的好伙伴应成为成年人的追求；第五，建立对话式、交互式、融合式的教育模式。

现实生活中，一些家长与孩子在一起时，总是言行不一，不能做到身体力行。一边要求孩子学会孝顺，学会关心，自己却漠不关心；一边要求孩子尊老爱幼，自己却背道而驰。

在与孩子一起成长过程中对孩子进行教育，父母要不断提高自身素质和道德修养，同时，要学习教育学和心理学知识。目前呈上升趋势的青少年违法犯罪的原因，许多是家长采取简单粗暴的教育方法，致使孩子失去对家庭的信任，流落社会，造成失足。因此，家长应通过学习，参加培训，了解青少年心理发育的特点和教育规律，与孩子建立平等、和谐、民主的家庭关系，父母就会体验到和孩子一起成长的快乐。

孝顺的孩子也要与父母平等

有些孩子的不孝顺是由很多种原因引起的，如父母太强势，让孩子有反叛心理，进而孩子不孝；父母太溺爱，在孩子面前没有尊严，进而孩子不孝。然而这一些原因归结为一点，那就是：孝顺孩子需要与父母平等。

在教育孩子方面，家长想培养孝顺孩子，但是他们常常有种居高临下的权威，认为这样才能让孩子孝顺，他们信奉"棍棒下出孝子"的理论。然而这种做法往往使父母与孩子的距离越来越远，家长最容易忽略的就是平等。所以，家长要理解孩子并改善与孩子之间的关系。

在平等方面不少家长认为，既然是我的孩子，我就必须采取各种措施去教育，不断地去训导孩子。于是在一些家庭当中，每天的批评、指责、挖苦声不断。有的家长采用刻板、乏味、重复的说教模式，根本不给孩子思考和理解的时间，也不让孩子表达自己的意见。结果可想而知，这种教育方式不但收不到正面的教育效果，还带来一系列的消极后果。孩子不久就会形成逆反心理，并且表现得越来越强烈，有的孩子到了一定程度以沉默的方式来表达不满。

显然，使用这种教育方式的家长，根本没把孩子当成独立的个人，没有用平等的眼光去对待孩子。有时，家庭中两代人的关系异常紧张时，家长们还是大惑不解，他们在苦苦寻找问题的答案，却不知道问题就出在自己身上。

有一位中学生叫非非，他在一篇日记中表达了母亲对自己的不平等表现："今天老师谈到和父母多平等沟通的问题，其实，在我们家哪有什么平等啊！我和妈妈根本无法沟通。我的妈妈不爱看书，平时就喜欢看娱乐节目、打麻将。

"有一次，我推荐她看看《读者》，她却突然责怪我不该从学习中分心，还说看那些课外书有什么用，结果她把我的课外书都没收了，说这些是'闲书'。妈妈从来不顾及我的感觉，总是强迫我做她喜欢的事情，小的时候逼我练钢琴，长大了她除了监督我不停地学习，还要强迫我每天吃一大堆营养品。在她的眼里我就是一台机器。我不喜欢妈妈，长大了我也不赡养她，因为她不爱我。"

可见，父母与孩子沟通需要平等，需要站在孩子的角度看问题，不然会引起孩子的反叛心理，从而对父母不孝。

在理解孩子、改善亲子关系方面，"学会与孩子平等交流，学会与孩子交朋友"是许多教育专家的建议。一些家长也有和孩子交朋友的愿望，遗憾的是，一回到家里，家长往往不是那么做的。家长和孩子交朋友带了一定的目的，他们和孩子交朋友是为了更好地管孩子，让孩子更听话。当孩子识破这种虚假的平等后，就不屑于与家长交朋友了。

今年上四年级的小虎，有一天放学回家，发现妈妈下班还没有回来。想到平时妈妈很辛苦，于是他决定自己做一顿饭。

在准备的过程中他一不小心把酱油瓶打翻了，恰在这时妈妈回家了，小虎赶紧把酱油瓶藏了起来，妈妈做饭找不到酱油时就问小虎，酱油瓶在哪，你看到了吗？小虎吞吞吐吐的，妈妈微笑着说："好儿子，你告诉妈妈怎么回事，妈妈不会打你不会训你的。"

小虎听了信以为真："妈妈，我想给您做饭吃，可一不小心就把酱油瓶打翻了。"妈妈听完突然大发雷霆，斥骂声劈头盖脸而来："谁让你做饭了，你能把学习搞好就不错了，以后别给我添乱了。"受惊的小虎，以后再也不敢进厨房了。小虎的妈妈应该想一想，孩子以后还会相信你吗？

另外，一些平时摆惯了家长架子的一时难以彻底放下来，往往忽视孩子的感受。最常见的就是家长总是正话反说，比如孩子一回家就主动学习，不仅不表扬，还说："呵，今天太阳从西边出来了，怎么知道主动学习了？"孩子努力考了 99 分，他还不表扬："才 99 分啊，你怎么就不能考个 100 分让我高兴高兴啊！"听了这些话我们的孩子会怎样理解？

要教育孩子，首先要尊重孩子，在与孩子交流时要平等，在此基础上才会理解孩子的想法。这种平等的关系会使孩子愿意同父母交流，并能听得进父母的说教，这是做好子女教育的首要条件。因此，家长千万不要忽视孩子的"平等观"，爱孩子就要让他知道你很尊重他。

敬老尊老，创造孝的家庭氛围

孝敬老人，不仅是美德，还能制造出和谐的家庭气氛、良好的婆媳关系。以下是一个真实的故事，讲的是一对夫妻在面临家庭生活压力的时候，孝敬父母，化解了生活中的种种问题，同时也巩固了他们的婚姻。

一对年轻夫妻带着一个刚出生不久的孩子，住在一间狭小的公寓里。一天，他们突然接到一个噩耗，丈夫的父亲因心脏病突发过世。夫妻俩只能让无依无靠、身无分文的母亲加入自己的狭小地带。

但这位婆婆比较固执，常常倚老卖老、指指点点，身为媳妇的妻子颇为头痛，只得尽量忍耐。于是全家心神不宁，生活度日如年。当然婆媳之间相处得非常紧张，妻子天天向丈夫抱怨，生活有如被他人践踏一般的痛苦，婚姻生活也亮起了红灯。妻子经常想一走了之，但是又舍不得心爱的丈夫，最后，她想到要采取一些行动。

她决定让她自己从这个老太太的身边消失。唯一的办法，就是自己找份工作，那么两个人就可以尽量避不见面。婚前，她曾经上过班，现在她决定再找份工作，将家里的清洁卫生以及做饭的任务交给婆婆。另外，她也不愿婆婆带她的孩子，她只能将挣得的工资，送给一个保姆来看护。夫妻俩认为，这是目前唯一可行的方案。几天之后，她找到了一家在百货商店当售货员的工作。于是，公寓交由她婆婆来打理。这样，状况是有所改善，但是做妻子还是不满意。因为，她讨厌因为白天的工作，无法照看好自己的小孩，心里总是不太放心。并且，半数的工资要交给保姆，是一笔不小的开销。

她与丈夫商量，买一台电脑，装在婆婆的房间里。她的婆婆很快迷上了上网，从此她婆婆不但转移了注意力，也对她减少了发号施令。同时，她的婆婆在卧室内上网，也减少了进进出出的碰面机会，避免了不必要的摩擦。他们夫妻之间对丈夫而言，他也尽了照料母亲的孝心；对夫妻而言，相互尊重，也增加了双方的感情。

自从买了电脑之后，他们隐隐约约知道，老人家常常邀请一些邻居朋友到她的房间去尝试新科技。突然有一天晚上，婆婆宣布要与一位邻居朋友结婚。这位单身的老先生，收入相当不错，偶尔在下午会到她的房间里上网、聊天。他刚刚丧妻，也要寻找一个老伴。两人谈得十分投机，双方背景都差不多，于是一拍即合。

一个礼拜之后，婚礼完成，所有问题迎刃而解。更为重要的是，由于夫妻俩对待母亲的这种孝顺在邻里传为美谈，恰巧被一家公司老总听说，推荐丈夫去他的公司工作，于是一家人的日子越过越红火了。

这是一个非常圆满的结局，主要是夫妻两人互相体谅、精诚合作，将一个复杂的家庭问题，做了一个非常合理完美的解决。

学会自主后孩子更孝顺

让家庭生活保持快乐的氛围是很多父母的愿望，每个人都希望在快乐中表达爱，让孩子有一颗感恩的心、孝顺的心，但是现实繁琐细小的种种事务，为怒气和误解创造了很多机会，几乎每个家庭都有争吵和不安的阴影。于是，父母对子女的爱，常常夹杂着一些因为纷争和挫败而产生的无奈，而孩子对父母的爱也有着同样的无奈。父母与孩子之间就会产生矛盾，影响彼此之间的感情，那么父母想让孩子孝顺，那是难上加难了。

父母纯粹的爱是什么？其实非常简单，如果你真的想要孩子成长和学习，就给他们空间，让他们朝着健康、能干和情绪稳定的成年人发展，这才是爱的真正意义。但是父母现在的情况是，以管教和约束为方式来养育子女，这与爱的本意背道而驰。

薇薇今年高考，成绩还不错，可以挑一所重点大学，本来是皆大欢喜的事情，但是她整个暑假都过得不开心。原来，一家人在填报专业上发生了很大的分歧：薇薇想学自己感兴趣的教育学，但是父母总觉得新闻专业更适合女儿，他们希望她成为一名记者，于是就坚决主张孩子报新闻专业。

"这是你的人生大事，爸爸妈妈有经验，你就听我们的，我们绝对不会害你。"妈妈开导薇薇。

"正是因为这是我的人生大事，我才一定要坚持学自己喜欢的专业。你们总是说我没有经验，但是你们给我锻炼的机会了吗？从小到大，哪一次不是你们决定的？这一次我绝对不让步！"最终薇薇还是没能拗过家长，双方各做让步之后，薇薇报了一所离家最远的大学的新闻专业。

薇薇的反问值得家长深思，很多时候，家长都是因为"为了孩子好"这个想法，剥夺了他们成长应有的空间，让他们在父母设计的世界里成长。给孩子一个成长的自由空间，是现代教育家们共同呼吁的一个理念。其中就有著名教育家蒙台梭利，她将"自由教育"列入自己的基本理念，称她的教育方法是"以自由为基础的教育法"。

有些学校的活动室内，允许孩子自由地活动、交谈、交换位置，甚至也可以按自己的意愿移动桌椅。这种自由不仅是学习的需要，也是生活的需要。在教室里的孩子有目的地、自愿地活动，每个人忙于做自己的工作，安静地走来走去，有秩序地取放物品，并不会造成混乱，因为他们懂得安静和有秩序是必要的，并且知道有些活动是被禁止的。

自由是孩子可以不受任何人约束，不接受任何自上而下的命令或强制与压抑，可以随心所欲地做自己喜爱的活动。生命力的自发性受到压抑的孩子绝不会展现他们的原来本性，就像被大头针钉住了翅膀的蝴蝶标本，已失去生命的本质。这样，教师就无法观察到孩子的实际情形。因此，我们必须以科学的方法来研究孩子，先要给孩子自由，促进他们自发性地表现自己，然后加以观察、研究。这里所谓的给孩子自由，不同于放纵或无限制的自由。

让孩子学会辨别是非，知道什么是不应当的行为。如任性、无理、暴力、不孝敬父母，不仅丧失最起码的道德，也会让自己因此受到良心的谴责，耐心地引导他们，让他们自己远离这些不好的行为，这是维持纪律的基本原则。由此也可以预见，放纵孩子只会让他丧事更多的发展机会和空间，并不是真正的自由。

纪律与自由并不矛盾。积极的纪律包括一种高尚的教育原则，它和由强制而产生的不动是完全不同的。

一般学校给每个孩子都指定一个位置，把他们限制在自己的板凳上，不能随意活动，对他们进行专门的纪律教育，要求孩子排队，保持安静等。这样的纪律教育是建立在忽视孩子的天性的基础上的。孩子的活动应当是自愿的，是一种自然的潜在趋势，不能强加给他们。重要的是使孩子在活动中理解纪律，由理解而接受和遵守集体的规则，区别对和错。因此，真正的自由也包括思考和理解能力。蒙台梭利多次强调一个有纪律的人应当是主动的，在需要遵守规则时能自己控制自己，而不是靠屈服于别人。

让孩子拥有自由，首先是让他们领悟到纪律和秩序的重要性。怎样让孩子区别好坏，唯有说教显然是不可能的。从一些小事情上就让他们自己去做决定，并让他们承担因为自己的决定而带来的各种结果，久而久之，孩子就有自主的能力，等长大了就会更好、更有能力来孝顺父母。

培养孩子的善心让孩子更孝顺

每一个孝子都是有善心的，因为他会关心每一个人，自己的父母，别人的父母，老人，朋友。但凡孝子身边的人，他都会用心去关怀。所以作为父母，需要培养孩子的善良的心，让孩子成为一个有善心的人。

天已经黑了，女儿还没回家，爸爸妈妈急得像热锅上的蚂蚁。眼看快到八点了，这时传来了敲门声，女儿终于回来了。

妈妈生气地问道："你上哪里去了，怎么这么晚才回来！"

女儿解释道："是这样的，我在放学的路上碰到一位双目失明的老婆婆在路口边蹲着，看起来很可怜，于是我就带她过马路。"

"过马路要这么长时间吗？一看就是在撒谎！"妈妈还是很生气。

"妈妈，您听我说啊！我扶老婆婆过马路的时候，她说她和女儿走散了，回不了家。然后我就问她家住在哪里，她说住在木林小区。我又问她知道家里的电话吗，她说记不清楚了。没办法，我只好送她回家了，所以才回来这么晚。"

"是吗？可是她为什么不找别人呢，偏偏找你这个小孩子？"妈妈还是有点怀疑。

"她说她之前已经问了好几个人了，但是没有人愿意帮她，一看到她是盲人就转身走了。后来我就带着老婆婆坐公交车，把她送到家了。她女儿都急坏了，正打算报警呢。"

女儿正说着，家里的电话响了，爸爸接完电话，高兴地对女儿和妈妈说："刚才老婆婆的女儿来电话了，说谢谢我们家女儿把她妈妈送回家，还说改天要上门来当面感谢呢。"

这个小女孩的行为其实是一件再普通不过的事情，正如她说的那样，在看到盲人的时候，别人却扭头走掉了，为什么会出现这种情况？也许人一旦进入社会，被各种风气所染，失却了最本质的东西，而小小年纪的女孩心地纯净，还保存着一颗善良之心。

有些时候，我们想做个好人，想要"求得其所"。可是我们又怕自己过于良善而受人嘲弄，于是，人心蒙上了阴影，以至于见人有难而不帮、水漫双脚而无动，反倒是天天吃斋念佛，祈求自己平安一生，悲愁不来。不反省自己每日的所作所为，求诸他人口念"菩萨保佑"的却是满眼皆是，其心态如同鲨鱼在大快朵颐之后，希望自己不要成为人类的盘中餐一样。

这样的人就是失掉了儒家所言的"道德相"。不管是道德相还是道德的应当，都是在强调生命的存在意义，按牟宗三先生所言，"善"是生命奋斗的形式，这里面包括善良的心性和善解人意的情感，这种情感向来是双向的，当你这样对人的时候，别人自然也会这样对你，当然，并非是因为想要别人以良善之心对自己，自己才以良善之心对他人，恰是一种"无条件的自觉"，就像开篇故事中的那个小女孩一样，不是为了图对方的回报而去帮助她，仅仅是出于善良的本性，去做在她看来能做且应当做的事情。

一个冬天的寒冷下午，一家三口正围坐在火炉前烤火。门口走来母子俩，衣着单薄，嘴唇冻得紫黑，牙齿咯咯响，问能不能进屋烤烤火。刚上小学的亮亮不等父母开口，急忙说："快进来！快进来！"母子俩看大人未表态，犹豫不决。

亮亮立即扭回头看父母，两口子对视了一会，然后父亲说道："怎么不行，快进来吧！"等母子俩进了屋，亮亮把自己坐的椅子让给和他年龄相仿的孩子，又去搬了张凳子给孩子的母亲坐。孩子的母亲边烤火边说了来历：他们是外地人，来投亲戚，没想到亲戚搬家了，他们打听清楚了亲戚家的新址，要继续找亲戚，路过这里，走累了，天气也太冷了，便进来想烤烤火暖暖身子再赶路。

母子俩烤了好一阵，仍瑟瑟发抖。亮亮就对妈妈说："妈妈，你去泡两杯热茶给他们喝好吗？喝了热茶就会暖和起来。"妈妈看看亮亮，看看自己的丈夫，爽快地答应了，没多久端来两杯热气腾腾的茶。亮亮看母子俩喝完，又"咚咚咚"跑进房间，拿了件自己穿的毛衣出来："妈妈，爸爸，我把这件毛衣送给这个小朋友穿好吗？"父母很意外，但还是高兴地点头同意了。等这对母子走了后，父母对亮亮说："亮亮啊，你今天可是给我们上了一堂教育课啊，你真的是长大了。原本我们是有点排斥他们的，但是你的行动让我们改变了想法。"

和所有高尚的品德一样，"善"同样能潜移默化的去影响他人，让原本冰冷的双手逐渐温暖起来，愁容显微笑，悲苦出甜美，这也就是儒家讲的"行端义远"的道理。人人都在说做人要有脊梁，要顶天立地，要中正仁德，但是当需要他们真正从身边事做起，发点实实在在的善心，去关爱他人，帮助他人的时候，我们却很难见到这些人的身影。

做人原本没太多复杂，不过是以善良为根、正直为干、丰富的情感为蓬勃的枝丫，这样才能结出美丽善良的果子。善良的情感及修养是人的核心，帮助身边正遭受痛苦和不幸的人，犹如在风吹落叶中扫出一条可供行走的宽阔大道，当这条大道呈现在你的面前时，与人方便的同时，自己也不会再受荆棘满布的曲折小径之苦，你又何必将一切的福祸寄托在青灯古佛之中！

孩子的心地纯净，所以保持着一种善的本质，但是，如果父母对孩子的这一份善视而不见或者泼冷水甚至扼杀掉，那么，孩子就会丧失对美好品德的向往；反之们如果父母善于呵护和激励孩子的善心，那么孩子将会成长为一个品格高尚的人，这样的孩子，怎么可能会不孝顺呢？

自律的孩子更孝顺

有这样一句话：管理的最高艺术就是管理自己。我们看看中国新一代的商界领导者俞敏洪、李彦宏、史玉柱等，他们身上共有的一个显著特征就是自律。且不说那些商界翘楚，只看我们自己的生活，那些被"看好"的人，往往也是自律心重的人。孝的核心就是自律，因为自律，他们知道什么事该做，什么事不该做，因为自律，他们会对父母始终如一。

一个人懂得自律，才能很好地把控自己的天赋和命运，也才能真正为自己的行为负责。相信任何人力资源主管在面试刚毕业的大学生的时候，肯定会倾向于选择那些守时、尊重他人、言语谨慎的人。总而言之，常人欣赏自律者，自律者也往往可以领导常人。

在孩子的教育中，很多人常常会提到学习成绩、孝顺父母、社交意识等具体的点，其实在这些点的背后，也是一个自律心的问题。懂得自律的孩子不会玩到深夜才想起来自己的作业还没有做，不会因为自私而不孝顺父母，不会到危险的地方或者上陌生人的车……自律可以解决很多家长头痛的问题，家长把自律这样品质注入孩子的内心，真可谓是"一劳永逸"。

读过一些家教书的父亲一定认同一个观点：书中介绍的那些优秀的孩子不一定个个都很自律，但是自律的孩子往往都是很优秀的。当然，这个优秀可能是品质上的，也可能是能力上的。

《三字经》有云：香九龄，能温席，融四岁，知让梨。黄香和孔融不是就自律的代表吗？远的不说，就说著名的青年钢琴演奏家郎朗，每天坚持练琴不也是自律的典型吗？如果想要给一个孩子"看前程"，单看看现在的他是否懂得自律就能知道他将来的出息了。要让孩子将来很好地融入社会中，培养自律心是当务之急。

那么怎样培养孩子的自律意识呢？套用管理界的名言来说，教育的最高境界就是教育自己，让孩子自律的最低要求就是要自己自律。

每个人都可以看看自己在这些方面做得是否好：

不在孩子面前说脏话；

当身边有人接电话的时候会放低音量；

参加孩子的家长会时自动调低铃声；

出门时家人交代的时候一般都会办好；

对自己的父母孝顺，常回家看看。

如果你上面几点做到，相信你的孩子也不会有很严重的难以自律的问题。如果孩子的身上的种种迹象表明他缺少自律，那么作为父母可能就要反思是不是自己有很多细节没有做好。是的，自律就是细节问题。

一般来说，孩子的穿着会很受家庭的影响。如果爸爸留给孩子的印象是西装笔挺，在参加他的家长会时着装得体、整洁大方，那么，孩子内心也就会很自然地赞赏这种主流的审美，也就很少会成为"衣不蔽体"的"非主流"了。

在讲求效率的社会中，好的形象能给自己加分，让孩子看重自己的形象，让他接纳社会认同的审美，才能给孩子带来更多的朋友和机会。

努力让孩子学习如何以一个正面的形象来面对社会。所谓奇装异服，所谓脏话，所谓不孝，其实都映射出孩子生命内在品质。有些品质朝着不好的方向发展，可能，是孩子在做了一件好事的时候，我们没有给予及时的鼓励；可能，是孩子在穿了一件漂亮的衣服的时候，我们没有给予热情的赞赏；可能，是孩子在说了一句温暖的话时，我们没有给予温暖的回应。于是，孩子渐渐学会用相反的方式来引起注意。其实，也许孩子还愿意回到那个正面的自己，只是需要父母的配合。所以，不要放弃，不要抛弃。多一些循循善诱，多一些言传身教，让我们一起努力找回孩子内心深处那个健康快乐又积极向上的正面的自己吧！

家长过分自我"牺牲"会造就孩子的不孝

"我是一位 63 岁的农民，今天我给你们写信，是想说说我的家事。虽说家丑不可外扬，但这些事憋在心里好长时间了，最近总感到心口疼。

"我儿子是一名大学生，也是我们家五代人唯一考出的大学生，这是我老两口的骄傲啊！但因为这个不争气的东西，我们也伤透了心。

"记得儿子刚考上大学时，我去学校送他。下了火车后，我扛着笨重的行李走在前，儿子跟在后。本来就因为坐了一夜的火车，又因为上了点年纪，刚到学校门口，就被大门前一根铁条绊倒了。我重重地摔倒在地上，行李扔出了老远，一只鞋也甩掉了。儿子向四周看了看，像怕什么似的拉住我的胳膊猛地用力拽了一下说：'干什么啊，丢不丢人！'尽管我的双腿摔得很疼，但还是很快爬起来，捡起鞋穿上继续去背行李。把儿子安顿好后，我又是忙着挂蚊帐，又是忙着买日用品，这一切似乎在儿子眼里都是天经地义的。

"第一学期儿子一共来了三次电话，每次都是要钱。我和老伴种着 3 亩地，抽空我就到村里的砖厂去做工。开始人家说我老，不肯收，我几乎给人家跪下了，人家可怜我才让干的。小闺女 16 岁了，初中毕业后上不起学给人家当了保姆，挣的钱交给我后，我一分舍不得用，全寄给了儿子。甚至有一段时间老伴的眼红肿得厉害，疼得一个劲流泪，都舍不得花钱买一瓶眼药水啊！

"为了能多挣点钱，老伴又在村子里找了一份看孩子的差事。给人家抱一天孩子只挣 5 元钱，没日没夜的。去年冬天，儿子电话打得特别勤，每次都是要钱。我寄了四次，有 6000 多元，我不知道是不是现在上学就得这么多钱。后来才听村里去打工的一个小伙子回来说，他见到我儿子了，正谈着恋爱，很潇洒。说真的，我和老伴听了后不知是该气还是该高兴。

"然而最可气的是今年过年儿子回来时，那不争气的东西，居然偷改了学校的收费通知，虚报学费。这之前我只是在报上看到过这种事，没想到会发生在我身上。如今好几个月过去了，我一想起这事就心痛，整夜睡不着觉。我不明白我们亲手抚养大的儿子好不容易考上大学，为什么会变成这样，不知他们在大学里除学习文化外，还能否学到要有良心？"

这是一篇刊登在《新华每日电讯》上面的文章。这对可怜的父母，几乎牺牲了自己的一切去讨好儿子，得到的却是这样的回报。相信看了这篇文章的父母们都感到痛心疾首，可怜天下父母心，怎么会养出这样一个不孝子！

同时，我们也能猜到，这样一个毫无感恩之心、虚荣自私的孩子，是很难有光明的前途的。他将为自己的"小聪明"付出很大的代价，直到他认识到父母养育之恩的那一刻。但深思一下不难发现，恰恰是因为父母的过分"牺牲"，孩子才养成现今这种虚荣自私的品性，所以，过分自我"牺牲"不仅换不来孩子辉煌的未来，甚至会造成孩子品性的恶劣和前途的渺茫。

苏联教育家马卡连柯曾说，一切都让给孩子，为他牺牲一切，甚至牺牲自己的幸福，恰恰是送给儿童的最可怕的"礼物"。

但是，家庭对绝大部分父母来说，往往意味着"牺牲"，至少要牺牲很多的个人时间和空间，去处理家庭的琐事，例如孩子不肯睡觉了，老人生病了，亲戚串门了，等等，不得不推掉同学聚会、健身课程和放弃个人爱好。一个家的确需要一个凡事都操心的人，这样家里才有主心骨，才能团结在一起。但是这个主心骨就一定要什么事情都做好，抛开自己的一切吗？

有一位成功的职业女性，结婚生子后，毅然放弃了自己的工作，安心在家相夫教子。但是很快问题就出来了，一方面是教育孩子没有她想的那么顺利，总是问题不断，小孩生病，读书不好，对人没有礼貌等，这一切在她的公婆看来，都是因为她教子无方；另一方面，她觉得自己离以前的那帮姐妹越来越远了，她很久不去做美容了，也没有心情购物，整个人的情绪坏到了极点。

后来她去咨询心理医生，心理医生说："你需要一份工作，或者是一个爱好来疗伤。"

的确，百分之百将自己牺牲在家务当中，不仅不能达到照顾家庭的理想效果，还会给自己制造伤口。如果家庭中产生不愉快，父母很自然会把原因归结到自己的无能上，渐渐增加了负罪感和挫败感。而一个爱好，或者一份工作能让父母重新找回自信和乐趣。

为什么说牺牲自我对家庭的好意未必见效？我们想一想，牺牲自我的父母往往把孩子的事情都揽在自己身上，小到系鞋带，大到他交了怎样的朋友、将来读什么大学等，事事都要关心。这样做的结果，往往是孩子不知道父母为自己做了多少事情，或者就算是知道了，也觉得理所当然，少了感恩之心。长此以往，孩子不知不觉中学会了自私自利，甚至不孝。

爱孩子并不意味着过分"牺牲"自己，给孩子越多爱不代表对他越好，为了孩子健康成长，为了家庭幸福美满，父母要学会适度从家庭孩子中抽身出来。我们可以培养一个自己的爱好，或者养花种草，或者养养宠物等。将自己的精力和情感分散开来，这样我们的内心才能达到平衡的状态。孩子、家庭和自己，每一个都能好好兼顾过来。

溺爱孩子会埋下不孝的祸根

在古代，庶人的主要工作就是劳动、耕种，保重自己的衣食住行，另外也要养起整个国家的"上层社会"，也就是天子诸侯级别的贵族。

对于庶人的子女来说，劳动是必须从小学会的事情。如果你不能按照四时耕种，不懂得依靠土地的自然条件来劳动生产，很可能一年下来，劳而无收，生计成为大问题。这样，自然也就无法养活家中的老小了。

都说穷人的孩子早当家，穷人的孩子往往也懂得心疼父母。因为他们自己亲身经历过贫苦，懂得父母的不容易，希望能够帮父母做一些事情来减轻他们的负担。家庭成长环境影响了孩子的性格和心态，也让孝的思想更加深入他们的心里。劳动，对孩子来说既是锻炼，更是一种学习的机会，一种发现自身价值的手段。

但是今天，很多孩子失去了劳动的机会，他们从小在衣食无忧的环境中成长，一门心思学习，父母也只要求他们"搞好学习就可以了"，连袜子都不会洗。这样的环境里，他们自然难以想象父母工作的辛劳，总是觉得一切为自己做的事情都是理所当然的，难有孝心可言。

有一期法制节目中曾有这样一个案例，一个18岁的男孩在一个夜晚持刀闯进父母的房间，将父亲砍死，对母亲也连砍数刀，母亲苦苦哀求孩子住手，最后也倒在血泊中。这起恶性杀人案被侦破后，男孩对警方说，因为自己玩网络游戏欠了两千多元，他想杀死父母，自己继承遗产来还债。

可能有人会觉得，这个孩子怎么这样糊涂，直接找父亲要不就好了？其实，问题没有这么简单。男孩一开始也找父母要过，但是父母渐渐以他已经工作为由，不给他零花钱了，他持刀杀人的举动除了谋财之外，还有一点泄愤的意思。为什么对自己的亲生父母，毫无怜悯之心，更别提孝心了？

再进一步了解这个男孩的成长环境，知道他从小就被父母宠着，不爱上学读书，就让他去工作。他在儿时几乎没有遇到过父母"有求不应"的情况，工作之后，也整天玩游戏，从来没有想过养家，孝敬父母。这种什么事情都以自我为中心的性格，让他对父母的不满越来越严重。而还网络游戏的欠款，只是一根导火线。

养育了十几年的儿子，最终竟然结果了自己的性命，这对父母也真失败。我们在谴责这个年轻人良知泯灭的同时，也应该反思，这个悲剧是在一日一日的养育和教育中酿成的，父母自己也有很大的责任。

但是，这样的案例毕竟少见，多数家庭溺爱孩子是一个普遍的现象，而孩子们最多就是顶撞父母，与父母争吵，或者不履行赡养父母的义务。年轻子女的不孝，也可以说是一个普遍的现象，只是深浅的程度不同而已。而子女普遍对父母"不知报恩"的情况，通常也出现在一些溺爱子女的家庭中，从小被溺爱的孩子，到头来感恩之心更加淡薄，这是什么原因？

如今年轻的父母只有一个孩子，常常会表现出更多的迁就和放纵，越是如此，孩子也就越是看不到父母对自己的好，觉得父母所做的事情都是天经地义的，一旦有一天他们发现事情不能完全称心如意的时候，还会反过头来责怪自己的父母。

凡事都有因果，孩子"不孝"是一种果，其因往往不是从表现不孝的那一刻开始的，而是从更早时候接收到的教育和熏陶开始的。

第十四章　以孝齐家

在人类社会的发展历程中，家庭的形态经历了一个不断演化的过程。从严格意义上讲，现在意义上的家庭同新中国成立之前的家庭有很大区别，或者说历史上的家庭称为家族更确切。不可否认，其中也存在着小家庭，但是这种小家庭是依附于宗族或者家族的。

从先秦儒家经典到程朱理学，文人政客对家庭伦理你讲五品，我说六顺，他言七教，然后又有八德、十礼，致使家庭伦理的繁文缛节层累地堆积，让人目不暇接。

《尚书·尧典》载，舜以契为司徒，说："百姓不亲，五品不逊。汝（契）做司徒，敬敷五教。"这里的"五品""五教"是就父、母、兄、弟、子五种家庭伦理。《左传·文公十八年》把"五品"称作"五教"，而且做了明确的解释："使布五教于四方，父义、母慈、兄友、弟共（恭）、子孝。"

《左传·隐公三年》中，卫大夫石碏讲："贱妨贵，少陵长，远间亲，新间旧，小加大，淫破义，所谓六逆也；君义、臣行、父慈、子孝、兄爱、弟敬，所谓六顺也。"石碏把家庭伦理称作"六顺"，把各种悖德的行为称作"六逆"。

《老子》第十八章认为，包括家庭伦理在内的道德是社会混乱的产物："大道废，有仁义；智慧出，有大伪；六亲不和，有孝慈；国家昏乱，有忠臣。"老子说的家庭伦理就是"孝慈"。

《墨子·兼爱下》指出："为人君必惠，为人臣必忠，为人父必慈，为人子必孝，为人兄必友，为人弟必悌。"这里提出六种德行：君惠、臣忠、父慈、子孝、兄友、弟悌。不过，这不纯是家庭伦理，而是社会伦理。

《孟子·滕文公上》载："父子有亲，君臣有义，夫妇有别，长幼有序，朋友有信。"这里，孟子不仅讲了"五伦"，还讲了如何正确处理这五种人伦关系准则，即"义、亲、别、序、信"，也就是五教。以"五伦"为标志，形成了"以人为本"的伦理道德观。其中"父子有亲，夫妇有别，长幼有序"属于家庭人伦。

《礼记·王制》称七教：父子、兄弟、夫妇、君臣、长幼、朋友、宾客。这也是社会伦理。

班固《白虎通》有三纲六纪："三纲者何谓也？谓君臣、父子、夫妇也。六纪者谓诸父、兄弟、族人、诸舅、师长、朋友也。故《含嘉文》曰：君为臣纲，父为子纲，夫为妻纲。又曰：敬诸父兄，六纪道行，诸舅有义，族人有序，昆弟有亲，师长有尊，朋友有旧。"

西汉戴圣的《礼记·礼运篇》提出了"十义"，对父子、兄弟、夫妇、长幼、君臣这五组宗法社会基本人际关系的双方，分别提出道德准则：父慈、子孝；兄良、弟悌；夫义、妇听；长惠、幼顺；君仁、臣忠。

上述种种，广义上讲都是家庭伦理，它有两个特点：第一，中国古代以血缘家庭为本位的宗法社会，使家庭伦理与社会政治一开始就融汇在一起。严格的家庭伦理，应该是《尚书·尧典》和《左传·文公十八年》中的"五品""五教"：父义、母慈、兄友、弟恭、子孝。那些五伦、六纪、七教、十义，都是政治伦理，或者是伦理政治。第二，强调父子、兄弟、夫妇、长幼双方各自应该承担的道德义务，带有明显的互尊、互惠、互利、道德等价交换的特点。也就是说，这些家庭伦理是建立在平等人格基础之上的伦理道德。董仲舒的三纲五常以后，弱化君仁、父慈、夫义，强化臣忠、子孝、妇听，原来平等人格基础之上的家庭伦理开始失衡。

一、父慈子孝

父慈子孝即孟子说的"父子有亲"，是指父母要用慈爱、智慧来鞠养、呵护、教育子女，而子女也要关怀、体贴、孝顺父母。《孝经·士章》讲："事父以事母，而爱同。"在这里笔者需要指出，本文所讲的父慈子孝是广义的，也包括母亲和女儿，也就是父母慈，子女孝。"父慈子孝"指父母双亲与子女都应该尽到自己的责任和义务。

上述《尚书·康诰》就提出了"子不孝，父不慈"，"弟不恭，兄不友"的观点。长期以来，人们误认为传统孝道只讲子孝，只是强调做父亲的权利，这是对传统孝道的曲解。其实一开始，父慈子孝的思想应该是相辅相成的，秦汉以后，孝与忠紧密结合，片面强调子女应该敬仰父母，而忽视做父母应尽的责任，父权至上，孝道中的父慈的一面被父为子纲所湮没、覆盖。

（一）父慈母爱觉天全

《礼记·大学》讲："为人父，止于慈。"这里的慈，一是养，二是教。即民间经常说的有"教养"。

1. 哀哀父母，生我劬劳

《韩诗外传》卷七第二十七章概括"父慈"的内容说："夫为人父者，必怀慈仁之爱以畜养其子。抚循饮食，以全其身。及其有识也，必严居正言以先导之。及其束发也，授明师以成其技。十九见志，请宾冠之，足以成其德。血脉澄静，娉内以定之，信承亲授，无有所疑。冠子不詈，髦子（婴儿）不笞，听其微谏，无令忧之。此为人父之道也。诗曰：'父兮生我，母兮鞠我，拊我畜我，长我育我，顾我复我，出入腹我。'"

这里叙述的父母对子女的责任如下：

其一，怀仁慈之心鞠养子女，在饮食、衣服等物质上予以供给和满足，保证孩子健康成长。

其二，在精神上给予关爱和呵护，言传身教、率先垂范，为子女做出表率。

其三，聘请老师传授知识，教授技艺。

其四，19岁以后儿子志向已定，为儿子举行冠礼，使儿子具有成人之德。并为儿子订婚成家。

其五，不责骂已经成年的儿子，不鞭打幼儿。

其六，听取儿子委婉的规劝，不让儿子为父亲担忧。

句末引《诗经·小雅·蓼莪》说，父母生下我、喂养我、抚爱我、疼爱我、培育我、照顾我、呵护我，每时每刻牵挂我。这都是父母的责任。只有这些都做到了，才可以说是父慈母爱。

2. 老年还舐犊，凡鸟亦将雏

父母慈首先就表现在父母对子女的关心和爱护上。

《礼记·文王世子》载：周文王问儿子周武王说："你梦见过什么？"武王回答说："我梦见天帝给了我九颗牙齿。"文王问："你认为这意味着什么？"武王说："西方有九个国家，君王大约最终会获得它们吧。"文王说："不对，齿就是年龄。你梦见九齿，是获寿90岁。我100岁，你90，我给你3岁吧。"后来，周文王果然活到97岁才去世，周武王93岁去世。从这很平常的故事可以看出，父母的慈爱是无私的，不仅物质财产、荣誉、职位可以给予儿女，连寿命也可以无私奉献。

西晋太尉王衍少壮登朝，直到白首，口中雌黄，清谈误国，唯独对自己的亲生儿子感情至深。他的幼子夭折，他悲不自胜。山简劝他说："孩抱中物，何至于此。"王衍动情地说："圣人忘情，最下不及情。情之所钟，正在我辈。"也就是说，儿子是他最钟情的。金朝诗人周昂在《失子》诗中写道：

　　白发飘萧老病身，几因儿女泪沾巾。

　　虚谈误世王夷甫，只有情钟语最真。

　　白居易唯一的儿子在 3 岁时就夭折了，白居易悲伤万分，为此他还作了一首诗《哭崔儿》：

　　掌珠一颗儿三岁，鬓雪千茎父六旬。

　　岂料汝先为异物，尝忧吾不见成人。

　　悲肠自断非因剑，啼眼加昏不是尘。

　　怀抱又空天默默，依前重做邓攸身。

　　不久白居易在体会了这种刻骨铭心的痛之后，又做了一首《初丧崔儿报微之晦叔》：

　　书报微之晦叔知，欲题崔字泪先垂。

　　世间此恨偏敦我，天下何人不哭儿。

　　蝉老悲鸣抛蜕后，龙眼惊觉失珠时。

　　文章十帙官三品，身后传谁庇荫谁。

　　"掌珠一颗儿三岁，鬓雪千茎父六旬。"人们常以"白发人送黑发人"来表达老年丧子之痛，白居易道出了所有天下父母至深至痛的情感。读到白居易"天下何人不哭儿"的诗句，不由想起北魏李崇智断案中的两位父亲。

　　北魏时，寿春县人苟泰有一 3 岁儿子丢失多年，不知所在。后在同县人赵奉伯家找到。二人都说孩子是自己的亲儿子，并有邻证。郡县不能判断。案子转到扬州刺史李崇处。李崇说："这案子很好判。"令苟泰、赵奉伯二父与小儿各住一处，不准探视。几十天后，派人对二父说："你们的儿子因病暴死，可以出来奔哀。"苟泰听了，号啕大哭，悲不自胜。赵奉伯只是哀叹惋惜。于是，案情大白。李崇把小儿还给苟泰。赵奉伯承认说，先有一子，不幸死亡，故冒认此儿。

由二父哭儿的案子可知，亲生父子固然骨肉情更深，即便是非亲生的养父，也仍有深厚的父子情分。

明成祖朱棣很喜欢二儿子朱高煦，据说朱高煦风流潇洒，能征惯战，像极了他老子。老大朱高炽就完了，相貌平平还是个瘸子，当爹的不怎么待见他，没事老给他小鞋穿，时不时就想废掉他太子的宝座。明王樨登《虎苑》载：有一次，朱棣带着许多大臣参观一幅画，画中是一只老虎带着幼虎嬉戏玩耍，正当朱棣看得起劲时，一直追随太子的解缙不失时机地题诗道：

虎为百兽尊，谁敢触其怒。

唯有父子情，一步一回顾。

读了解缙的诗，朱棣幡然醒悟，马上派人到南京接回朱高炽，正式册封他为太子。"谁道群生性命微，一般骨肉一般及。"一幅画、一首诗，竟然让雄才大略的朱棣改变了主意，显然是受了"舐犊"之情的震撼。

3. "后娘"也有慈母心

"哀哀父母，生我劬劳。"慈母之爱是古今中外最无私、最伟大的爱，也是人类歌颂的永恒的题。唐朝诗人孟郊《游子吟》："慈母手中线，游子身上衣。临行密密缝，意恐迟迟归。谁言寸草心，报得三春晖。"歌颂了伟大的母爱，成为传诵民间的千古绝唱。歌颂母爱的诗、文实在是太多，随手拈来，像明朝诗人刘基《懊恼歌》："儿啼母心酸，母愁儿不知。"像民间俗语"儿行千里母担忧"，比比皆是。唐朝诗人白居易还写了一首《劝打鸟者》诗，留下了"劝君莫打枝头鸟，子在巢中望母归"的名句。

甚至慈母的打骂、唠叨都牢牢铭刻在子女的心灵深处，成为不尽的思念。东汉扬雄《方言》讲："慈母之怒子也，虽折笞之，其惠存焉。"唠叨，恐怕是天下母亲的共同特点，它曾经让儿女无奈、厌烦，当作耳旁风，然而一旦远离母亲，或者是母亲过世，就会感觉到母亲唠叨是那么留恋和娓娓动听。唐朝诗人陈去疾的《西上辞母坟》，就抒发了对逝去母亲的深切怀念，

以及对没有母亲叮咛的失落:

高盖山头日影微,黄昏独立宿禽稀。

林间滴酒空垂泪,不见丁宁嘱早归。

慈母之爱,有口皆碑,前述的《佛说父母恩重难报经》,归纳出十条父母之恩,在此不再重述。

而一旦不是亲生的母亲,就事与愿违了。中国民间有一种根深蒂固的世俗偏见,叫作"十个后娘九个狠","蝎子尾,黄蜂针,最毒不过后娘心"。"后娘"一直是心狠手辣、虐待儿子的化身。在这种偏见的指导下,为了凸现孝子的高大,作者不惜加重笔墨把后母的恶劣品行夸大到令人发指的程度。

然而,"后娘"也不都是舜、伯奇、闵子骞、王祥的母亲。其实,后娘也有慈母心。

西汉刘向《列女传》载:战国齐宣王时,有人被杀死在路上,旁边站着两个孩子。哥哥说:"是我杀的。"弟弟说:"是我杀的。"齐宣王说:"母亲肯定知道孩子的善恶,由她决定谁来偿命。"母亲哭着说:"杀小儿子。"法官说:"一般人都是喜欢小儿子,你为什么要杀小儿子?"母亲说:"小儿子是我亲生的,大儿子是前妻之子。"说完就泣不成声了。齐宣王知道后,敬佩这位母亲的高义,把两个孩子都赦免了。像这样义薄云天的"后娘",别说是孝敬了,为她去死都心甘情愿。

东汉汉中南郑(今属陕西)人程文钜的妻子穆姜有两个亲生儿子,前妻有四子。陈文钜死后,四个儿子对穆姜一直心怀仇恨,处处与穆姜为敌。而穆姜慈爱温仁,衣食供给都加倍超过自己的亲生儿子。有人说:"既然四子不孝,还不如分居。"穆姜说:"我一定会以仁义慈爱感化他们。"前妻的长子陈兴有病了,穆姜亲调汤药,照顾得无微不至,护理了好长时间。陈兴病刚好,便把三个弟弟招呼到一起说:"继母慈仁,是我们兄弟不识好歹,造恶太深了！"说完带着三个弟弟到县里自首，陈述母亲的高尚品德，请求惩罚。在穆姜的训导下，四个儿子都成为良士。

明朝万历（1573—1620）年间，宜兴（今属江苏）人何孝得老年得子，名何士晋，族子图谋他的财产，趁何家人丁不旺，结党杀死何孝得，继母吴氏把何士晋藏匿到娘家才幸免于难。何士晋读书稍有懈怠，继母就拿出父亲的血衣给他看，激励他刻苦读书，长大为父报仇。后何士晋举进士，持血衣诉之官，将罪犯拿获抵法。

上述几位继母对儿子不仅有慈爱，还有对家庭、对丈夫、对儿子强烈的责任感和道义感，别说是让那些虐待前妻之子的"后娘"汗颜，就是那些一般的亲娘也自叹不如。

（二）子不教，父之过

父母之爱的精髓不仅在于"养"，更在于"教"。《三字经》中说："子不教，父之过。"父母对子女施以慈爱，教之以义方，教会子女独立生活的能力、安身立命的技能、博学明辨的知识、高尚的道德素质，使之将来能立足于社会，成为有用之才。这才是真正的爱子之道。

1. 伯禽遵教，入门而趋，登堂而跪

古代用"乔（桥）梓"比喻父子关系，这个词出自周公、伯禽父子。

伯禽是西周鲁国的开国之君，他父亲就是大名鼎鼎的周公。周公教子有方，伯禽恪守父命，父子二人演绎了一段父严子敬的佳话。

伯禽年少时，和叔叔康叔去拜见父亲周公，去了三次，被父亲痛打了三次。康叔害怕了，对伯禽说："商子是天下贤人，我们去问问他吧！"二人见到商子，商子说："南山之阳有乔木，北山之阴有梓木，你们去看一看就明白了。"听完这话，二人便到山上仔细观看。只见乔树躯干高大而向上仰着，梓树长得低矮而向下俯着。他们回来将看到的情景告诉商子，商子说："你还不明白吗？高仰的乔树好比是父亲，卑下的梓树好比是儿子。"伯禽恍然大悟，原来父子之间得有尊卑上下，得有父子之礼，父位尊，子位下。第二天，伯禽去见周公，"入门而趋，登堂而跪"。即一进门就快步而行，一登堂就下跪。大概这就是周公制礼作乐之一的父子之礼吧？

从此，历史上把父子、父子之道称作"乔梓"。南宋咸淳元年（1265），赵必豫与父亲赵崇岫同科登进士，家门荣耀，时人称作"乔梓同辉"。

后来，伯禽要到鲁国当国君，临行时，周公告诫儿子说："我是文王之子，武王之弟，成王之叔，普天之下我的地位够高的了吧？然而，我一沐三捉发，一饭三吐哺，起以待士，犹恐怠慢了天下贤人，你到了鲁国，一定要礼贤下士，千万不可骄傲。"曹操的诗"周公吐哺，天下归心"，指的就是这段话。

伯禽到了鲁国，恪守父亲的教诲，"变其俗，革其礼"，使鲁国成为天下闻名的礼仪之邦。

在这里，周公为后人树立了一个"严父"的形象。《孝经·圣治》讲："孝莫大于严（敬）父。"上述韩非子也讲："严家无悍虏而慈母有败子。""父慈"与"母慈"不同，它还有个父亲对儿子严，儿子对父亲敬的问题。《颜氏家训·教子》讲："父子之严，不可以狎（侮慢）。""父母威严而有慈，则子女畏慎而生孝。"也就是说，父母对子女不能过度放任和溺爱，要有"乔梓"之严。《颜氏家训·教子》叫作"虽欲以厚之，更所以祸之"。过度溺爱非但不会对子女的成长有利，反而会害了子女。因此，古代又称父亲为"严父"。《晋书·夏侯湛传》载："受学于先载，纳诲于严父慈母。"

2. 孔鲤"过庭受训"与王守仁励志

孔子的儿子孔鲤（字伯鱼）按照伯禽"入门而趋"的"乔梓"之礼，遵守父亲的教诲学诗、学礼，演绎出中国古代的又一个典故："过庭之训"。

《论语·季氏》载：孔子的学生陈亢问孔鲤说："你在老师那里听到过

什么特别的教导吗?"伯鱼回答说:"没有。有一次父亲独自站在那里,我趋(小步快走,表示恭敬)而过庭,父亲问:'学《诗》了吗?'我回答说:'没有。'父亲说:'不学诗,无以言。'我就回去学《诗》。又有一次我趋而过庭,父亲问:'学礼了吗?''没有。''不学礼,无以立(立身)。'我又回去学礼。"陈亢高兴地说:"我问一得三,听到了关于《诗》的道理,关于礼的道理,又听了君子不偏爱自己儿子的道理。"

伯鱼这段学诗、学礼的故事,被传为美谈。后世把接受父亲的教诲称作"趋庭",把父教、父训称作"庭训""过庭之训""诗礼之训"。后来说的"诗礼传家",也源于此。东晋袁宏《后汉纪·安帝纪上》称:"内无过庭之训,外无师傅之道。"唐朝文学家王勃《滕王阁序》:"他日趋庭,叨陪鲤对;今晨捧袂,喜托龙门。"唐朝诗人李商隐《五言述德抒情诗献杜仆射相公》:"过庭多令子,乞墅有名甥。"清朝康熙皇帝有一本训诫诸皇子的书,就叫《庭训格言》,是雍正追述其父在日常生活中的训诫写成的。母亲的教诲,也可叫作"庭训"。清蒲松龄《聊斋志异》卷十一:"夫人庭训最严,心事不敢使知。"

说到庭训,明朝还有一段趣话,说的是明朝著名思想家王守仁。王守仁少年时学文习武,十分刻苦,但非常喜欢下棋,往往为此耽误功课。父亲王华家教极严,虽屡次责备于他,但王守仁总不能改,一气之下,父亲就把儿子的象棋扔到河中。王守仁心受震动,顿时感悟,当即写了一首诗寄托自己的志向:

象棋终日乐悠悠,苦被严亲一旦丢。

兵卒坠河皆不救,将军溺水一齐休。

马行千里随波去,象入三川逐浪游。

炮响一声天地震,忽然惊起卧龙愁。

这虽是一首游戏诗,但其中蕴含着发奋励志的决心,蕴含着对父亲庭训的感激之情。

3. 羲之善导儿开窍，子齐父名称"二王"

王羲之，是东晋杰出的书法家，他写的字，真的是一字千金。在他的教育影响下，七个儿子都善书法，尤以献之的成就最大，他的书法集诸体之精华，一改古拙之书风，英俊豪迈，气势磅礴，有"破体"之美称。献之书法的每一点长进，都渗透着王羲之的心血。

王献之七八岁时，就跟着父亲学习书法，开始很有兴趣。后来，觉得整天和笔墨纸张打交道，坐得腰酸腿疼，没有意思。一天，他到书房找到父亲问："写字有没有窍门？"王羲之明白儿子的心思，他打开窗户，指着院子里的十八口大水缸和窗下磨秃的、堆积如垛的笔杆说："等你把十八口大缸里的墨水用光了，磨光的笔杆也堆得这样高了，窍门也就找到了。"王献之明白了父亲的用心，惭愧地低下了头。王羲之见儿子知错了，便耐心地给他讲起了大书法家张芝"临池学书，池水尽墨"，苦练成材的故事，使得王献之深受启发。

十八缸水

从此，王献之以滴水穿石的精神，刻苦练习，日有长进。此后王羲之又让儿子爬山、舞剑，锻炼他的臂力和腕力，而后再学习书法。一天，王献之正在写字，王羲之想试一试儿子手上的功夫，便偷偷走到他身后，猛地夺取王献之手中的毛笔，结果，王献之手中的笔丝毫没动。王羲之很高兴，夸儿子找到窍门了。

王献之书法日益长进，开始有些名气后，便产生了一些骄傲情绪，练字也不那么刻苦了。一天，他把一大堆写好的字给父亲看，希望听到几句表扬

孝经诠解

以孝齐家

的话。谁知，王羲之一张张掀过，一个劲地摇头。掀到一个"大"字时，呈现出了较满意的表情，随手在"大"字下添了一个点，然后把字稿全部退还给王献之。父亲走后，王献之端详了很久，也没发现这一"点"有什么不同，便拿给母亲看，母亲看了又看，嫣然一笑地说道："吾儿磨尽三缸水，唯有一点像羲之。"王献之听到后大吃一惊，此后，他找到了自己与父亲的差距，克服了自满情绪，练字更加刻苦了。经过多年努力，王献之终于成了举世闻名的大书法家，同父亲王羲之齐名，并称"二王"。后人有诗称赞说：

教子且勿急求成，滴水穿石见真功。

献之练字三千日，只有一点像父翁。

羲之善导儿开窍，子齐父名二王称。

4. 赵轨、司马光教子

隋朝的赵轨教子也是一个比较成功的例子。赵轨是河南洛阳人，少年时好学，有操行。隋文帝时，赵轨担任齐州别驾。东邻家有桑树，桑葚落到了赵轨家，赵轨让人拾起来全部还给主人，并告诫几个儿子说："我并非沽名钓誉，非机杼之物（不是劳所得）不愿意侵占别人。你们应该引以为戒。"他的儿子赵弘安、赵弘智遵守父教，都很知名。

孔夫子曾言："富与贵，是人之所欲也，不以其道得之，不处也；贫与贱，是人之所恶也，不以其道得之，不去也。"民间俗语讲："君子爱财，取之有道。"这是中国人在金钱物欲方面"富贵不淫，贫贱不移"的气节。赵轨就是用它来教育子女的。如果子女不靠自己的劳动所得，老是觊觎别人的钱物，是不会有什么出息的。

《资治通鉴》的作者北宋司马光一生教子，修身为要，俭朴为重。他常教诲儿子说："食丰而生奢，阔盛而生侈。"并以家书的形式写了《论俭约》，劝诫子女切忌奢侈，崇尚俭约。为培养儿子的文字表述能力，司马光让儿子司马康参与《资治通鉴》的撰写。看其子用指甲抓书页，他耐心传授儿子爱护书籍之法：读书前，先净案，读书时，坐端正，翻书时，侧指轻。让儿子司马康终身受益无穷。司马康遵守父亲的教诲，以俭朴自律，博古通今，官至校书郎、著作郎兼任侍讲，以为官廉洁俭朴而闻名于世。

前面讲过的"彭泽之父千里训子"，也是教子的佳话。其他父教子的事迹还有很多。

隋朝贝州刺史库狄士文为官清廉，家无余财，饥饿的儿子偷吃官厨里的饼，库狄士文把儿子戴上枷锁，投进监狱。出狱后，又将儿子打了100杖，并徒步把儿子送还京师长安。

明朝陕西按察副使邝埜思念父亲，想见父亲一面。父亲邝子辅为句容（今属江苏）教官，邝埜利用职权改聘父亲为陕西乡试考官。邝子辅知道后大怒，写信斥责他说："子居宪司，父为考官，何以防嫌？"邝埜寄给父亲一匹精致的褐布，邝子辅又把褐布寄还，附信责备他说："你掌一方刑法，当以洗除冤狱为己任，怎么能迢迢千里送我褐布呢？"邝埜奉书跪诵，接受父亲的教诲。

中国历史上诸如此类的教子事例史不绝书，在此只能挂一漏万了。

（三）尧舜之道不如寡妻之诲谕——母教

"母德在教"。中国古代的母教文化丰富多彩，不仅方式方法多样，而且在教育效果方面丝毫不亚于那些须眉。北齐颜之推曾讲："师友之戒不如傅婢之指挥，尧舜之道不如寡妻之诲谕。"对孩子来说，师友的教诫，尧舜的大道理，有时候真不如母亲、侍婢的话管用。如果说，严父之教的特点是威严、棍棒，而慈母之教的特点则是温婉、体贴，即现在说的情感教育。古代许多恪守母训的子女因此而立身扬名。

1. 席不正不坐，割不正不食——胎教

古人强调"外象内感"，胎儿能受到母亲言行的感化，"感于善则善，感于恶则恶"。所以孕妇必须谨守礼仪，给胎儿以良好的影响，这叫作"胎教"。西汉刘向《列女传》载：

> 古者妇人妊子，寝不侧（侧身睡），坐不边（不靠边），立不跸（不单脚站立），不食邪味，割不正不食，席不正不坐，目不视于邪色，耳不听于淫声。夜则令瞽诵诗，道正事。如此，则生子形容端正，才德必过人矣。

汉代学者把胎教的源起归于周文王的母亲太任、周成王的母亲周后。说她们在怀孕期间，"目不视恶色，耳不听淫声，口不出敖言"，"立而不跛，坐而不差，独处不踞，虽怒不詈"，所以生下了周文王、周成王这样明圣的天子。

关于胎教，中国老百姓家喻户晓的是孟子的母亲，孟母曾言："吾怀妊是子，席不正不坐，割不正不食，胎教之也。"孟母不仅是胎教的典范，"孟母三迁""孟母断织"的教子故事，也在民间广泛传颂。

胎教的目的，是培养出贤明、端正、寿考的儿子，其中固然有许多荒诞、迷信成分，但它主张优化一切影响胎儿发育的外界环境，注重用美感来诱导和感化胎儿，通过孕妇的生理、心理作用来达到优生优育，这其中也包含着科学的成分，反映了古代教育的超前意识和望子成龙的强烈愿望。

现代科学证明，优美的音乐能促进人体的内分泌，调节血流量和兴奋神经，也能使胎儿感知，促进其发育。唐朝医学家孙思邈在《千金方·养胎论》中，从医学角度论证说："弹琴瑟，调心神，和情性，节嗜欲，庶事清净，生子皆良，长寿，忠孝仁义，聪慧无疾。"足见胎教对促进古代优生学、医学发展的作用。

2. 敬姜戒儿懒惰，田母责子受金

春秋鲁国大夫公父文伯的母亲敬姜，身为鲁国贵妇人，天天纺织不辍。公父文伯埋怨母亲说："像我们这种贵族之家的主妇还亲自纺织，别人如果看到还以为我不能养母呢！"敬姜感叹说："鲁国快要灭亡了吗？怎么当官者还不懂治国处世之道呢？你坐下，我来告诉你。"接着，敬姜给儿子讲了一番治国勤民的道理："过去圣王治民，总是挑选贫瘠的土地来安置他们，所以天下能长治久安。民劳思节俭，思节俭则善心生；安逸则淫，淫则忘善，忘善则恶心生。沃土之民不成材，逸也；瘠土之民向往仁义，劳也。因此，天子、诸侯、大夫、士都夙兴夜寐、勤于职事，不敢怠慢。庶人日出而作，日落而息，无一日怠惰。说到人妻，天子、公侯、大夫、列士的夫人都要亲自给丈夫做衣服穿。男女都各尽其力，有了差错就要治罪，这是自古以来的制度。'君子劳心，小人劳力，先王之制也'。从上到下，谁敢使自己放纵而不用力气？如今我是个寡妇，你也只是个大夫，朝夕勤事，犹恐毁败先人之业，怎么能怠惰呢？"

毛泽东青年时代的《讲堂录》曾言："人情多耽安逸而惮劳苦，懒惰为万恶之渊薮。人而懒惰，农则废其田畴，工则废其规矩，商贾则废其所鬻，士则废其所学，业既废矣，无以为生，而杀身亡家乃随之。国而懒惰，始则不进，继而退行，继则衰弱，终则灭亡，可畏哉！"这段发人深省的话与敬姜教子的劳逸论如出一辙。

刘向《列女传·母仪传》载：战国齐相田稷子将受贿的百镒（一镒合20两，一说24两）黄金送给母亲。母亲看到后很惊讶，问："你做了三年的宰相，所得的俸禄从来没有这么多，这些是不是受贿所得？"田稷子对母亲很孝敬，不敢说谎，便老实地告诉了母亲。

母亲听后很生气，训斥田稷子说："你难道不知道吗？读书人修身洁行，不为苟得。你身为宰相，应当以身作则，廉洁奉公，怎么可以接受贿赂？况且，忠诚是为人臣的本分，读书人要言行一致，表里如一。现在，君王这么信任你，给你很高的官位和丰厚的俸禄，你应知恩图报，以死效忠。为人臣不忠，是为人子不孝也。不义之财，非吾有也。不孝之子，非吾子也。你走开吧！"

听到母亲义正词严的教训，田稷子万分羞愧与自责，急忙退还黄金，主动到齐宣王那儿去请罪。齐宣王了解了事情的原委后，非常赞赏田母的德行，不但赦免了田稷子的罪，还恢复了他的宰相职位。为了表彰田母的义举，还用国库的金子赏赐给田母。

3. 陆续母截肉断葱

东汉会稽吴（在今江苏苏州）人陆续的母亲治家有法，对儿子的教育落实到切肉断葱皆有度这样的生活细节上。会稽太守尹兴让他舍粥赈济贫民，陆续一一记清姓名。赈济完毕，太守问他赈济了多少人，陆续准确说出六百多人的姓名，一人不差。尹兴因受楚王刘英谋反案的株连而入狱，陆续等人也一同牵连入狱。陆续的母亲从家乡赶到洛阳，因案情重大不准探视，她就做好饭交给门卒送去给儿子。与陆续同时入狱的五百多人，大多经不住酷刑而冤死，只有陆续等三个人铁骨铮铮，虽皮肉消烂，却始终面不改色。看到门卒送来的饭食，陆续悲泣不能自禁。使者感到奇怪，陆续说："母亲来了，不能相见，所以哭泣。"使者以为是门卒给陆续通风报信，要惩罚门卒。陆续说："不用门卒通报，一看饭菜，我就知道是母亲亲手做的。我母亲切肉，没有一块不是方的，切葱没有一段不是一寸的。"

有这样深知法度的母亲，儿子怎么会参与谋反呢？使者心里暗暗赞赏，于是上书陈述陆续的案情，最终陆续和太守尹兴都被赦免。

4. 钟母教子有方，欧阳母"画荻教子"

三国时魏镇西将军钟会的母亲张氏是古代教子的楷模，其教子之方和远见卓识绝不在那些须眉之下。

钟会曾为母亲作《夫人张氏传》，记载母亲教育自己的事迹。说母亲张氏"性矜严，明于教训"，"虽童稚，勤见规诲"。钟会4岁时，母亲就教他读《孝经》，7岁教他读《论语》，8岁读《诗经》，10岁读《尚书》，11岁读《周易》，12岁读《左传》《国语》，13读《周礼》，14岁读父亲钟繇写的《易记》。15 岁时，钟会被母亲送到太学读书。临行叮嘱他说："学偎（急、多）则倦，倦则易怠。所以过去一直都让你循序渐进地读书。现在你可以独立自学了。"

钟会 23 岁时做了尚书郎。母亲拉着他的手说："孩子，你年纪轻轻的就做了大官，人不自足则损在其中，应引为鉴戒。"当时，大将军曹爽专擅朝政，整日花天酒地，钟会的哥哥在曹爽手下做事，回家对母亲说起曹爽的行为，张氏预料曹爽不会长久，后来曹爽果然被司马懿所杀。

知子莫若母，母亲知道钟会是个人才，但好高骛远，便常告诫他居心要正，智而不诈，要积小善，那时候钟会小心翼翼，在政局混乱中也没出什么闪失。可惜母亲后来暴病而亡，钟会一下子六神无主，不久便置母亲的教诲于脑后。统军灭掉蜀汉以后，钟会异想天开，想自立为王，因得不到下属的拥戴，死于兵变。假如老母亲泉下有知，不知该有多么遗憾和悔恨呢。

钟会的母亲教子循序渐进，是教子读书有方的贵妇人。而贫穷之家的母亲教子就不同了。北宋时期，有个杰出的文学家和史学家叫欧阳修，文章写得很出色，在文学上有很高的成就。他 4 岁那年，父亲去世了，家里生活非常困难。他的母亲一心想让儿子读书，可是，哪里有钱供他上学呢？左思右想，她决定自己教儿子。她买不起纸笔，就拿荻草，在地上写字，代替纸笔，教儿子认字。这就是历史上有名的"画荻教子"的故事。

5. 陶侃母"退鲊责儿"

东晋名将陶侃的母亲湛氏，也是古代一位有名的良母，以教子有方和宽厚待人称道于世。她与孟母、欧阳母、岳母齐名，一同被尊称为"四大贤母"。陶母"教子惜阴""截发易肴""退鲊责儿"的故事在民间广为流传。

湛氏小时候受过一点启蒙教育，是个有少许文化的女子。她深知读书的重要，因而省吃俭用，以自己纺纱织布的微薄收入供儿子读书。可是，陶侃生性贪玩，读书不用心，这可急坏了母亲湛氏。

有一个下雨天，由于家无斗笠、雨伞，陶侃没法上学，便蹲在母亲的织布机旁玩。陶侃眼睛盯着穿来穿去的梭子，甚是好奇。湛氏见状，灵机一动，停下手中的梭子，引导儿子背书，当背到"光阴似箭，日月如梭"时，湛氏叫陶侃解释，陶侃想了半天，结结巴巴说不出个所以然来。湛氏因势利导地指着手里的织布梭子启发他，终于使陶侃懂了珍惜光阴的道理。后来陶侃做了高官，仍然激励自己珍惜光阴。这就是"教子惜阴"的故事。

一次鄱阳（今属江西）孝廉范逵路过陶侃家，适逢天下大雪，陶侃家徒四壁，根本没东西招待客人。湛氏吩咐陶侃陪侍客人，自己回房将床上新铺的草苫铡碎给客人喂马，又将头发剪下一绺，换得酒食菜蔬款待客人。范逵得知后，非常感动地说："非此母不生此子。"

陶侃母"剪发延宾"的故事被后人广为传颂。元朝大画家何澄绘有《陶母剪发图》。创作这幅画时，有个聪明的小孩叫岳柱，刚刚8岁，在一边观看，当何澄看到陶母剪发还戴着金钏时，忍不住诘问说："金钏可易酒，何用剪发为也？"这令何澄大吃一惊。此为题外话。

后来，陶侃在浔阳当县吏，监管渔业税收，有一天他送了一坛子咸鱼干给母亲，以表孝心。陶母很高兴，可当她得知这坛咸鱼是官物时，心情变得沉重起来。她拿过笔墨，写了个"封"字，贴在坛口上，并回信说："你为吏，以官物送我，非但不能让我高兴，反倒让我担忧。"陶母"退鲊责儿"，教育和造就了陶侃为官40年的清廉名声。

后来，陶侃升任江夏太守，安排了隆重的仪仗，亲自回乡接母亲湛氏到官衙居住。儿子打心眼里希望母亲感到风光、荣耀，可是湛氏却神色平淡，不见半点欢喜，似乎深藏忧虑。到了官衙，湛氏在儿子官服的袖口内缝上一行字："汝当作佳官，尽心恤民，毋忘着葛衫时也。"陶侃看见题字，深感迎接母亲排场过分，决心谨遵母教，为百姓当好官。

在东晋，陶侃官至侍中、太尉、荆州刺史，都督荆、雍、益、梁、江、交、广、宁八州诸军事，拜大将军。谨遵母亲教诲，勤于吏职41年如一日。有一次他和僚佐饮酒，到了限量，戛然而止。有人劝他尽兴再饮几杯，陶侃凄楚地说："我少时曾有酒失，受到母亲责备，母亲与我约定了限量，如今双亲早已过世，不敢超过限量。"他临终前，军资器仗、牛马舟车、府库钱财皆有账簿，完备无缺，一一交割清楚，为时人所敬仰。

6. 郑善果母教子

《隋书·列女传》载：隋朝郑善果的母亲是清河崔氏之女。20岁时，丈夫郑诚死于战阵，父亲崔彦穆想要她改嫁，崔氏抱着儿子郑善果说："丈夫虽死，幸有此儿。弃儿不慈，背夫无礼。"

后来，郑善果当了鲁郡太守。每当在厅堂处理政务，崔氏总是坐在胡床上，在帷帐后面听儿子判案。如果判案得体，回来后便让儿子坐下，母子相对有说有笑。如果儿子处理公务不公或随意发怒施展威风，回到后堂，崔氏就蒙着被子抽泣，一整天也不吃饭。郑善果就趴在床前请罪，不敢起身。他母亲这才起来对他说："我不是生你的气，是为你家感到羞愧。你父亲是忠勤之士，以身殉国。我希望你能继承父亲的忠臣之业。你是孤儿，我是寡妇，只有仁慈而缺乏威严，容易让你不懂得礼数规矩。你受父亲的恩荫，官至封疆大吏，这难道是靠你自身的本事得来的吗？你有什么资格任意生气耍威风，骄傲享乐而败坏政事！如果真的是这样，对内则会堕毁郑氏家风，甚至丢掉官职爵位，对外则会损害天子之法，我死后有何脸面见你父亲？"说得郑善果连连点头。

郑善果见母亲崔氏总是自己纺线织布，直到半夜才休息，就说："我被封侯爵，位居三品官，俸禄足够用，母亲何必要这样辛勤地劳作呢？"崔氏回答说："唉！你长这么大了，连这些基本道理都不懂，怎么能处理好朝廷公务呢？你的俸禄，是天子报答你父亲为国事殉命才给你的，你应当分给亲戚，以体现你父亲的恩惠，不能让母亲、妻子独享荣华富贵。况且，纺纱织布，是妇女的本分，上自皇后，下到百官之妻，都各有规定。如果懒惰，就会骄奢淫逸。我虽然不懂得礼，但也不能败坏自己的名声。"

在母亲崔氏的教育下，郑善果无论到何处做官，都从家里自带饭菜，公家提供给他的补助，全都用来修缮衙门或分送同事和下属，一时号称"清吏"。隋炀帝派遣御史大夫张衡前去慰劳他，考评他的政绩为天下第一。

在历代母亲教子的方式中，有身教者、言教者，有言传身教者，更有著书立说而笔教者。清代长乐（今属福建）人陈时夏死，妻子田氏督导诸子读书，把自己和丈夫讨论学习的体会写成《敬和堂笔训》，用以教授诸子。西南大儒郑珍在母亲黎氏去世后，记下母亲生前对他的教诲，共68条，编成《母教录》。这些寄托着殷切希望的教诲，都表现了母亲对子女的慈爱。

7. 他年若不和根卖，便是吾家好子孙

宋人陈亚的《戒子孙诗》告诫不孝子说：

满室图书杂典坟，华亭仙客岱云根。

他年若不和根卖，便是吾家好子孙。

古代也有许多教子失败的例子。上述钟会之母教子有方，本人也贤明而有真知灼见，可偏偏钟会忘记母训而丢了性命。

北周武帝宇文邕对太子宇文赟要求极严，虽隆冬酷暑亦不得休息。宇文赟有过错即施以棍杖，致使他身上杖痕累累。可这宇文赟就是不堪造就，当太子时斗鸡、走狗、嗜酒、好色，当皇帝后荒淫残暴，亲昵佞臣，最终导致北周灭亡。

北周大将贺若敦居功自傲，口出怨言，被勒令自杀。临刑对儿子贺若弼说："我因口舌而死，你要牢记！"说完用锥子刺破儿子的舌头。按说，这比棍棒要厉害多了，可这并没让儿子长记性。后来，贺若弼统率隋军南下，统一了南朝陈。可他又犯了父亲的老毛病，和父亲同样居功自傲，同样口出怨言，牢骚满腹，最后被隋炀帝诛杀。《隋书·贺若弼传》说他"若念父临终之言，必不及祸矣！"

明朝大学士杨士奇溺爱儿子杨稷。杨稷贪狠狂傲，凌侮长吏，甚至侵暴杀人。有人告诉了杨士奇，杨士奇竟然把人家的名字和原话转述给儿子，这不是让儿子去报复人家吗？时间长了，有关儿子的恶闻一点也听不到了。由于儿子杨稷积恶日深，官员们纷纷弹劾他。但碍于杨士奇的脸面，朝廷不好施以刑罚，只得把罪状整理好，交给杨士奇过目。杨士奇积忧成疾，一年后就死了。杨士奇一死，恶贯满盈的杨稷马上被送上了断头台。乡人们都预先写好了祭文，历数杨稷罪恶。

《三字经》说："子不教，父之过。"既然已经教育了，就不是"父之过"了。所以，上述几例虽然教子失败了，但责任不在父母，更不是父母不慈爱。而明代大学士杨士奇，那不是教子，更不是慈爱，是溺爱！杨稷的死，他有不可推卸的责任。

（四）知子莫若父母

《管子·大匡》讲："知子莫若父，知臣莫若君。"《礼记·大学》记载汉代民谚曰："人莫知其子之恶，莫知其苗之硕。"也就是说，没有比父母更了解自己儿子的了。

1. 范蠡长男救弟杀弟

春秋越国名臣范蠡帮助越王勾践灭掉吴国，雪会稽之仇后，乘舟浮海来到齐国，辞官经商，三致千金，天下称"陶朱公"。一天，传来消息，范蠡的中子杀了人被关在楚国。陶朱公说："杀人偿命，天经地义。然而'千金之子，不死于市'。"于是，派小儿子带黄金千镒（一镒合20两，一说24两）去疏通关系。大儿子一听，说："家有长子曰'家督'，现在弟弟有罪，大人不派长男而派少子，看来我是不肖之子了。"说完就要自杀。母亲急了，说："让少子去也未必能救得了中子，还是让大儿子去吧。"陶朱公不得已，

只好叫大儿子去了。

临行，陶朱公拿出一封信，嘱咐大儿子："到了楚国，把信和千金交给我的故友庄生，一切听他安排。"大儿子走时自己也偷偷带了百金以备用。

楚国庄生住在城墙边，家里很穷。接到信和千金后，对陶朱公的大儿子说："你赶紧离开楚国，至于你弟弟的事，即使出来了也不要问什么原因。"陶朱公的大儿子有点不信庄生的话，又用私带的百金找楚国别的贵人去疏通这事。

庄生虽穷，但以廉直闻名楚国，楚王以下皆尊他为师。庄生对妻子说："此朱公之金，勿动，事成后还给他。"

庄生见了楚王，说："我夜观星宿，可能对楚国不利。"楚王一直信任庄生，问如何是好。庄生说："积德可以解除。"于是，楚王把国库及要害部门派重兵把守起来。楚王身边的贵人马上向陶朱公的大儿子说："你弟弟有救了。楚王把国库及要害部门派重兵把守起来，这是国家要举行大赦的征兆。"他听了当然高兴，但心想既然弟弟自然就会被赦免，那千镒黄金岂不就打水漂了。于是，又到庄生家说："我弟弟就要被赦免了，特来告辞。"庄生当然知道他的意思，"你送的黄金分文没动，你拿走吧。"陶朱公的大儿子真就把金子取走了，还洋洋得意呢！

庄生为孺子所愚弄，感到莫大的污辱。第二天一早，对楚王说："现在路人都说陶朱公儿子杀了人，并向大王身边的人送了很多金子，大王大赦并非是为了国家，而是为了陶朱公的儿子。"楚王大怒，命令先杀陶朱公中男，之后再发布大赦令。于是，大儿子带着弟弟的尸体回家了。

见到尸体，全家哭成一团，唯独陶朱公微笑，他对妻子分析说："我早就料到会如此。大儿子并非不爱弟弟，他从小跟我们吃苦奔波，知道金钱来之不易，太看重钱财了。小儿子是我们家累千金后出生的，自小挥金如土，千镒黄金根本就不放在心上。所以只有他能办成这件事情。"

看来，这个范蠡不仅是治国的谋臣，还是齐家"知子莫若父"的慈父。遗憾的是他救越国成功了，救儿子却失败了。

2. 赵括母辞将，克弘母荐儿

战国有个纸上谈兵的将军赵括，别看赵括不怎么样，他的父亲赵奢却是威震敌胆的名将，母亲是"知子莫若母"的良母。公元前 260 年，赵国将领廉颇与秦军在长平（今山西高平西北）相持三年，不分胜负。赵孝成王中了秦国的反间计，命令赵括代替廉颇为大将。赵括的母亲上书说："赵括不可为将。"赵王问道："这是为什么呢?"赵括的母亲说："赵括的父亲为将时，用自己的俸禄供养的食客有数十人，朋友有几百人。所得赏赐，全部分给手下将士。受命之日，不问家事。而赵括一当将军，高高在上，军吏都不敢抬头看他。大王给他的赏赐，他都藏在家里，见到好的田地房屋就买。赵王您认为他像他的父亲吗? 他们父子截然不同，希望大王不要派遣赵括为将。"赵王说："你别说了，我已经决定了。"赵母接着说："既然大王您非要派他为将，如果赵括一旦耽误国家大事，你可别把我这个老妇人一起处罚。"赵王答应了。

赵括领兵出征，一改廉颇以逸待劳的策略，导致了长平之战的失败，赵括战死，赵军 40 万之众降秦，全被坑杀。赵括的母亲因有言在先，没有被株连。

五代十国时，南唐元宗李璟自不量力，奢谈收复中原，群臣都阿谀奉承，纸上谈兵，只有都虞候柴克宏一句也不谈军旅之事，平日也从来没有听他谈论用兵之道，只是和朋友下棋饮酒，有人因此断定他绝非将帅之才。后来吴越军队围攻常州，柴克宏主动请缨。他的母亲也上表章说儿子有乃父之风，可以任命为将领，如果日后柴克宏有失职之处，愿意领罪受罚。

于是，南唐元宗李璟任命柴克宏为左武卫将军，率军救援常州，果然大破吴越兵于常州，斩首万级，自李璟登基以来，克敌之功，莫过柴克宏者。

赵括的母亲反对儿子为将，是不想让儿子做千古罪人，柴克宏的母亲推荐儿子为将，是想让儿子为国家建功立业。做法相反，但都出自"知子莫若母"的明智，都出自对儿子的慈爱。

（五）文章十帙官三品，身后传谁庇荫谁

自"禹传子，家天下"的世袭制度确立以来，历代都有不同程度的官爵世袭、庇荫制度。于是，传给子女家业财产、金钱、官爵、功名、积下阴德等，让子孙繁盛兴旺，又成为父母慈爱的一部分。

1. 为子孙积下阴德

阴德指暗中有德惠于人，不求回报、不沽名钓誉的行为。《史记·天官书》认为是天上的阴德星，主施德惠。古人认为，"为善得福，造恶得祸"。《周易·坤·文言》讲："积善之家，必有余庆；积不善之家，必有余殃。"《汉书·丙吉传》讲："有阴德者，必飨其乐，以及子孙。""他年若不和根卖，便是吾家好子孙。"所以，古人认为："积金遗于子孙，子孙未必能守；积书遗于子孙，子孙未必能读；不如积阴德于冥冥之中，此万世传家之宝训也。"

西汉于定国之父于公，住的闾门坍塌，邻居们正在修葺，于公说："请把闾门修得高大一些，能容纳驷马华盖的高车出入。我治理刑事案多积阴德，肯定会子孙昌盛。"到他儿子于定国时，果然官至丞相，封为西平侯。孙子于永承袭父爵，官至御史大夫，娶汉宣帝长女馆陶公主。

东汉高官虞诩的祖父虞经为郡县狱吏，执法公平，力求宽简仁恕，经常说："东海于公，高大里门，儿子于定国官至丞相。我断案六十年，虽不及于公，也相差不多，子孙未必不为九卿。"于是，给孙子虞诩起字"升卿"。虞诩后来官至司隶校尉、尚书令。临死对独子虞恭说："我忠直为国，问心无愧。唯一后悔的是，当朝歌县长时杀贼寇数百人，其中肯定有冤枉者。所

以二十年来，我家不增一口，获罪于天也。"

东汉何敞的六世祖何比干，汉武帝时任汝阴县狱吏，救活过数千条人命。后来任丹阳都尉，狱无冤囚。汉武帝征和三年（前90）三月辛亥日，天下大雨，何比干梦见贵客车骑满门。醒来见门口有一位八十余岁白发老妇人，要求在他家避雨。当时大雨滂沱，老妇人的衣服鞋子却滴雨未沾。雨停后，何比干送老妇人到门口，老妇人从怀中拿出990枚简册，对何比干说："你有阴德，天赐你符策，让你子孙众多，佩印绶者如此数。"当时何比干已58岁，有六个儿子，结果老树新花，又生了三个儿子。汉宣帝本始元年（前73），何家从汝阴（治今安徽阜阳）迁到平陵（治今成阳西北），世代是名门望族。

东汉明帝时的汝南人袁安，担任楚郡太守，审理楚王刘英谋反案，为被冤枉入狱的四百余人申辩昭雪。东汉一朝，汝南袁氏四世三公，门生故吏遍天下。

武则天时的宰相陆元方临终时说："我对人有阴德，后世子孙必兴。"后来，他的儿子个个才能出众，最著名的如陆象先做了宰相，陆景倩官至监察御史，陆景融官至工部尚书。

由此可见，积阴德是祖先给后辈留下的无形资产，或者叫福泽子孙。在中国古代，"给子孙留下阴德"，不仅寄托着父母希望子孙昌盛的期望，还激励着人们加强个体品格的自律，扼制道德的沦丧。

2. 留财产基业给子孙

为子孙留下基业财产，这在古代也是长辈们常做的事。西汉有"遗子黄金籯"的谚语，就说明了这一点。西汉萧何"买田宅必居穷处，为家不治垣屋。曰：'后世贤，师吾俭；不贤，毋为势家所夺'"。萧何之所以买贫穷偏僻之地的田宅，不花钱修治院墙房屋，一方面是让后代学习他的俭朴，另一方面是害怕子孙无能，被权势之家所夺。这也反映了他为后人留下家业财产的观念。

楚国令尹（宰相）孙叔敖总是不放心自己的儿子，他知道优孟是个贤人，很看重他。孙叔敖病危时嘱咐儿子说；"我死了以后，你没有了依靠，说不定会贫困，如果那样的话，你就去拜见优孟，他会帮你。"

过了几年，孙叔敖的儿子果然穷困潦倒，不得不靠给人背柴度日。有一天，他遇到了优孟，就对他说："我是孙叔敖的儿子。父亲临终的时候，嘱咐我贫困的时候可以去拜见您。"

优孟是楚国的艺人，具有高超的易容之术。他回家命人缝制了类似孙叔敖的衣服、帽子，模仿孙叔敖的言谈举止。一年多以后，优孟简直活像孙叔敖，连楚庄王和左右大臣们都分辨不出来。楚庄王举行酒宴，优孟上前敬酒祝寿，楚庄王大吃一惊，以为孙叔敖复活了，要任命他为楚相。优孟说："请允许我回去和妻子商量商量，三天以后再来上任。"

三天以后，优孟来了。楚庄王问："你妻子说了些什么？"优孟答："我妻子不同意，她说楚相不值得做。孙叔敖身为楚相，忠诚廉洁，楚王才得以称霸。现在他死了，他的儿子无立锥之地，穷得靠背柴为生。像孙叔敖那样，还不如自杀。"楚庄王感到惭愧，向优孟道歉，马上召见孙叔敖的儿子，把寝丘的四百户封给他，用来供奉孙叔敖的祭祀。

作为父亲的孙叔敖可谓思虑殚精、用心良苦啊！看来，父慈母爱还表现在中国人对子孙所做出的不尽投入和高度的责任感。尽管古人也讲"儿孙自有儿孙福，莫为儿孙做马牛"。但又有几人能不为子孙担忧呢？蜀汉丞相诸葛亮《自表后主》说："成都有桑八百株，薄田十五顷，子弟衣食，自有余饶……臣死之日，不使内有余帛，外有盈财。"像诸葛亮这样"鞠躬尽瘁，死而后已"的千古名相，还给子孙留下桑树 800 棵，薄田 15 顷呢。

唐初扬州大都督长史李袭誉，居家俭朴，俸禄都用来周济宗族亲戚，剩下的用来抄书，家中有书数车。他曾对子孙说："我京师附近有赐田十顷，能耕之足以食；河内千树桑，事之可以衣；江都（扬州）书力读可进求宦；吾殁后，能勤此，无资于人矣。"

李袭誉为子孙考虑得更周全，古人讲耕读传家，所需要的资本他都为子孙准备好了。

3. 家财不为子孙谋

《礼记·大学》讲："富润屋，德润心。"人留后代草留根，世代繁衍，生生不息，这是大自然的规律。那么，先人应该留给晚辈什么呢？留给子孙多多益善的物质财富，不是爱子，是害子。财富是纨绔子弟的温床，只会使子孙滋长奢侈依赖的心理，从而丧失独立创业的勇气和能力。《新唐书·张嘉贞传》载："近世士大夫务广田宅，为不肖子酒色费。"唐朝还有个李叔明"在蜀殖财，广第舍田产，殁数年，子孙骄纵，赀产皆尽，世言多藏者，以叔明为鉴"。即便是留下基业田宅，也会被不孝子花天酒地，挥霍一空。

据说有一个贵族学校的一个富家子弟，从不洗袜子，一次买40双名牌袜子，穿脏一双扔一双。这些孩子买一辆保时捷或凯迪拉克就像买一辆玩具车一样，一个月花几万元是常有的事。有的30多岁了，还在当啃老族，一个月自己挣的五六千元花得精光，这样的子女能独立创业吗？实际上，是父辈用金钱财富把孩子的奋斗过程、奋斗乐趣剥夺了。"流自己的汗，吃自己的饭，自己的事自己干"，这才是现代父母教育子女应有的自觉意识。

（1）平当拒封让爵为子孙

西汉哀帝时，御史大夫平当严格治家，忠心报国，后升丞相。按当时惯例，冬日不宜封侯，先赐爵关内侯，待来年春天再行封侯。冬去春来，哀帝召平当进朝，打算正式封他为侯。此时平当卧病不起，不能进朝受封。汉代的侯爵有食邑，可以传子孙，非同一般。家里人着急，劝他说："你就不能为了子孙，硬撑着去接受封侯，把侯印拿回来吗？"平当对家人说："我何尝不为子孙着想呢！如今，我已是尸位素餐，如果再挣扎着去接受封侯，而回到家卧床死去，不但毁了我一生清白，还会罪及子孙。我不去受封，正是为子孙考虑呀！"于是，平当上书哀帝，请求致仕退休。

事实证明，平当的考虑是对的。他因不贪图侯爵，获得了汉哀帝的赞赏。平当的儿子平晏很快位至宰相，封防乡侯。西汉一代的父子宰相，只有韦氏、平氏两家。

（2）一身清白留子孙

《后汉书·杨震传》记载了杨震留清白给子孙的故事。杨震字伯起，弘农华阴（今属陕西）人。杨震从小好学，博览群书，被誉为"关西孔子"。他为官公正廉洁，家境贫寒。当涿郡太守时，子孙们常蔬食步行。知心故旧都劝他为子孙多置办点产业，杨震不肯，说："我身为官吏，自身清白。让后世称赞他们是清白官吏的子孙，不就是丰厚的家产吗？"

杨震没有为子孙置办产业，却把一身清白留给了子孙。这种高尚的品德，实际上是一份千金难买的宝贵遗产。

南朝梁宰相徐勉是杨震的追随者。他为官"不营产业，家无蓄积，俸禄分赡亲族之穷乏者"。门人亲族劝他置买产业留给子孙，徐勉说："人遗子孙以财，我遗子孙以清白。"徐勉有一篇著名的《为书诫子崧》，在文中他清醒地意识到，给子孙留下的不应是物质财富，而应是光辉的人格风范。徐勉列举了两句古语，一句是杨震的："以清白遗子孙，不宜厚乎？"另一句是西汉邹鲁一带的民谚："遗子黄金满籝（容器），不如教子一经。"仔细咀嚼一下，绝不是虚妄之词。

《隋书·房彦谦传》载：唐朝名相房玄龄的父亲房彦谦，家有旧业，资产殷富。为官多年后，不仅家无余财，为官的俸禄也都用来接济亲友了。他临终对儿子房玄龄说："人皆因禄富，我独以官贫。所遗子孙，在于清白耳。"正是这笔"清白"的遗产，教育了他的子孙后代，成就了一代名相房玄龄。

做父母的应该给子女留下什么？杨震、徐勉、房彦谦不留钱财，而留"清白"给后代，让人深思。明朝清官海瑞做官几十年，连一亩地也没有给子女买过，临死时只余有俸禄几十两。这些人给子女留下了清白、留下了良知、留下了完美的人格和高尚的情操，从而使他们的子女养成自强、自立、自尊、自爱的可贵品质。

（3）戚景通遗子《兵法》抗倭寇

明朝抗倭名将戚继光从小受到父亲戚景通的严格教育，只要他有丝毫缺点，都会受到严厉批评。有一次，父亲问戚继光："宋代岳飞曾说过什么话？"戚继光答道："文官不爱财，武官不怕死，国家就兴旺。""对，你要终生记住这句话，认真读书，勤练武艺，才能为国立功，干一番大事业！"几年后，戚继光成为一名文武双全的青年军官。这时，父亲正埋头著一部兵书，有人劝他晚年要多置办些田产以留给后代，戚景通听后对戚继光说："你知道我为什么给你取名继光吗？"戚继光答道："要孩儿继承戚氏家风，光耀门第。""继儿，我一生没有留给你多少产业，你不会感到遗憾吧？"戚继光指着厅堂上父亲写的一副对联：授产何若授业，片长薄技免饥寒；遗金不如遗经，处世做人真学问。读了一遍后说："父亲从小教我读书习武，还教导我做一个品德高尚的人，这就是给我最宝贵的产业，孩儿从没想过贪图安逸和富贵，我只想早些看到父亲将来像岳飞建'岳家军'一样，创立一支'戚家军'。"戚景通听了心中十分宽慰，笑着对儿子说："我这部《戚氏兵法》已经完成了，现在传给你，这是我一生的心血，将来你用它来报效国家吧！"戚继光跪在地上，双手接过兵书说："孩儿一定研读这部兵法，不管将来遇到什么艰难险阻，我也不会丢弃父亲的一生心血。"

戚继光初任登州卫指挥佥事，后任总兵官，率军于浙、闽、粤沿海诸地抗击来犯倭寇，历十余年，大小八十余战，终于扫平倭寇，成为名垂青史的民族英雄。

戚景通的"授产何若授业，片长薄技免饥寒；遗金不如遗经，处世做人真学问"，是父母慈爱子女的另一种途径：授业。古人有言：授人以渔而不授人以鱼。即传授子孙一种能衣食无忧的业艺、能做官食禄的学问、能抵御外侮、建功立业的本领。《南史·戴法兴传》载：南朝宋戴硕子有三个儿子，都善书好学。富户陈载有钱三千万。乡人传曰："戴硕子三儿，敌陈载三千万钱。"如果说，遗子孙以财产是下策，授子孙以业艺就是上策。近代民族英雄林则徐曾说："子孙若如我，留钱做什么？贤而多财则损其志；子孙不如我，留钱做什么？愚而多财则增其过。"这是父母为祖孙计的明智之举。

（六）为人子，止于孝

《礼记·大学》讲："为人子，止于孝。"父母对子女施以慈爱，子女对父母则要尽以孝心。正因为"父慈"，所以"子孝"，这是父子双方道德义务的必然要求。关于"子孝"的内容，上述孔子、孟子以及《孝经》都反复讲过，"二十四孝"还给我们树立了方方面面的榜样。然而，历史上子女孝敬父母的典型事例难以尽述，在此仅述几例。

1. 孝女舍身救父

"二十四孝"讲到许多像杨香一样打虎救父母的孝子，历史上缇萦、诸娥救父，与这些打虎的勇士们相比，并不逊色。

西汉文帝时，临淄人淳于意任齐地太仓长，人称仓公。仓公自幼喜欢医术，为人治病，能决生死。后来，为仇家所告，被判处肉刑，押解到长安。肉刑是古代刺字、劓鼻、砍脚等伤残肉体的酷刑，一旦受刑，将终生无法做人。仓公无子，只有五个女儿，哭着送他上路。父女生离死别，又没儿子替父申冤，仓公心里愤懑，怒骂说："生子不生男，缓急无可使者！"小女儿缇萦愤然随父到长安，上书汉文帝说："我父亲做官吏，齐地都称赞他清廉公平，现在他犯法应当受肉刑，我痛心的是死者不可复生，而受刑的人不可能再长出肢体，虽然想改过自新，可没有机会了。我愿意舍身为官婢，来抵偿父亲的罪行。"缇萦的孝行感动了汉文帝，遂废除了肉刑。一个小姑娘不仅救了父亲，而且导致了中国历史上的刑法改革，在当时成为震惊朝野的奇闻，并以孝女救父的佳话流传至今。东汉史学家班固作诗称赞缇萦说：

三王德弥薄，惟后用肉刑。太仓令有罪，就递长安城。

自恨身无子，困急独茕茕。小女痛父言，死者不可生。

上书诣阙下，思古歌鸡鸣。忧心摧折裂，晨风扬激声。

圣汉孝文帝，恻然感至情。百男何愦愦，不如一缇萦。

唐朝天宝年间，朝廷敕建淳于孝女祠于齐州（治今山东济南），直至清代犹存济南府城之内。近代演义小说家蔡东藩赋诗赞颂缇萦说：

欲报亲恩入汉关，奉书诣阙拜天颜。

世间不少男儿汉，可似缇萦救父还。

西汉缇萦救父是幸运的，遇到了个比较仁慈的皇帝，而明代孝女诸娥为救父兄则付出了生命的代价。明初山阴（治今浙江绍兴）人诸娥的父亲诸士吉为粮长，遭逃避赋税无赖的诬告被判了死刑，两个哥哥诸炳、诸焕也受到株连而身陷囹圄。诸娥年方8岁，昼夜号哭，与舅舅陶山长赴京师诉冤。当时有规定，进京诉冤者必须先滚钉板才能受理。为了救父兄，诸娥毅然辗转钉板之上，几次昏死过去，终于将诉状递了上去。结果，只判一个哥哥戍边，父亲和另一个哥哥无罪释放。而诸娥终于经不住滚钉板的酷刑，伤重而死。当地人为她画像，配祀曹娥庙。

说到舍身救父母，历史上还有许多因海贼、倭寇、盗匪杀人，子女以身保护父母而死的行为。都表现了对父母的一种舍生忘死的关爱，上述业已述及，不再赘述。

2. 千里寻父的孝子们

"二十四孝"中，北宋朱寿昌弃官寻母。《明史·孝义传》中，刘谨三赴云南寻父。此类孝行还多着呢：

明初安仁（今属湖南）人王溥，原为陈友谅手下将领，后投归朱元璋，任河南行省平章。没当官时，曾与母亲叶氏避乱于贵溪（今属江西）而失散，一离就是18年。一天，他梦到母亲仿佛告诉他身在何处。王溥禀明了朱元璋，来到贵溪，却找不到母亲的坟墓，便昼夜哭泣。当地居民吴海说，他母亲为贼所逼，投井自尽了。王溥找到那口井，见有只老鼠从井里出来，投入他的怀中，又跳回井里。王溥排干井水，终于找到母亲的尸体。人们说这是“井鼠投怀报信”。

明武宗正德（1506—1521）年间，文安（今属河北）人王珣因家贫役重而逃出，20年没有音讯。其子王原多方寻父不果，遂告别母亲、妻子，离家寻父。有一天，王原渡海到了田横岛，和衣睡在神祠中，梦中到了一个佛寺，正当午时，以莎菜加上肉羹做午饭吃。这时一位老人也来到佛寺，王原惊醒过来。他把自己的梦告诉老人，请他占卜。老人说：“午，是正南方。莎根附子，再加上肉做饭，就是附子脍（父子会）。你向南方去找，父子兴许能相会吧？”王原很高兴，辞谢老人上了路。

王原向南渡过洺水、漳水，到了辉县的一座梦觉寺，王原不觉心动，似乎感觉父亲就在寺院里面。当时天色已晚，下着大雪，王原就睡在佛寺门外。天明时，一个和尚开门出来，看见他后大吃一惊说：“你是什么人？”王原说：“我是文安人，为寻父亲而来。”父亲王珣就在这座寺院内，此时正在灶下做饭。和尚进寺对他说：“你家乡有一位青年来寻找父亲，你看是否认识这个人。”王珣出来见了王原，互不认识。问清各自姓名，父子俩抱头痛哭，寺内僧人无不感动。于是，父子相伴回家团聚。

明朝云南太和（今云南大理）人赵重华7岁时，父亲赵廷瑞到各地游历，一直没回家。赵重华长大后，到官府领了路条，把自己背上写上“万里寻亲”四个大字。另外，又准备了写着父亲年龄、面貌、籍贯的寻人启事数千张，开始了万里寻父的艰难历程。赵重华千里跋涉，来到武当山太子岩，岩北有字曰："嘉靖四十四年（1565）十二月十二日，赵廷瑞朝山至此。"赵重华一见父亲的字迹，又悲又喜说："我父亲果然到过此处，和我来的日月相同，肯定能和父亲相逢。"于是在父亲的字后接着写上："万历六年（1578）十二月十二日，赵廷瑞之子重华寻父至此。"写完离开武当山，经历南阳，渡过淮水、泗水，回头向东，从丹阳（今属江苏）来到常州。路遇强盗，被抢劫一空，只剩一张路条。赵重华且行且乞，遇一老僧对他说："你父亲住在无锡南禅寺中。"赵重华急忙奔向南禅寺，果然见到了父亲。父子大哭一场，一同回老家云南了。

清光绪（1875—1908）年间，河南清丰县后士子园村刘永之，2岁丧母，父亲刘怀智被征兵役开赴陕西，辗转到新疆伊犁，孑然一身，开荒种地，有家不能归。刘永之由祖母和叔父抚养长大，24岁时终于得到了父亲的一点音讯。不管消息真假，他横下心来，背起行装，踏上了万里寻父的路程。他也记不清爬过多少高山峻岭，涉过多少河湖沼泽，穿越过多少森林草地、戈壁荒漠，一路乞讨，一路询问，经半年有余，终于父子相见。然而父亲因多年来孤身一人，辛苦劳作，又加上思念家乡亲人终日啼哭，最终积劳成疾，卧病在床。刘永之靠上山打柴或乞讨换钱，为父亲治病，日夜精心侍奉，然不足一月父亲就离开了。刘永之无奈，收拾骨骸，背负父亲归葬故土。光绪皇帝特颁赐"万里归亲"御匾以彰其孝行。

王溥、王原、赵重华、刘永之等一颗孝心，不畏艰险，万里寻亲，不仅值得后人钦佩和敬重，还用自己感天泣地的孝行纠正了一种世俗的偏见："儿行千里母担忧，母行千里儿不愁。"

3. 花木兰替父从军

"花木兰替父从军"，来自南北朝民歌《木兰辞》，是一个美丽而动人的民间传说。

据说，花木兰是北魏人，自小勤奋纺织。北魏迁都洛阳之后，经过孝文帝的改革，社会经济得到了发展，人民生活较为安定。但是，北方游牧民族柔然族不断南下骚扰。北魏政权规定每家出一名男子上前线，木兰的父亲名列其中。《木兰辞》是这样说的："昨夜见军帖，可汗大点兵，军书十二卷，卷卷有爷名。阿爷无大儿，木兰无长兄。"由于木兰的父亲年纪大了，弟弟年纪又小，所以，木兰决定替父从军。"东市买骏马，西市买鞍鞯，南市买辔头，北市买长鞭。旦辞爷娘去，暮宿黄河边"，从此开始了她长达十年的戎马生涯。

"万里赴戎机，关山度若飞……将军百战死，壮士十年归。"女扮男装的花木兰与伙伴们一起英勇杀敌，终于取得抗击柔然的胜利，十年后凯旋班师。皇帝念她的赫赫战功，封她为尚书郎。花木兰辞官不做，回家孝敬父母。

《木兰辞》最后一段，描绘了花木兰凯旋，给全家带来的喜悦："爷娘闻女来，出郭相扶将；阿姊闻妹来，当户理红妆；小弟闻姊来，磨刀霍霍向猪羊。"花木兰不仅行孝替父从军，还给全家带来无限的荣光和天伦之乐。

花木兰替父从军，明朝杜槐则代父抗击倭寇。杜槐是慈溪（今属浙江）鸣鹤场人。明朝嘉靖（1522—1566）年间，倭寇侵扰县境，县令命杜槐的父亲杜文明组织武装抗御。杜槐以父老代行，散家财，募骁勇，奉命镇守余姚、慈溪、定海（今镇海）一线。嘉靖三十二年（1553），倭寇犯观海卫，杜槐召集群勇，击败倭寇。两年后，杜槐遇倭寇于定海白沙，身先士卒，激战一日，斩敌三十余人后阵亡。儿子替父抗倭，父亲为子报仇。杜槐的父亲杜文明又走向抗倭战场，在鸣鹤场斩杀一倭寇头目，倭寇惊呼"杜将军"。后来，杜文明也在奉化枫树岭壮烈殉国。

花木兰替父从军，杜槐代父抗倭，是古代忠孝两全的完美孝子。

4."马班"子承父业

孔子要求子承父志："父在，观其志；父没，观其行；三年无改于父之道，可谓孝矣。"从孝的角度分析，"干父之蛊"，子承父业，这正体现了子女将自己视为父母生命的延续，体现了对父母的敬爱与感激之情。

司马迁的父亲名叫司马谈，原来担任"太史令"，是当时史坛上的泰斗。

西汉武帝封禅泰山，没让太史公司马谈参加，车驾浩浩荡荡东去，司马谈被滞留在周南（今洛阳一带），忧愤而死。临终，他握着儿子司马迁的手，一边悲泣，一边告诫说："你的祖先是周朝的史官，曾显功名于虞夏，后世中衰。我矢志著史，可天子封禅泰山，我不得从行，这是命也。我死后，你为太史，一定要继承我的遗志，写出一部流传千古的史书，扬名于后世，以显父母，此孝之大者。"

父亲死后，司马迁任太史令，立下"究天人之际，通古今之变，成一家之言"的誓言，开始发愤写作《史记》。正当他专心致志写作的时候，一场飞来横祸降几乎断送了他的生命。将军李陵作战失败投降了匈奴，司马迁为李陵辩护，得罪了汉武帝，入狱受了宫刑。宫刑是伤残人的生殖器官的酷刑，辱及祖先，见笑亲友，是受刑者的奇耻

司马迁笔耕不辍著书《史记》

大辱。司马迁羞愤交加，万念俱灰，绝望地说："亦何面复上父母丘墓乎?"几次想了此残生，但为了完成父志，忍辱负重，继续写作，终于完成了中国历史上第一部纪传体通史巨著——《史记》，这部书被鲁迅誉为"史家之绝唱，无韵之离骚"。司马迁不仅成为中国历史上最伟大的史学家，而且成为史官继承父志，扬名后世的典范。

司马迁对自己的这段生死抉择，有一句传颂千古的名言："人固有一死，

死有重于泰山，或轻于鸿毛。"从某种意义上说，完成父亲的遗志，扬名显亲，就是司马迁认定的"重于泰山"。

司马迁是古代史官中的佼佼者，仅次于他的东汉太史令班固也是"干父之蛊"的楷模，后世把二人合称"马班"。班固的父亲班彪曾写成记载西汉历史的《后传》六十余篇，班固以父亲所续前史未详，乃潜精研思，继承父业，在《后传》的基础上写成中国第一部纪传体的断代史《汉书》，这实际上是父亲修史的继续。后来，班固遭逮捕死于狱中，《汉书》的八表及《天文志》尚未完成，班固的妹妹班昭续成八表，《天文志》由马续奉诏完成。可以说，传世至今的《汉书》，是经由班彪、班固、班昭和马续四人撰写，历时几十年才毕其功的。当然，其中最主要是班固二十余年心血的结晶。班固的妹妹班昭也成为历代赞颂的、继承父兄之业的孝女。

5. 归钺以德报怨孝继母

古代像闵子骞、王祥那样对继母以德报怨的孝子事例，实在是让人感动不已。尽管前已述及，有些事例仍然让人难以割舍。

明朝嘉定（今属上海）人归钺早年丧母。父亲又娶了继母，生了弟弟，归钺遂失去了父母之爱。父亲在继母的挑唆下经常用棍杖打他，有时继母嫌打得不狠，找来更粗大的棍杖，递给父亲说："用这个，别伤了你的身体。"归钺的继母很有心计，每到吃饭的时候，就喋喋不休地数落归钺的过错，父亲听了就把归钺赶走，用不准吃饭惩罚他。此举正中继母下怀，他们母子趁机吃得饱饱的。等归钺回来，饭早吃光了，继母还不依不饶地搬弄是非说："有子不在家，在外做贼。"结果，他又遭到父亲的一顿毒打。父亲死了，继母更容不下他了，把他赶出了家门。为了活命，归钺到市场上贩盐，生活渐渐有了好转。可归钺并没忘记继母和弟弟，经常向弟弟询问继母的饮食，买一些甘美食品让弟弟带给继母。

正德三年（1508），嘉定一带遭大饥荒，继母和弟弟活不下去了，归钺

把他们母子接到自己家里。继母也觉得罪孽太深，愧对儿子，无颜前来，归
铖涕泣奉迎。这时的归铖也不富裕，仅能自足而已。但只要有了吃的，总先
给母亲、弟弟，自己经常挨饿。后来弟弟又死了，归铖奉养继母，终身
未娶。

我们说的父母子女之间的家庭伦理是"父（母）慈子孝"，归铖的做法
是母不慈，子也孝。这里涉及一个现代赡养父母的现实问题：父母对你不
好，你养不养父母？现代子女为了逃避赡养父母的责任，总是强调父母对自
己怎么怎么不好。我们应该树立的观念是：父母再不好，是刑满释放分子，
是倾家荡产的败家子，子女也得赡养！这不光是家庭伦理，还是一种社会
责任。

二、兄友弟恭

"养父母为孝，善兄弟为悌。"孔子在《孝经》中说："教民亲爱，莫善
于孝。教民礼顺，莫善于悌。"孝悌是有机联系在一起的，二者不可分割。
"孝"是对长辈，"悌"是对同辈。"悌"是会意字，一个"心"字，加一个
弟弟的"弟"字，心在旁边，心中有弟，表示哥哥姐姐爱护弟弟妹妹，兄弟
姐妹之间诚心友爱。"弟"又是"次第"的意思，表示弟弟要尊敬、顺从兄
长。"悌"反映了兄与弟的关系，兄对弟要友善，弟对兄要恭敬。即兄友弟
恭，"友"是指友爱、提携、帮助，"恭"则是指尊敬、和顺、服从等。

古人云："兄弟同受父母，一气所生，骨肉之至亲者也。""他人虽同盟，
骨肉天性然。"西汉苏武《古诗》描绘手足之情说：

骨肉缘枝叶，结交亦相因，四海皆兄弟，谁为行路人。

况我连枝树，与子同一身，昔为鸳与鸯，今为参与辰。

（一）连枝同手足，雁行如弟兄

关于兄友弟恭，前面业已叙述了舜友爱弟弟象、伯夷叔齐让位、紫荆花下"三田"兄弟、东汉三孝廉许武兄弟、颜含奉养兄嫂、王献之兄弟的生死情等诸多的事例。其实，历史上的兄弟情分是永远也说不尽的。

1. 卫宣公之子同生共死

春秋时期，卫宣公与庶母夷姜私通，生了个儿子叫急子。后来，宣公为急子娶齐僖公的女儿宣姜为妻。见宣姜长得漂亮，卫宣公又改变主意，自己娶了过来，生了两个儿子寿和朔。宣姜和小儿子朔一起陷害急子，卫宣公听信他们的谗言，派急子出使齐国，并把标志使者的白旄旗帜交给他，暗中却派强盗在边界上截杀急子，并约定，见载白旄旗帜者即杀。同父异母的弟弟寿知道内情，劝哥哥急子不要去。急子说："弃父之命而生，不可！"寿见劝不了哥哥，把哥哥灌醉，载着哥哥的白旄旗帜先到了边界。强盗一见白旄旗帜，当即把寿杀死。急子醒来，不见了白旄旗帜，知道不妙，急速驱车赶到边境，对强盗说："你们应当杀的人是我。"强盗当然不管这一套，又把急子杀了。

这个卫宣公上烝庶母，下抢儿媳，雇凶杀子，是个典型的淫暴不慈之父，但却有一对兄友弟恭的好儿子。急子和弟弟寿虽然同父异母，却用生命表达了对兄弟手足、骨肉之情的恪守和忠诚。

像急子、寿这样兄弟替死的事例还有很多。明朝海宁（今属浙江）人叶文荣的弟弟杀人被判了死刑，母亲数日悲泣不食。叶文荣对母亲说："我已年长有儿子，请让我代替弟弟去死。"于是他便到官府把弟弟的杀人罪揽到自己身上。结果，弟弟释放了，哥哥被处死了。

上述急子兄弟的生死情缘让人感泣，王文荣代弟弟受死固然可敬，却让人觉得惋惜。这老太太也糊涂，手心手背都是肉，小儿子杀人偿命天经地义，为什么要让无辜的大儿子去替死呢？

2. 汉惠帝刘盈的兄弟情结

汉惠帝刘盈也是友爱弟弟的典范。汉高祖刘邦时，太子刘盈是嫡妻吕后所生，赵王刘如意是宠妾戚姬所生。刘邦几次想废掉太子刘盈，立赵王如意为太子，因大臣张良、周昌的劝阻而作罢。

刘邦驾崩，太子刘盈即位，是为汉惠帝。此时赵王如意对帝位已无任何威胁，但吕后依旧念念不忘昔日仇恨，想把赵王置于死地。她先以皇帝的名义召赵王如意入宫。赵国国相周昌受刘邦重托，誓死保护赵王刘如意。他知道吕后的险恶用意，以赵王年弱多病为由，三次拒绝征召。吕后知道是周昌在暗中作梗，但周昌曾反对刘邦废太子刘盈，有恩于吕后母子，况且是刘邦的同乡，敢于直言，不便下手。

狡猾的吕后采取迂回战术，先召周昌进宫，周昌前脚刚离开赵国，吕后又下了一道命令，召刘如意进宫。这时的汉惠帝刘盈已察觉到母亲居心不良，念及兄弟手足亲情，处处祖护赵王。为防止吕后半路把刘如意杀掉，他亲自迎接刘如意。入宫后跟刘如意形影不离，连睡觉都同席共枕，吕后始终没机会下手。有一天，刘盈早起去射箭，赵王年小不能早起，刘盈也想让弟弟多睡会儿，留他在宫中。于是，吕后趁此"良机"，将刘如意毒死。

接着，吕后又砍断刘如意母亲戚姬的手足，放到厕所里为"人彘"。汉惠帝受此刺激，大病一场，一年多不能处理政务。病愈后沉湎酒色，不理朝政。司马光说他"笃于小仁而未知大义"。刘盈当然不是个雄才大略的皇帝，但却是个仁慈友爱的哥哥。

3. "三姜""两到""双丁""二陆"的典故

最早的兄友弟恭的典范是西周先祖泰伯、虞仲，后来又有"三姜""两到""双丁""二陆"，等等。

东汉彭城广戚（治今山东微山）人姜肱、姜仲海、姜季江兄弟三人以兄

以孝齐家

弟友爱著称。有一次，姜肱与姜季江遇到强盗，衣物都被抢走了，强盗又要杀兄弟俩。哥哥姜肱说："弟弟年幼，父母喜爱，又未娶妻，杀了我，留下弟弟吧。"弟弟姜季江说："哥哥是家之珍宝，国之英俊，请让我代哥哥死吧。"盗贼也不是铁石心肠，听后放下刀说："二君是贤人，吾等不良，妄相侵犯。"于是放下抢夺的衣物就走了。后来，兄弟三人虽都娶妻，仍然和小时候一样同被而寝，不进妻子的房间。只是因为需要繁衍后代，才轮换着回妻子屋里睡觉。后人因此用"三姜"比喻兄弟和睦情笃。《梁书·韦放传》载：南朝韦放"弘厚笃实，轻财好施，于诸弟尤为雍睦。每将远行及行役初还，常同一室卧起，时称为'三姜'"。

《梁书·到溉传》载：南朝梁彭城五原人到溉、到洽，兄弟友爱，共居一室。弟弟到洽死，到溉便把这间房子施舍为寺，从此断荤食素。时人把"两到"兄弟比作"二陆"。梁元帝萧绎赠诗曰：

魏世重双丁，晋朝称二陆。

何如今两到，复似凌寒竹。

"双丁"指三国时期魏的文学家丁仪、丁廙兄弟，兄弟二人志同道合，文才出众，因支持曹植，曹丕称帝后被杀。

"二陆"指西晋文学家、吴郡（治今江苏吴县）人陆机、陆云。兄弟二人都以文学知名当世，号曰"二陆"。"八王之乱"中被成都王司马颖所杀。另外，南朝陈陆瑜、陆琰兄弟，南宋陆九龄、陆九渊兄弟，陆细、陆传兄弟等，都称"二陆"。虽因才学而称，但也都是兄弟和睦的典范。

4. 从让枣推梨，到推官让爵

中国古代有个"让枣推梨"，或"让梨推枣"的兄弟仁让的典故，让梨的是东汉鲁国（今山东曲阜）孔融，推枣的是南朝梁王泰。

孔融是孔子第20代孙，兄弟七人，他排行第六。孔融4岁时，每次和兄弟们吃梨，总是挑最小的吃。大人问他原因，孔融说："我小儿，理当取小者。"孔融让梨的故事，一直流传至今，成了父母教育子女兄弟友爱最典型的事例。《三字经》讲："融四岁，能让梨。弟（悌）于长，宜先知。"

《南史·王泰传》载：南朝梁吏部尚书王泰年幼时，祖母把儿孙们都召集到一起，拿出许多枣、栗子扔到床上，让一大群孩子争抢。王泰却站着不动，大人问他原因，他说："我不取，大人自然会给我。"

唐朝史学家李延寿在《南史·梁武陵王传》说："友于兄弟，分形共气。兄肥弟瘦，无复相代之期；让枣推梨，长罢欢愉之日。""让枣推梨"说的就是孔融和王泰。

"仨瓜俩枣"相让，是兄弟情分，高官重爵相让就更是兄弟情分了。

北魏秘书监卢渊的爵位是固安伯，卢渊死，固安伯的爵位应由长子卢道将世袭，卢道将却将爵位让给了最小的弟弟卢道舒。北魏仪同三司魏兰根，太昌（532）初封巨鹿县侯，食邑七百户，他上书魏孝武帝，把爵位授给哥哥的儿子魏同达。北齐中书监陆子彰封爵为始平侯，长子陆印应该承袭父爵，却上表将爵位让给小弟弟陆彦师，由于弟弟陆彦师坚决推辞，这才作罢。时人称："友悌孝义，总萃一门。"唐初镇军大将军段志玄临终，唐太宗说："我准备封你的儿子为五品官。"段志玄感泣说："请封我弟弟吧。"于是，弟弟段志感被封为左卫郎将。

像这些把官爵让给兄弟的行为，说起来容易，真正做到就难了。古代的人奋斗一生，读书人苦读寒窗，不就是为了谋个一官半职吗？如果让他们了解这些让官、让爵的高尚行为，真的要瞠目结舌了。

5."兄肥弟瘦"——生死面前的手足之情

"兄肥弟瘦"的典故，说的是东汉赵孝、赵礼兄弟。

《后汉书·刘赵淳于江刘周赵列传》载：两汉之际，天下大乱，饥荒严重，出现了食人之风。沛国蕲（今属安徽）人赵孝的弟弟赵礼被饿贼抓去，眼看就要被烹食。赵孝心急如焚，无奈之下，只好把自己绑起来，找到盗贼说："我弟弟长时间挨饿，长得太瘦，不如我胖，还是吃我吧。"饿贼们一下子都愣住了，他们没想到天下还有这样甘愿替别人死的人，相互震惊地对视着。大概是他们那坚封已久的恻隐之心，被赵孝的兄弟真情唤醒了，但饿贼们实在是饿极了，对兄弟俩说："放你们兄弟回去可以，但必须给我们送粮食来。"兄弟俩这才大难不死。可当时饥荒连年，饿殍遍地，赵孝根本找不到粮食，但又不能失去信用，第二次来到贼营，表示愿意就烹。饿贼们被他的信义所感动，再次把他放了回来。

《后汉书》叙述过赵孝的事迹之后，接连记载了王琳、王季兄弟，齐国儿萌子明兄弟，梁郡车成子威兄弟，淳于恭、淳于崇兄弟等，都是弟弟或哥哥被盗贼抓去欲烹食，另一个兄弟义薄云天，情愿以身相许，结果感动了盗贼，被双双放了回来。

《韩非子·安危》讲："奔车之上无仲尼，覆舟之下无伯夷。"在车翻舟沉的危急面前，人们会各自逃命，没有孔子、伯夷那样品德高尚的人。赵孝等人的事迹，让我们看到了真正的、经过生死考验的兄弟手足之情。

6. 王览、韦嗣立恃母护兄

《世说新语·德行》载："二十四孝"中那个"卧冰求鲤"的王祥，自小受到继母朱氏虐待。每当继母殴打他，同父异母的弟弟王览就哭着抱住并遮挡哥哥，使母亲无法下手。狠心的母亲天天让幼小的王祥打扫牛圈，王览就和哥哥一起打扫。王家有棵李子树结了果实，白天鸟雀都来啄食，朱氏又让王祥看守李子。鸟雀怕王祥受母亲责打，白天都不来啄食李子了。每当大风雨，因怕摇落李子，王祥就抱住李子树大哭。成亲后，朱氏又虐待王祥的妻子，王览的妻子也像丈夫保护哥哥一样保护嫂嫂。父亲死后，王祥的声望日高，朱氏因嫉生恨，吃饭时为王祥倒上了毒酒。王览知道内情，端起毒酒就喝。王祥也发觉继母异常，怀疑酒里有毒，怕王览不知情而误饮，哥俩争夺起来。朱氏见状不妙，夺过毒酒泼到地下。以后，朱氏给王祥的饮食，王览都要先尝一尝。朱氏害怕毒死亲子王览，遂不敢下毒了。

后来，王祥为朝廷三公，王览为少府、宗正卿。王祥有一把佩刀，相面的术士讲，为朝廷三公可配此刀。临终，王祥以刀授王览说："你的后代必定繁盛，可佩此刀。"王览有六个儿子，均位列卿相。王览的孙子王导辅佐晋元帝播迁江左，是东晋第一号的开国功臣，琅邪临沂（今属山东）王氏成为东晋南朝无与伦比的土族高门。

唐朝郑州阳武（治今河南原阳东南）人韦嗣立，与哥哥韦承庆同父异母。韦承庆的生母早死，父亲韦思谦又续娶，生下韦嗣立。母亲对老大韦承庆十分酷虐，经常用竹板笞打。每当母亲要打哥哥，韦嗣立就解开衣裳，请求代替哥哥挨打。母亲当然不会答应，韦嗣立便命令家奴毒打自己。母亲由此感悟，对两个孩子都施以仁爱。时人把他比作是西晋王览。后来，兄弟二人都考中进士，父子三人均官至宰相。

童年的善心孝行最为纯洁，丝毫无半点污染。王览和韦嗣立"恃母爱而不骄纵"，友爱哥哥，如上述兄弟间让枣推梨、推官让爵、舍生就死的行为一样高尚可敬。

7. 庾衮兄弟疫疠与共，杨椿兄弟不忍别食

西晋武帝咸宁（275—280）年间，颍川鄢陵（今属河南）一带瘟疫流行，死者枕藉。庾衮的两个哥哥相继染病而亡，三哥庾毗又染上疫病。当时瘟疫流行越来越凶，父母只好带着几个没病的儿子到外地躲避，庾衮主动要求留下照顾哥哥。父母强制他走，庾衮说："我生性不怕疾病。"家人拗不过他，只好让他留下了。此后，庾衮亲手服侍哥哥，白天晚上都不休息。父母走之前，已给哥哥准备了棺材。庾衮见哥哥的病情没有好转，一望见棺材就暗自哭泣。100天过去了，瘟疫减退，待家人返回，哥哥的病竟奇迹般地好了。父母做梦也没指望他们兄弟无恙。

当地父老对庾衮予以了高度的评价："异哉此子！守人所不能守，行人

所不能行。岁寒然后知松柏之后凋。"庾衮用自己对哥哥炽热的爱心,不仅救了哥哥的性命,还创造了疫疬不传染孝悌之人的奇迹。

北魏华阴(今属陕西)人杨播教子有方,两个儿子杨椿、杨津不仅出将入相,还以兄弟友爱为当时人称羡。杨氏兄弟自小亲密无间,从早到晚都在厅堂里,形影不离。有一点美味,也要一同分食。晚上睡觉时,用帐子从中间隔开,各自就寝,高兴时他俩还隔着帐子谈笑。杨椿年老后,有一次到外边喝醉了酒,杨津把哥哥搀回家,躺在旁边不敢睡着,害怕影响侍候哥哥。杨津对哥哥有如父亲,每天昏晨省问,子侄们都站立在台阶下,哥哥不命坐,就无人敢坐。

从先秦到两汉,中国人饮食都是一人一个食案的分餐制,隋唐以后逐渐演变为"伙食"。演变的原因,一是士族官僚的放荡不羁,二是魏晋南北朝时期家族兄弟观念的强化,其中杨椿兄弟就是代表。杨椿曾讲:"吾兄弟若在家,必同盘而食,若有近行不至,必待其还,亦有过中不食,忍饥相待。吾兄弟八人,今存者有三,是故不忍别食也。"杨椿兄弟的和睦友爱,竟然联系着中国古代饮食风俗的重大革命。

8. 有义有礼,房家兄弟

北魏清河东武城(今山东武城西)人、尚书仪曹郎房景伯,性情平和宽厚,学问渊博,对儒学历史很有研究。弟弟们跟着学习,对他十分敬重,犹如父亲一般。大弟不幸身亡,他穿着粗布衣裳,吃着粗茶淡饭,丧期之内从没脱过衣服睡觉,哀伤得瘦了许多,就像身服重孝一般。二弟景先死后,最小的弟弟景远非常哀痛,哭了整整一年,从没在寝室睡过觉。乡亲们夸奖:"有义有礼,房家兄弟。"后人写诗称赞说:

兄能慈阙弟,弟更爱其兄。

服期如服重,谣语定乡评。

诗中的"服期",指古制兄弟丧服为五个月;"谣语"指乡间的谣谚。

房氏兄弟紧密团结，彼此敬重，情深至极，这是搞好家庭关系的关键之一，也是应当提倡的一种美德。

9. 缠绵盗贼际，狼狈江汉行——黄玺万里寻兄

前面我们叙述了许多千里寻父母的孝子，他们凌霜冒雪、爬山渡水，艰辛备尝，用走遍天涯海角的毅力来完成对父母的拳拳赤子之心。而明朝浙江余姚人黄玺"万里寻兄"，以同样的行为表达了对兄长的手足之情。

黄玺，字廷玺，哥哥黄伯震外出行商，10年没有回来。黄玺到外地去寻找，行程万里，都没有见到踪迹。最后到了衡州（治今湖南衡阳），在南岳衡山庙中祈祷，梦见神人送他两句诗："缠绵盗贼际，狼狈江汉行。"一个读书人给他解梦说："这是杜甫《舂陵行》中的两句诗，舂陵今属道州（治今湖南道县），你去那里寻找一下，就会有满意的结果。"黄玺一听十分高兴，赶紧照此去办。有一天上厕所时，他把伞放在路边，黄伯震恰好路过这里，见这把伞非常熟悉，激动地说："这像我们家乡的伞啊！"他又仔细打量了一番，看到伞把上刻着"余姚黄廷玺记"六个小字，惊喜地一下子就跳了起来。黄玺从厕所出来见哥哥在此，兄弟二人悲喜交加，结伴而回。

10. "白衣尚书"为佣劝兄

值得注意的是，兄友弟恭绝不是光有友好，没有规劝，就像"父有诤子"一样，兄弟们互相劝谏，也是兄友弟恭的表现。

东汉东平任城（治今山东济宁）人郑钧，喜好黄帝和老子的学说。他的哥哥是县吏，收取贿赂，为吏不廉。郑钧发现后多次劝谏，哥哥不听。为了唤醒哥哥的良知，郑钧到外地做了一年多佣工，把挣来的钱交给哥哥，对哥哥说："钱物是可以凭劳动得来的，没有了还可以再挣，而贪赃枉法，你这个官位将永远不会再有。"哥哥一听，幡然醒悟，从此变成了廉洁奉公的官吏。哥哥去世后，郑钧义无反顾，悉心养护寡嫂和侄子。后来郑钧官至尚书，因病告老。汉章帝东巡任城，赐给他终身享受尚书的俸禄，人称"白衣

尚书"。

郑钧正是太爱自己的哥哥了，怕哥哥会因为贪污而受牢狱之灾，所以，不断向哥哥进言，终于感化了哥哥。这也是弟弟对兄长的一种爱。

与父慈子孝一样，兄友弟恭也是我国古代的一项家庭伦理和传统美德。对于现代独生子女家庭来说，兄弟关系虽然不存在了，但友悌的合理精神却依然值得我们重视和发扬。

（二）本是同根生，相煎何太急

尽管封建的伦理道德积累得那么丰厚缜密，但父子、兄弟骨肉相残的事例却是屡见不鲜、不胜枚举，而做出这些丑行的往往都是满嘴仁义道德的天子王侯。如周公诛管叔，放蔡叔；郑庄公杀弟弟共叔段；隋炀帝弑父杀兄；唐太宗玄武门弑兄杀弟；赵光义杀兄夺位；明英宗、明代宗兄弟争帝位，等等，说来也真是封建道德的悲哀。西汉文帝刘恒的弟弟淮南王刘长谋反事败，被迁徙到蜀地，路上绝食而死。民间作歌讽刺他们说："一尺布，尚可缝；一斗粟，尚可舂；兄弟二人不能相容。"后来，因以"尺布斗粟"来形容兄弟不和。

东汉末年，曹操当上魏王，长子曹丕与弟弟曹植展开了激烈的太子之争。二人各自培植党羽，玩弄权术，斗智斗勇，最后技高一筹的曹丕如愿以偿，继位为太子，继而当上皇帝。接着，开始与弟弟了却这桩旧怨。这一幕骨肉相残的悲剧，却又成为中国文学史上的传世佳话。

黄初二年（221），曹丕将所有兄弟一律晋爵为公，唯独曹植没有晋封，仍然是临淄侯。曹植知道是皇兄在挟私报复，终日借酒浇愁，狂荡发泄。曹丕正愁抓不住他的把柄，立刻派人将他召到京师问罪。司徒华歆献计说："人说子建（曹植字）出口成章，可让他赋诗，如不能，就杀他；能，就贬他。"

一会儿，曹植进来了，惶恐伏拜请罪。"先王在时，你就以诗赋文章压我，我怀疑你是找人代笔。现在限你七步之内作诗一首，如作不出来，即行大法。"曹丕摆出一副皇帝的威严。文思高妙的曹植不由眼睛一亮："请出题目。"诗赋作文在任何时候都是难不倒他的。曹丕见弟弟死到临头还有如此雅兴，倒也有点茫然，匆忙命题说："你我是兄弟，就以兄弟为题，但不许犯'兄弟'字讳。"曹植就如胸有成竹似的，随口吟道：

煮豆燃豆萁，豆在釜中泣，

本是同根生，相煎何太急？

一同的血脉，一起的手足之情，竟敌不过地位和权力的诱惑。曹丕听了弟弟摧裂肝胆的指责，又如何不惭愧？于是，打消了杀害弟弟的念头，将曹植贬为安乡侯。

曹植的卓越才华，不仅避免了哥哥的残害，而且留下了谴责骨肉相残的千古绝唱，后来的文人学士在描述这一内容的诗文中，没有人能超越他。

三、姑慈妇听

古代的媳妇称公公叫"舅"，称婆婆叫"姑"，称公婆叫"舅姑"。唐朝诗人朱庆余"洞房昨夜停红烛，待晓堂前拜舅姑"的诗句中，"舅姑"就是公婆。

"妇姑不相悦，则反唇而相稽（讥）。"妇姑关系即现代社会的婆媳关系，是古往今来最难缠、最让人头痛、最一言难尽的家庭伦理关系。

儒家对妇姑道德修养的根本要求是"姑慈妇听"，即要求为姑者慈爱，为妇者顺从。近代民谚讲："婆媳亲，全家和。"婆媳关系的好坏，往往是家庭和睦的关键。

（一）天下慈姑的典范——孟母和"母师"

《礼记·内则》讲述了许多媳妇孝敬舅姑的清规戒律，但婆母慈爱媳妇的却只有一条："子妇有勤劳之事，虽甚爱之，姑纵之，而宁数休之。子妇未孝未敬，勿庸疾怨，姑教之，若不可教，而后怒之；不可怒，子放妇出，而不表礼焉。"意思是说，在儿媳正在辛劳做事时，即便是疼爱她，也要任她去做，宁可让她多休息几次。儿媳还没有孝敬的表现，不必立刻生气，应该慢慢地教导她。如果不听教训，再责备她。实在不听管教，才让儿子把她休了，而不再宣扬她的违礼之处。这里大致包括：不要让儿媳过度劳累，要耐心教育儿媳，儿媳休掉后不再宣扬人家的过错，等等。此类的规定虽不多，但毕竟对婆婆提出了约束和要求，而且比较有人情味，有同情心，就算是"姑慈"吧。

大概是因为婆婆好了，媳妇就会闹翻天，史书上记载的好婆婆还真不多。在中国古代历史上，孟子的母亲，可谓是一位通达事理的好婆婆。

《韩诗外传》卷九第十七章载：孟子的妻子独自一人在屋里，叉开两腿，屁股着地坐着。从先秦到魏晋，遵守礼法的人都是膝盖着地跪坐，像孟子妻这样坐叫作"踞"，是很不雅观、很不礼貌的。孟子进屋看见妻子这个样子，就向母亲说："这个妇人无礼仪，请准许我把她休了。""为什么？"孟子说："她屁股着地，叉开两腿坐着。"孟母问："你是怎么看见的？""我突然闯进门，亲眼所见。""这是你无礼，并非媳妇无礼。"孟母接着说，"《礼经》上说：'将入门，问孰存；将上堂，声必扬；将入户，视必下。'这是为了防止突然闯进，窥见人的隐私。你突然闯到妻子闲居休息的房间，进屋没有声响，人家不知道，怎么能责怪妻子无礼呢？"孟子听了母亲的话，认识到自己错了，再也不敢说休妻的事了。

看来，孟母不仅是一个循循善诱、教子有方的慈母，还是一位宅心仁厚、通达事理的婆婆。她深知持家的艰辛，当儿媳劳作疲惫时，独自私下踞坐一会儿，稍事休憩放松，是人之常情，是应该体谅的。遗憾的是，古代这样体谅儿媳的婆婆太少了。

西汉刘向《列女传》也记载了一位善于处理婆媳关系的婆婆——鲁国九子之母。

鲁国九子之母寡居，回娘家前，与儿媳们约定，天黑回来。可由于天阴回来得早了，将车停在间门外等着，一直等到天黑才进家门。鲁国大夫从高台上见而怪之，召九子之母询问说："你从北方来，到间门而止，一直等到天黑才进家门，为什么？"九子之母回答说："我早失丈夫，与九子同居。与儿媳们约定好天黑归家，结果回来早了。如果我进家门，就会看到儿子媳妇们的闺房之私。所以必须按约定的时间进门。"天下竟然有如此通情达理的婆婆，鲁大夫敬佩不已，马上将此事汇报给鲁穆公。鲁穆公赐予她尊号曰"母师"，命宫中的夫人、诸姬都向她学习。

这位九子之母，不仅是宫妃的"母师"，也应该做天下所有婆婆的老师。

（二）在封建礼教摧残中煎熬的媳妇

婆媳关系是我们说的主要家庭伦理之一，它要求的"姑慈妇听"中的"妇听"，从措辞上与同为弱势群体的"子孝""弟恭"有很大区别，"听"就是服从。除了对舅姑要孝、敬、礼，遵守三从四德外，细小的繁文缛节就一言难尽了。

1. 古代媳妇的枷锁——"三从四德"

古代把妇女应该遵守的道德规范称作"妇道"，虽然也包括婆婆在内，但在婆媳关系上，它却是婆婆虐待媳妇的工具。公婆一句"不守妇道"，媳妇便永无出头之日了。

《春秋谷梁传·隐公二年》记载妇女"三从"说："妇人，在家制于父，既嫁制于夫，夫死从长子。"《礼记·郊特牲》也有类似记载："妇人，从人者也，幼从父兄，嫁从夫，夫死从子。"

《周礼·天官·九嫔》载："九嫔掌妇学之法，以教九御妇德、妇言、妇容、妇功，各帅其属而以时御叙于王所。"妇德、妇言、妇容、妇功四德最初是天子、诸侯宫中的妃嫔应该遵守的道德规范，并用来教导同姓亲近的女子，经东汉班昭《女诫》的发挥，成为民间女子的普遍规范。在《女诫》中，班昭对"四德"做了系统的发挥：

女有四行：一曰妇德、二曰妇言、三曰妇容、四曰妇功。

夫云妇德，不必才明绝异也；妇言，不必辩口利辞也；妇容，不必颜色美丽也；妇功，不必功巧过人也。清闲贞静，守节整齐，行己有耻，动静有法，是谓妇德。择辞而说，不道恶语，时然后言，不厌于人，是谓妇言。盥浣尘秽，服饰鲜洁，沐浴以时，身不垢辱，是谓妇容。专心纺绩，不好嬉笑，洁齐酒食，以奉宾客，是谓妇功。

由班昭的"盥浣尘秽，服饰鲜洁"，"专心纺绩"，"洁齐酒食，以奉宾客"，与"君子远庖厨"，"男主外，女主内"等观念的结合，以及《礼记·内则》中的有关规定，把家务全部推给了妻子。孝敬舅姑的媳妇责无旁贷地承担了这些义务。清代文学家郑板桥的《恶姑》诗，就是描写恶婆婆用家务虐待媳妇的：

班昭

姑令杂作苦，持刀入中厨。析薪纤手破，执热十指枯。

姑曰幼不教，长大谁管拘。今日肆詈辱，明日鞭挞具。

五日无完衣，十日无完肤。吞声向暗壁，啾唧微叹吁。

岂无父母来，洗泪饰欢娱。一言及姑恶，生命无须臾。

2. 我自不驱卿，逼迫有阿母——七出

古代，舅姑对儿媳不满，丈夫就得"出妻"，后来叫休妻。据《公羊传·庄公二十七年》东汉何休注，出妻有"七出"的原则，其中第一条就是不顺舅姑。

古代的不顺舅姑非常苛刻，媳妇不必在舅姑的面前有什么过错，只要舅姑不高兴，即可出妻。曾参因妻子为后母蒸梨不熟而出妻。东汉鲍永出妻更离奇，因为妻子在后母跟前"叱狗"，就把妻子休掉了。不过，古代中国是礼仪之邦，《礼记·曲礼》中确有"尊客之前不叱狗"的说法，可那是尊客啊！和婆婆一个锅里摸勺子，哪来这么多讲究？

更离奇的还有呢，南朝齐刘瓛四十多岁没结婚，齐高帝与司徒褚彦回为他撮合，娶了王氏女。王氏女在墙上钉钉子，有尘土落到隔壁婆婆的床上，婆婆不高兴，刘瓛当即就把妻子休掉了。

唐朝李迥秀的母亲出身低贱，妻子厉声斥责家中的婢女，母亲听后想起自己的身世，心里很难过。李迥秀马上出妻，并说："娶妇为的是服侍舅姑，像她这样老让我母亲不顺心，还留着干什么？"

由不顺舅姑可知，父母的权威远远凌驾于夫妻感情之上，丈夫完全成了婆婆压迫媳妇的工具。在过去的戏剧中，婆婆成为一种权威符号，媳妇则是善良与服从的化身，丈夫对母亲没有丝毫的违抗或劝解，对妻子更没有安慰，而是提笔就写休书。有人说，古代女子太软弱了，她为什么不抗争？其实，一个弱女子是无法和传统势力抗争的。

首先，丈夫不敢支持妻子。《左传·襄公二年》规定："亏姑以成妇，逆莫大焉。"丈夫即使认为妻子对，也要无条件地站到父母一边，否则就是大逆不道。南宋陆游有思想，有是非观念吧？明知唐婉委屈，也得很无奈地站到母亲一边。

其次，法律不站在妻子一边。《唐律疏议》卷二二《斗讼·妻妾殴詈夫父母》规定，"妻妾谩骂舅姑，徒三年"，"殴者，绞；伤者，皆斩"，"须舅姑告，乃坐"。谩骂舅姑三年徒刑，殴打舅姑判绞刑，无意中伤了舅姑也是死刑。只要舅姑告到官府，马上执行。这哪有媳妇的活路啊！别说是抗争了，逆来顺受都不行。

而婆婆责打媳妇，则是天经地义的。唐朝京兆府（在今西安）有一婆婆用鞭子把媳妇活活打死，府里的法官判婆婆死刑，刑部尚书柳公绰说："尊长打后辈，又不是民间斗殴，没有判死刑的道理。"并为这位婆婆减了刑。这就是说，唐朝婆婆殴打媳妇致死，也可减刑。晚清民国时期有句俗话叫"娶来的媳妇买来的马，任我骑来任我打"。

丈夫不敢支持妻子，法律更不支持，一个"比窦娥还冤"的媳妇也只能是叫天天不应，叫地地不灵了。所以，古代恶婆婆虐待媳妇是有恃无恐的，媳妇只有逆来顺受。山西祁太秧歌《扳牛角》唱道："忽听婆婆叫一声，吓得我胆战心又惊。"在封建礼教的压迫下，不胆战心惊行吗？

七出之二是无子，之三是淫僻，之四是口多言，之五是嫉妒，之六是恶疾，之七是盗窃。凡此种种，只要舅姑抓住一条把柄，丈夫就得出妻。

公婆的态度是决定出妻的关键。《礼记·内则》载："子甚宜其妻，父母不说（悦），出。子不宜其妻，父母曰：'是善事我。'子行夫妇之礼焉，没身不衰。"意思是说，儿子和儿媳相亲相爱，但父母不喜欢儿媳，儿子也要出妻。儿子和儿媳不相爱，父母说："这媳妇对我们好。"儿子还得和媳妇行夫妇之礼，终身不得离异。《孔雀东南飞》中焦仲卿休妻，南宋陆游休妻，都是婆母导致的婚姻悲剧。

看来，婆媳关系真有点"不是东风压倒西风，就是西风压倒东风"。在有礼教束缚的古代，被恶婆婆压迫的媳妇值得同情，值得为她们呼吁。在旧道德沦丧、礼教束缚解除的今天，婆媳关系颠倒了，媳妇强势，婆婆弱势，同样是值得呼吁的。

3.《礼记》中儿媳侍奉舅姑的繁文缛节

《礼记·内则》等许多典籍讲述了在生活细节方面媳妇孝敬舅姑的清规戒律，主要有：

第一，事舅姑如事父母。《礼记·内则》讲："妇事舅姑，如事父母。"唐朝散郎陈邈妻郑氏《女孝经》也讲："女子之事舅姑也，敬与父同，爱与母同。"这就是说，所有儿子、后辈对父母尊长所尽的孝道，媳妇都要做到。

第二，夙兴夜寐，昏定晨省，执箕帚、奉汤水、进巾栉，"不命退私室，不敢退"。

《礼记·内则》载，媳妇鸡鸣起床，梳洗穿戴完毕，即去舅姑住处问安，要下气怡声地问候寒暖；公婆出入要"敬扶持之"；盥洗时要"奉盘奉水"，洗毕再递上面巾。舅姑不说让回去，不能回房。郑氏《女孝经》也讲："鸡初鸣，咸盥漱衣服以朝焉。冬温夏清，昏定晨省。"

第三，"子妇无私货，无私畜，无私器，不敢私假（借），不敢私与（送人）。"媳妇不准有自己的私有钱物，家里的东西更不能私下借出，私下送人。媳妇积累自己的钱财，古代叫攒私房，上述"七出"中的盗窃，也包括攒私房钱，也是要被出掉的。东汉陈留（治今河南开封）人李充就因妻子攒私房钱而出妻。

第四，"妇将有事，大小必请于舅姑。"这样，一切行动都在舅姑的掌控之中。

第五，饮食方面要"问所欲而敬进之"，即现在说的想吃什么就做什么。饭端上来，要"柔色以温之"，"父母舅姑必尝之而后退"。要和颜悦色把饭送给舅姑，站立一旁看看舅姑还有什么要求，等饭菜都合口味了才能退下。唐朝诗人王建的《新嫁娘》诗，就是这方面的反映："三日入厨下，洗手做羹汤。未谙姑食性，先遣小姑尝。"

第六，"父母在，朝夕恒食，子妇佐馂。"古人一天吃早晚两顿饭，叫恒食。古代吃剩饭叫"馂"。父母先吃，吃完剩下后，媳妇和丈夫一同吃剩饭，叫"佐馂"。如果父殁母存，由长子陪着一起吃，媳妇们仍然"佐馂如初"。

第七，"父母舅姑之命，勿逆勿怠。"对公婆的命令，不能抗命，也不能拖延，公婆给的饮食，虽不想吃，也得尝尝；公婆给的衣服，虽不想穿，也得穿上；公婆让别人给自己办事的时候，虽不愿意让别人办，也得让他办，然后自己再重新办。

唐朝才女宋若莘《女论语》事舅姑章第六，以四字一句的形式，用通俗的语言，叙述了媳妇侍奉公婆的细节：

阿翁阿姑，夫家之主。既入他门，合称新妇。

供承看养，如同父母。敬事阿翁，形容不睹。

不敢随行，不敢对语。如有使令，听其嘱咐。

姑坐则立，使令便去。早起开门，莫令惊忤。

换水堂前，洗濯巾布。齿药肥皂，温凉得所。

退步阶前，待其浣洗。万福一声，即时退步。

备办茶汤，逡巡递去。整顿茶盘，安排匙箸。

饭则软蒸，肉则熟煮。自古老人，牙齿疏蛀。

茶水羹汤，莫教虚度。夜晚更深，将归睡处。

安置辞堂，方回房户。日日一般，朝朝相似。

传教庭帏，人称贤妇。莫学他人，跳梁可恶。

咆哮尊长，说辛道苦。呼唤不来，饥寒不顾。

如此之人，号为恶妇。天地不容，雷霆震怒。

责罚如身，悔之无路。

我们说，孝是中华民族的传统美德，但其中也有消极的因素。这些消极因素的表现之一，就是封建孝道对媳妇的压迫和摧残。

4."束缊请火"与邓元义休妻

"二十四孝"中纺织养姑的姜诗妻，因挑水回来晚了被赶出家门，其实她还不是太冤枉。《汉书·蒯通传》载：乡下一户人家中丢了肉，婆婆怀疑是媳妇偷的，就把她休掉了。媳妇受了冤枉，忍气吞声，向邻居家大娘告别，并说出了事情的原委。邻居大娘平时和这位媳妇友善，知道她绝不会干这事，就对媳妇说："你慢点走，我让你舅姑家再追你回来。"于是，邻居大娘用束缊（乱麻）做引火的材料，到媳妇家说："昨晚家里的狗叼来一块肉，互相争斗而死，到你家借火烤狗肉吃。"媳妇的婆家一听，知道冤枉了媳妇，这才把媳妇追回来。

这个媳妇背着偷肉的恶名被婆母出掉，如果没有邻居大娘，也只有冤沉大海了。

后来，"束缊请火"被用作求助于邻居，或者是不出儿媳的代称。唐朝诗人骆宾王《上瑕丘韦明府君启》："是以临邛遣妇，寄束缊于齐邻。"唐朝李德裕《积薪赋》："时束缊以请火，访蓬茨于善邻。"

《后汉书·应奉传》注引《汝南记》载：汝南邓伯考为尚书仆射，住在京城洛阳，儿子邓元义还乡里，留妻子在洛阳侍奉双亲。妻子很小心地服侍婆母，然而婆母不喜欢她，将她关在空屋子里，只给她一点点饭吃。妻子日渐瘦弱，公公邓伯考感到奇怪，询问原因。孙子邓朗回答说："母没病，是饿的。"公公不忍儿媳受虐待，把儿媳打发回家了。后来，妻子改嫁给将作大匠华仲。一次，她乘朝车出来，邓元义在旁观的人群中说："此我故妇，没有过错，家母对她太残酷了。"

后来，邓妻想念儿子邓朗，写信给儿子却不回，寄衣裳给儿子被烧掉。后托亲戚设计和儿子见了面。邓朗一见是母亲，转身就走，母亲一边追，一边哭泣："我在你家差点被饿死，又被你家抛弃，我有何罪？"

邓伯考、邓元义父子明知媳妇无辜，仍然要休妻；儿子邓朗明知母亲挨饿被出而改嫁，还怨恨母亲。得罪了婆母的媳妇，有理、有冤，到哪儿去说啊！

（三）恪守孝道的媳妇们

关于媳妇孝敬公婆，前面我们说了"姜诗妻纺织养姑""东海孝妇""唐氏乳姑不怠"，以及许多为婆母割股疗疾的事例。其实，类似的事例数不胜数。

1. 子妇不陷姑于不义

孔子讲的"子为父隐"，不光指儿子，媳妇也要为公婆隐恶扬善。

《汉中士女志》载：东汉末年，汉中赵嵩的妻子张礼修面对蛮横无理的婆婆，"终无愠色"。归宁回家父母盘问，只是引咎自责，从不说婆婆半句坏话。婆婆了解到媳妇在娘家的情况后十分感动，从此对媳妇慈爱有加，婆媳关系得以改善。乡人传言说："作妇当如赵嵩妇，使恶姑知变，可谓妇师矣！"后来，婆婆病了，女儿来探望，婆婆说："我不指望你们来看我，我有贤惠儿媳就够了。"这位恶婆婆总算为儿媳说了句暖心窝的话。

东汉有个孝妇乐羊子妻，丈夫在外寻师求学，七年不返家，乐羊子妻在家勤奋劳动供养婆母。可一个妇道人家的能力总是有限的，家中生活得并不富裕。婆母忍受不住清贫的生活，正好邻居的一只鸡跑到园中，便偷偷地给杀掉煮了。乐羊子妻见到香气四溢的鸡肉，不动筷子，只是不停地哭泣。婆母问她，她婉转地说："儿媳无能，不能让您有肉吃。"婆母羞愧地把鸡肉扔掉了。

乐羊子妻隐言劝谏，既不伤婆母的脸面，又让其幡然醒悟。看来，儿媳对婆婆的"谏净"，也不能伤害尊长的尊严，也需要灵活机智地进谏艺术。乐羊子妻凭着自己的真诚、智慧，做到了"子为父隐"，后来的媳妇们则在愚孝的束缚下，以自己的生命、声誉来隐匿婆母的丑恶。

2. 贵梅隐恶，王妙凤断臂

《明史·列女传》中有两例婆母与人通奸，媳妇宁死也不肯揭发的事例。

一则叫"贵梅隐恶"。明朝有个叫唐贵梅的女子，丈夫姓朱，体弱家贫。婆婆生性凶悍，又品行不端，和一个徽州商人通奸。那商人又垂涎贵梅的美色，用银钱买通了她的婆婆，劝诱她就范。贵梅当然不肯，婆婆就用棍棒打，用烧红了的烙铁烙她，唐贵梅至死不从。在商人的唆使下，婆婆以不孝的罪名把她告到官府，法官受了那商人的贿赂，把她打得死去活来。那商人还指望她能回心转意，又把她保释出来。贵梅的亲戚都劝她吐出实情，贵梅说："如果是那样，我的名节保全了，却让婆婆背上了恶名。"最后，唐贵梅穿戴整齐，在梅树上自缢而死。

另一例说的是吴县（今属江苏）人王妙凤，丈夫吴奎在外经商，婆母有淫行。与婆母通奸的奸夫见妙凤年轻貌美，拉住她的胳膊想调戏她。王妙凤拔刀砍向自己的胳膊，连砍两刀，才把胳膊砍断。妙凤的父母想告官，妙凤劝止说："我死不足惜，岂有媳妇状告婆婆的道理?"十多天后，妙凤伤痛而死。

这两位"不扬姑之恶"的孝妇，把婆婆的名声放在自己的生命之上，虽然孝心可嘉，却是典型的姑息养恶的愚孝。在这里，明显看出儒家倡导的"父为子隐"与正义、与大义灭亲的冲突。

3. 忍气吞声、委曲求全的贺氏

宋代兖州有一户平民媳妇贺氏，邻里叫她"织女"。贺氏的丈夫外出经商，常年往来于郡城之间。贺氏为新妇时，丈夫就在外面养了别的女人，经常好几年才回一次家，回来后住不了几天又走了，从不接济家里一个钱。贺氏知道这件事后，每当丈夫回家，殷勤侍奉，丝毫没有不快的颜色。丈夫心中不免有些惭愧，可仍旧无缘无故地辱骂贺氏。婆婆年老多病，贺氏便给人

家织布接济家用，挣得的工钱如数交给婆婆，宁可自己挨冻受饿。婆婆和儿子一个鼻孔出气，天天虐待她。贺氏生怕老人生气，更加毕恭毕敬，低声下气，讨她喜欢。丈夫变本加厉，时常把情人领到家里，贺氏按照"不妒为妇之美德"的古训，对她以妹妹相称，毫无嫉恨。贺氏就这样默默无闻地恭顺丈夫，孝敬婆婆，苦苦撑了二十多年。

封建孝道的压迫和摧残，淹没了妇女的独立意识、抗争精神和理想追求。面对糊涂的婆婆、残暴的丈夫，贺氏忍气吞声，委曲求全。孝敬公婆，顺从丈夫，操持家务，忍受丈夫、婆婆的打骂虐待，她认为这就是她的全部人生和全部生活。贺氏也是古代千千万万个这类媳妇的缩影。

四、祖孙隔代亲

中国是个宗法社会，祖先、子孙在人们心目中是最重要的。一个家族，祭祀恨不得上及几十代先祖，生子则祈求子子孙孙没有穷尽。按说，上到高祖，下到玄孙，就可以了，古代叫"六世亲属竭矣"，"六世亲尽无属名"。可后来仍没完没了地排序，以至于形成中国老百姓常说的"祖宗十八代"。十八代一般解释为自己的上下各九代宗族成员，向上是：生己者为父母，父之父为祖，祖父之父为曾祖，曾祖之父为高祖，高祖之父为天祖，天祖之父为烈祖，烈祖之父为太祖，太祖之父为远祖，远祖之父为鼻祖；向下是：子之子为孙，孙之子为曾孙，曾孙之子为玄孙，玄孙之子为来孙，来孙之子为晜孙，晜孙之子为仍孙，仍孙之子为云孙。这叫"子子孙孙引无极，世世昌盛长无穷"。

作为家庭伦理的祖孙关系包括两个方面，一是祖父母对孙子、孙女的疼爱，包括遗子孙以田宅财产，遗子孙以清白，为子孙积阴德，言传身教等，也包括从孙子们那里享受到的天伦之乐。二是孙子、孙女对祖父母的尊敬和孝养，这与子女孝养父母相同。

（一）"君子抱孙不抱子"

父亲在儿子面前是严厉的，很少有亲昵的举动，但在孙子面前，却是慈祥的。《礼记·曲礼上》讲："君子抱孙不抱子。"《白虎通·五行》也讲："君子远子近孙，何法？法木远火近土也。"看到这句话，马上想到现在的"隔代亲"，眼前自然会浮现出爷爷乐呵呵地抱着孙子，或者是领着孙子遛弯的画面。许多上了年纪的父母也都会催促自己的子女赶紧结婚生孩子，好早点抱孙子。其实，"君子抱孙不抱子"另有含义。

古代父母去世，安葬完毕，要用桑木为死者制作木主（灵牌），称作"虞主"，进行三次祭祀，称作"虞祭""三虞哭"。先秦时的虞祭要迎尸入门。"尸"是代表死者受祭的活人，一般以死者的孙子充当。因鬼神听之无声，视之无形，"故座尸而食之，尸饱若神之饱，尸醉若神之醉"。祭祀宗庙也要选尸。"尸位""尸位素餐"即由此而来。

《礼记·曾子问》说："祭成（成年人）丧者必有尸，尸必以孙。孙幼则使人抱之，无孙则取于同姓可也。"还有一种解释说，"抱孙"实际上是"抱于孙"，就是说孙子抱着亡故祖父的虞主接受祭祀。"君子抱孙不抱子"，就是因为孙子将来能当祭祀自己的"尸"。

"祭者，教之本也"。虞祭立孙为"尸"，还是古代一种孝的教育形式。《礼记·祭统》讲："夫祭之道，孙为王父尸。所使为尸者，于祭者，子行也。父北面而事之，所以明子事父之道也，此父子之伦也。"就是说，让孙子代表死者接受祭祀，这个孩子就可以切身体会到父亲对爷爷的感情，从而知道将来如何对待自己的父亲。这样，孝道就在潜移默化中传承了下来了。

（二）含饴弄孙——祖孙之间的天伦之乐

与"君子远其子"的严敬父子关系相反，祖父和孙子间的关系是十分亲近的，东汉明帝马皇后讲："吾但当含饴弄孙，不能复关政矣。""含饴弄孙"指祖父母用麦芽糖逗着孙子玩，从中享受天伦之乐。清朝画家焦秉贞曾作过一幅《含饴弄孙》的画，就是以马皇后为题材创作的。现藏故宫博物院。画中一个老人含着糖逗孙辈们玩，几代同堂，其乐融融。遗憾的是，现代祖父母、外祖父母四个人才能摊上一个孙辈，这种天伦之乐大打折扣了。

东晋王羲之"率诸子抱弱孙，有一味之甘，割而分之，以娱目前"，就是一种祖孙间的天伦之乐。

东晋名将王镇恶五月五日生。古人认为，五月五日是恶月恶日，此时出生的人，长大后男害父，女害母。家人想把他出继给别人，祖父王猛说："此儿非常，昔孟尝君恶日生而相齐，此儿亦将光大我家门户。"为孙子取名"镇恶"。后来，王镇恶果然成为东晋的一代名将。

据《明外史·薛瑄传》载，薛瑄出生时肌肤透明如水晶，五脏六腑都能看得见。母亲吓坏了，想把他抛弃。祖父听见孙子的啼声，说："此儿体清而声宏，必异人也。"后来，薛瑄高中进士，官至礼部侍郎、翰林学士，成为明代著名的理学大师，河东学派的创始人。

明朝诗人陈献章"家有良田二顷"，亲自参加耕种。长子陈景云生子，为嫡孙取名曰"田"，并写《命孙田》诗：

新开斥卤走通川，剩种乌穞益税钱。

士不居官终爱国，孙当从祖是名田。

幸生天下承平日，屡见人间大有年。

从此不须忧俯仰，茅斋向暖抱孙眠。

诗的大意是说，新开垦的盐碱地一直通到江边，多种庄稼缴纳赋税。读书人不当官却爱国，孙儿应当继承祖业以"田"作名字。有幸生在太平盛世，屡见五谷丰登。从此不必与时俯仰，在温暖的茅屋里抱着孙儿睡觉。

看来，祖父不仅从孙儿那里获得天伦之乐，还对孙儿寄托着无限的爱和建功立业、光大门户的殷切期望。

（三）古代"孝"的代表作——李密的《陈情表》

西晋犍为武阳（治今四川彭山）人李密，刚生下四个月父亲去世。年四岁，母亲又改嫁，祖母刘氏含辛茹苦把他养大。长大后，李密在蜀汉政权中任郎官。他感念祖母的鞠养之恩，对刘氏照顾得无微不至。祖母有病，李密衣不解带，亲尝汤药，不离左右。蜀汉灭亡后，晋武帝召李密到洛阳任太子洗马。当时祖母已经96岁了，李密一听要离开祖母，到千里之外的洛阳当官，悲痛万分，断然拒绝了晋武帝的征召。

李密为祖母辞官，自然表现了他真诚的孝心，然而让他千古留名的却是他为辞官写给晋武帝的《陈情表》。文中说，祖母"日薄西山，气息奄奄，人命危浅，朝不虑夕"，"臣无祖母，无以至今日，祖母无臣，无以终余年"，"臣尽节于陛下之日长，而报养刘（祖母）之日短也"。晋武帝看了，为李密的一片孝心所感动，同意他暂不赴召。直到祖母去世，服丧完毕，李密才应召出仕。

李密的《陈情表》感情真挚，词意凄恻婉转，催人泪下，被后世奉为孝的代表作和读书人做人、作文的典范。民间有读李密的《陈情表》不落泪，即为不孝的说法。

（四）原谷谏父，刘殷辞官

有时候，孙辈的孝比子女更温暖人心，有的孙子比儿子更孝。南朝南阳有个宗元卿，为祖母所养大。祖母有病，宗元卿在外地就心痛，祖母大病他即大痛，小病则小痛。乡里称他为"宗曾子"，说他像曾参一样。这样与祖母有心理感应的孙子，能不孝吗？山东省济宁市嘉祥县东汉武氏祠画像石中，有一"孝孙原谷妙语救祖父"的画面。据《太平御览》卷五一九《宗亲部九》引《孝子传》载：原谷的祖父年老了，父母厌恶他，想抛弃他。15岁的原谷劝谏父亲说："爷爷抚养儿女，一辈子勤俭度日，怎么能因为老了就抛弃他呢？这是忘恩负义啊！"父亲不听，做了一辆小推车，载着爷爷奔向了野外。原谷跟在后边，见父亲将爷爷扔到野外后，他又把小推车带了回来。父亲问："你带这凶具回来做什么？""留着，等将来你们老了，好用它来扔你们。"父亲又是惭愧，又是后怕，赶紧把老人接回来奉养。

上述那个西晋刘殷，不仅孝敬曾祖母王氏，感天而得堇、粟，还为奉养曾祖母而多次辞官。刘殷7岁丧父，居丧悲哀超逾礼制，服丧三年，从不露齿而笑。刚成年，就精通经史，文章诗赋无不备览。郡中任命他为主簿，州中征召他为从事，他都以家中无人供养曾祖母王氏为由，推辞不就任。后来，齐王司马攸征他为掾吏，征南将军羊祜召他任参军，都被他推辞了。王氏去世时，刘殷夫妇悲哀损伤身体，几乎丧命。

（五）殷亮断指剪发自誓，刘审礼负祖母避乱

《新唐书·殷践猷传》载，唐朝澄城县丞殷寅不幸得病，临终挂念老母萧氏含恨去世。入殓时，殷寅的儿子殷亮"断指剪发置于棺中"，对着死去的父亲发誓，一定承担起侍奉祖母的责任，让九泉之下的父亲放心。后来，殷亮牢记自己的誓言和责任，把祖母萧氏服侍得十分周到，人们交口称赞。后来祖母有病，殷亮细心护理，"不脱衣者数年"，引来一对白燕在他家屋檐下筑巢。后来殷姓的家族成员纷纷以"白燕堂"为堂号，传承着殷亮的孝道。

徐州彭城（治今江苏铜山）人刘审礼，年少丧母，由祖母元氏抚养长大。隋朝末年，天下大乱，年少的刘审礼自家乡背着祖母渡江避乱，一路吃尽苦头。唐朝建立，天下太平，他又带着祖母西入长安。祖母如果有病，他就亲尝汤药，精心护理。祖母激动地说："孙子孝顺，对我体贴入微。每当我想到这一点时，心里就高兴，老病根就觉得好多了。"

（六）朱娥舍命救祖母，王璧探视百岁祖

宋代越州上虞（今属浙江）有一个叫朱娥的，母亲早亡，祖母将她养到10岁时，里中有个人名叫朱颜，和祖母发生冲突，持刀要杀死祖母，全家惊恐异常，纷纷逃离。朱娥冲到祖母前边，用身体挡住祖母，用手拉住朱颜的衣服，大声呼号说："我宁肯让你杀了我，也不能让你杀我祖母！"祖母因此得救，而朱娥被砍了几十刀，手还紧紧挽着朱颜的衣服。朱颜狂怒至极，一刀又割断了她的喉管。此事传开后，朝廷为表彰朱娥的孝行，诏赐粟帛。后来，会稽令董偕为朱娥立像于曹娥庙中，人们把她和孝女曹娥并称"二贤"。

明朝黄岩（今属浙江台州）人王璧在京师为郎署，百岁的祖父在家乡黄岩，题诗于墙壁："若使来看百岁祖，何妨迟作十年官。"王璧听说后，赶紧请假回家探望祖父。朝廷得知此事后，予以嘉奖，并给其假探亲。

上述以不同方式孝敬祖父母的子孙们，都表达了他们对祖辈真挚的感情和孝心，都应成为后世效法的榜样。

（七）清宫里的祖慈孙孝

俗话说："家贫出孝子"，其实也不尽然，清朝孝庄太后与康熙的祖孙情，不仅显示着血缘亲情的珍贵，而且系结着清王朝的安危盛衰。

孝庄太后是清太宗皇太极的妃子，清军入关后的第一个皇帝、顺治帝福

临的生母，康熙皇帝的祖母。作为太后，她是运筹清宫，稳定清初统治的政治家。作为祖母，她是一位成功的教育家。

顺治十一年（1654），福临的佟妃生下一子，取名玄烨，即后来赫赫有名的康熙帝。按照清宫规定，皇子出生要由保姆和母乳喂养，但孝庄太后唯恐小皇孙受到委屈，专门派了自己的侍女苏麻喇姑协助照看。她不仅关怀、呵护玄烨，而且更注重教育、培养他。玄烨还在牙牙学语的时候，祖母对他的饮食起居、言谈举止就有了严格规定，并进行训练培养。康熙自己回忆说："朕自幼龄学步能言时，就遵行祖母慈训，凡饮食、走路、言语皆有矩度，即使平常独处，也不敢越轨，稍微失态就加督责，因此养成了良好的习惯。"

一次，6岁的玄烨向顺治皇帝请安后，认真地说："我长大了，一定要效仿父皇，勤勉治国。"玄烨能有如此的雄心抱负，与祖母潜移默化地影响是分不开的。

由于祖母的言传身教，玄烨自幼便对读书学习产生了浓厚的兴趣，并养成了严谨治学的态度。玄烨7岁的时候，开始学习儒家典籍，诵读经书。读书已成为玄烨童年生活的主要内容。一次早饭后，玄烨立即捧起一本厚厚的典籍，聚精会神地读起来。到了午饭时间，保姆连叫了数次，他仍沉浸在书中。保姆被迫去拿他手里的书，趁他吃饭的时候，又把书藏起来，让他多休息一会儿。见此情景，孝庄太后既高兴，又心疼，她抚摸着孙儿的头，用责怪的口气说："哪有像你这样贵为天子，却像书生赶考一样苦读的呢？"

顺治十八年（1661），福临去世，在孝庄太后的主持下，8岁的玄烨登上皇位。孝庄太后殷切希望玄烨尽快成熟起来，把很大精力放在培养他的执政能力上，使他很快成为一位励精图治的明君。

祖母呵护、栽培孙儿，孙儿孝敬祖母。康熙皇帝虽日理万机，但每日下朝后的第一件事，就是到慈宁宫向祖母请安。即使在南巡途中捕得鲜鱼或在围猎时获取野珍，他也会以最快速度送给祖母。

有一次，孝庄太后患病，思念嫁到远方的女儿淑慧公主，康熙立即派人兼程前往，将淑慧公主接回宫中，母女相见，太后一高兴，病也就好了。

由于晚年的孝庄太后患有皮肤病，康熙皇帝先后六次亲自陪同祖母到温泉洗浴。一路上他精心照料，无微不至，不仅关心祖母的饮食起居，而且每次行至道路颠簸时，他都下马，亲手为祖母"扶辇整辕"，"随驾步行"。道路危险处，他亲自勘验，确保无危险后，才请祖母过去。

随着年龄增长，年事已高的孝庄太后身体每况愈下。祖母病重期间，康熙皇帝亲自护理，一个多月衣不解带。并顶着呼啸的北风，亲自步行到天坛为太后祈祷。他跪在坛前，泪如雨下，祈求上天，减少自己的寿命，让祖母康复。

孝庄太后是经历三朝，匡扶两代幼主的巾帼女杰，她以祖母的慈爱，为大清帝国培育了一位政绩卓越的著名皇帝，巩固了清朝初年的统治。

五、孝悌传家

宗法家族观念的牢固，使中国古代存在许多同居共财的大家庭。东汉樊宏"三世共财"，唐朝张公艺九世同居，宋朝陈兢一家"十三世同居"，浙江金华"郑义门"历南宋、元、明三朝累世同财共食。一个大家族就是一个小社会，要生产、生活，必须依靠家规、家训来管理，而维系它的则是孝悌，即以孝齐家。

（一）孝道的外延——睦于父母之党

孔子的孝强调"由亲到疏、由近及远"，孟子主张把孝"达之天下"。

这样，孝从孝敬父母的家庭伦理，外延到家族和社会政治。

孝的亲族性外延即"睦于父母之党"。《礼记·坊记》载孔子语曰："睦于父母之党，可谓孝矣。故君子因睦以合族。"

以家族而言，孝道除了以父母为中心而渗透到兄弟、夫妇关系中外，亦从父脉和母脉衍生出众多的血缘系统。如从父脉上溯至高祖、始祖父母直系，下衍出"五服"，横衍出亲、堂、族系的伯、叔、姑及其配偶，以及从母脉衍生出外公婆、舅姨，等等。若再把夫党与婆党、妻党与岳家体系的亲戚关系也包括在内，孝道的涉及面就更广了。

"睦于父母之党"是说，作为后辈，对家族、亲族中的父母之辈，都要睦、爱、敬。唐朝名相房玄龄的父亲房彦谦，15岁出继给堂叔，奉养继母如亲生，孝敬伯父房豹竭尽心力，凡五服以内的亲属都以礼相待，整个房氏家族都以他为楷模。

孝的社会性外延是敬老尊长。敬老尊长来自几千年进化迟缓而又稳定的农耕社会，儒家有许多道德规范，例：

《礼记·曲礼》载："谋于长者必操几杖以从之。长者问，不辞让而对，非礼也……年长以倍，则父事之；十年以长，则兄事之。五年以长，则肩随之。群居五人，则长者必异席。"

《礼记·乡饮酒义》："乡饮酒之礼，六十者坐，五十者立侍，以听政役。"

《礼记·王制》："五十养于乡（乡学），六十养于国（国中小学），七十养于学（大学）……五十杖于家，六十杖于乡，七十杖于国，八十杖于朝，九十者，天子欲有问焉，则就其室。"

孟子的"老吾老，以及人之老；幼吾幼，以及人之幼，天下可运于掌"，以及"为长者折枝"使孝获得了广泛的社会性存在价值。

这些思想，成为历代封建王朝养老政策的思想基础。

上述那个视母亲为"命根"的沈周，因为母亲与邻居老太太友善，便把邻居老太太请回家，晨夕奉之若母。中国历史上的信陵君为侯嬴执辔、张良圯上敬履、张释之为王生系袜，都是敬老尊长的典范。

尊师也是孝道的社会性外延。

《国语·晋语一》载："民生于三，事之如一。父生之，师教之，君食之。"

《礼记·曲礼》记载了关于尊师的行为规范："从于先生，不越路与人言，遭先生于道，趋而进，正立拱手，先生与之言则对，不与之言则趋而退。"这里强调对老师的尊敬。和老师同行，不能和路对面的人打招呼，这样会冷落了老师，是无视老师的存在。路上遇到老师，要快步赶到跟前，正立拱手，老师和你说话便说，老师不和你说话，就乖乖地退回来。

周武王尊姜太公为师，称"师尚父"。在中国社会都称老师为"师父"，遵守"一日为师，终身为父"的道德规范。中国历史上东汉卢植侍师、三国夏侯惇延师授业、北宋杨时、游酢"程门立雪"，都是尊师重道的典范。

孝的政治性外延，一方面是国家的养老制度，另一方面是忠君。这些下一章将作详述。

（二）家有千口，主事一人——家长和族长

族长、家长在人类社会历史上源远流长，早在国家产生以前就有了。摩尔根在其《古代社会》中将古代人类社会的发展及其基本构成分为氏族、胞族、部落、部落联盟，最后形成民族和国家。而族长、家长制最早就源于原始社会中的父系氏族。时至今日，家长、家族对部分地区、部分家族，尤其是广大农村仍产生着不容忽视的影响。

1. 家长

家长制源于家庭、家族等血缘群体。在母权制和父权制的家庭中，权力

集中于家长一人手中，后又推行于社会群体，如手工业作坊、店铺、行会。封建帝王把国家视为私有的"家天下"，采用家长式统治方式。它是在生产力水平低下、社会分工不发达、群众规模相对狭小、结构相对简单的传统社会中的一种手工业组织管理方式，在现代社会中逐渐被淘汰，但其残余仍可能存在。

由父系血缘关系联结的古代家庭内部等级结构主要是按辈分、依排行来确立等级地位，长者尊、幼者卑；男者尊，女者卑。祖父或父亲作为家长，高踞于全体家庭成员之上，拥有至高无上的权威和权力。古代典籍众口一词，毫不动摇地重复强调着这一点。《礼记·坊记》叫"家无二主，尊无二上"。《礼记·内则》叫"国无二君，家无二尊"。

《仪礼·丧服》讲："父，至尊也。"这个至尊的父家长，是家族中的主宰。南宋朱熹《朱子家礼》强调："凡诸卑幼，事无大小，毋得专行，必咨禀于家长。"这就是我们说的古代家长制的统治，其特点是家长专制。

关于家长的权威和继承情况，以浦江郑义门为例。元朝时郑文嗣当家长，堂弟郑文融（字大和）继任家长。郑文融严肃而有恩义，家规家法犹如官府，子弟稍有过错，"斑白者犹鞭之"。每逢岁时节日，郑文融端坐堂上，群从子弟皆冠带整齐，按照次序从左边雁行而进，跪拜奉觞（古代酒器）上寿，行礼完毕则拱手从右边趋出。气氛肃穆，无一人敢喧哗、拥挤。

《宋史·陆九韶传》载：南宋抚州金溪（今属江西）陆九渊的陆氏家族，是一个九世同居、阖门百口、有二百多年历史的大家庭。辈分最长者为家长，一家之事皆听命于家长。"晨兴，家长率众子弟，谒先祀毕，击鼓诵其辞，使列听之。"

与古代帝王的父死子继不同，家长继承的特点是以尊长为家长，一般是哥哥死后将位子传给弟弟，在没有弟弟的情况下，传给年长的侄子，可以说是兄终弟及、叔死侄继。郑义门的郑文嗣、郑文融兄弟相继任家长，郑文融传郑文嗣之子郑钦，郑钦、郑钜、郑铭、郑铉兄弟相继任家长。郑铉去世，又传给侄子郑渭。郑渭、郑濂、郑浈兄弟相继任家长。北宋江州德安（今属江西）陈氏义门的家长承袭也是这样。陈鸿、陈兢兄弟相继为家长，陈兢死，传堂弟陈旭，陈旭、陈蕴、陈泰、陈度兄弟相继为家长，陈度死后再传给侄子陈延赏、陈可。这种以尊长为家长的继承制，不会出现"幼主"，比帝王之家的嫡长子继承制要公正多了。

2. 族长

族长，亦称"宗长"，是封建社会中家族的首领。通常由家族内辈分最高、年龄最大且有权势的人担任。族长总管全族事务，是族人共同行为规范、宗规族约的主持人和监督人。

先秦时期的地方组织依托家族、宗族而存在。《周礼·地官·大司徒》讲："令五家为比，使之相保。五比为闾，使之相受。四闾为族，使之相葬。五族为党，使之相救。五党为州，使之相赒。五州为乡，使之相宾。"比、闾、族、党，是大小不同的家族，州和乡是由家族组成的基层组织。《孟子·滕文公上》提出的"死徙无出乡，乡田同井，出入相友，守望相助，疾病相扶持"，就是建立在这一家族基层组织之上。

明清时期，族权进一步强化。家族需要设立族长，一是因为有许多属于家与家之间的家族事务需要族长协调处理，二是族祭、祖墓、祖产也需要统一管理等。族长形式上都是推举产生，实际上大多数由本族地主、乡绅遴任，贫困族众只有名义上的被选举权，这当然是由地主士绅的经济、政治地位决定的。

3. 家长、族长的权力

古代家长、族长的专制权力主要包括如下几点：

第一，主持祭祀权

家祠私祭由家长主持，岁时族祭由族长主持。也就是说，家长、族长代表祖先和天地，拥有族权和神权。

《左传·成公十三年》载："国之大事，在祀与戎。"祭祀对天子、诸侯来说，是族权和政权的象征。例如周族，只有周天子才有资格和权力祭祀始祖弃以来的列祖列宗，诸侯没有这个祭祀权。对诸侯来说，例如鲁国，只有国君才有资格和权力祭祀始封君周公以来的列祖列宗，大夫没有这个权力。对一个家族，只有家长、族长才有资格和权力率领本家族的全体成员祭祀始祖以来的列祖列宗。主持祭祖就意味着代表着祖先，就有权以祖先的名义把自己的意志加给族人。所以，这种权力一般都归家族内最高统治者——族长所有。有的大家族仿照古代的宗法制度，设宗子一人，专主祭祀祖先，但没有实权，实权依然掌握在族长手里。明代浙江余姚《徐氏宗范》称："宗子上承宗祀，下表宗族，大家不可不立……凡当立宗子者，族长、家相务要竭力教养，成其德性……方可使之治事。"

第二，财产管理支配权

经济专制是封建家长制的基础。家中的财产，不论房产、地产、流动资产等，都归于家长名下，家长享有对这些财产的所有权和使用权。家庭的全部收入，也都归家长。《礼记·曲礼》中说："父母存……不有私财。"《礼记·内则》也讲："子妇无私货，无私畜，无私器，不敢私假（借），不敢私与（送人）。"司马光在《涑水家书议》讲："凡为人子者，毋得蓄私财。俸禄及田宅收入，尽归之父母，当用则请而用之，不敢私假，不敢私与。"那些同居共产的大家族，往往把"尺帛斗粟无所私"当成是家族的荣耀。民间俗语"同居无私产"，就是对家长财权的认同。如北宋深州饶阳（今属河北）李氏家族，七世不异炊，宋初宰相李昉任家长时，家法尤严，"凡子孙在京守官者，俸钱皆不得私用"，与其他收入一同输入宅库，按月平均供给，家族中的孤寡分支也能得到一份。

族产是宗族的公有财产，是维持家族制度的经济支柱。包括族田、耕牛、山场、桥渡、沿海滩涂及水利工程、水碓、碾坊等生产和生活设施。有的大家族的族产相当可观，如福建连城县四堡邹氏家族，至清代道光年间（1821—1850），仅租佃出去的族田，每年收入谷米四百余石，钱租近十万文。族产主要用于建祠修墓、祭祠、纂谱联宗、办学考试、迎神赛会、门户应役、兴办公益事业、赈济贫困以及处理与外族的民事纠纷、诉讼、械斗等。族产与家产不同，它不是族长的私有财产，但由族长总管，或由族长指派专人管理。也有的采取董事、经理制的管理方法，并受家族的共同监督。

第三，家庭内部纠纷、违规的仲裁权、惩罚权

南宋赵鼎《家训笔录》载，家长通常的权力是"庭训"，"子孙所为不肖，败坏家风，仰主家者集诸位子弟，堂前训饬，俾其改过。甚者，影堂前庭训。再犯，再庭训"。庞尚鹏《庞氏家训》载："子孙故违家训，会众拘至祠堂，告于祖宗，重加责治，谕其省改。"

子孙如忤逆家长，触犯家规、家法，家长、族长有权任意处罚或送交官府代为惩治。金华"郑义门"郑文融当家长时，家规家法犹如官府，子弟稍有过错，即便是头发斑白者也要鞭打。身为官宦者也不敢丝毫违背家法。南宋抚州金溪（今属江西）陆氏家族的子弟有过错，家长召集众子弟当面训斥，如仍不改正，则施以杖责。个别怙恶不悛，为家族所难容者，则报告官府，赶出家门。明朝霍韬《霍氏家训》也载："子孙有过，俱于朔望（初一、十五）告于祠堂，鸣鼓罚罪。初犯责十板，再犯责二十，三犯卅。"

族长等于族内法官，在明清时期，国家将某些轻微的刑事案件和一般的民事案件的立法、司法权下放给家族，允许他们在自己的家族范围内行使权力，当然由掌权者——族长来具体实施。族长在这方面的权威是至高无上的，他以家法族规为依据，以祖宗名义处理家族内部事务和争端，维护家族的稳定。

金华《郑氏家范》规定："兄弟天合，敬爱本于性真。稍有不和者，皆

有见小。或争铢两之利，或听妇人言，致伤孔怀之情。脱有不平，许禀命房长剖断，自有公议。如不服，拘理者许房长经禀族长，会同宗子、家相、一族之人，不问是非，各答数十。"惩罚的方式主要有训斥、罚跪、记过、锁禁、罚银、鞭板、送官、不许入祠、出族、处死等。

第四，对家族成员婚姻的决定权

婚姻的目的在于"上以事宗庙而下以继后世"，需要从整个家族的利益打算。在这种情况下，族长、家长理所当然地成为家族成员婚姻的决定者。明洪武二年（1369）令曰："嫁娶皆由祖父母、父母主婚，祖父母、父母俱无者，从余亲主婚。"实际就是由家长、族长商量决定。如果想自己选择，不仅会触犯家法族规，还会受到整个家族的鄙视和唾弃。

家长、族长的这些权力，得到国家法律的认可。《孝经·五刑章》讲的"五刑之罪，莫大于不孝"，已把孝注入进法律之中。此后的法律都把对尊长的忤逆言行定为不孝、恶逆等重罪，隋朝《开皇律》把"不孝"定为十恶之条。明清律令规定："卑幼擅用财二十贯，答二十，每增加二十加一等，罪止杖一百。"另外，子孙别籍异财者，以不孝罪论，属十恶不赦之罪。法律直接为家长、族长管理家务提供了依据和保证。明清法律对家长的惩戒权也有所支持，除故意杀无过子孙要受处罚外，杀有过子孙则无罪。明清时期的族长，可以不经任何法律手续，用许多惨无人道的手段把失贞的寡妇处死，依据就在这里。另外，家长还有送惩权，父母控子，即照所控办理，不必审讯。事实上，国家又把家长、族长的惩罚权无限化了。

封建统治者给予家长、族长权力，目的在于让他们履行义务，协助官府管理户口、赋役，维护社会稳定等。官府征发兵役徭役，唯家长是问。《晋书·刑法志》讲："举家逃亡，家长斩。"家里有人犯法，也要追究家长责任。特别是家人共同犯罪，要由家长负责，《唐律疏议·名例》中叫"尊长独坐，卑幼无罪"。

六、家训和家法

家训，亦称作"家范""家戒（诫）""家书""家规""家语""家仪""家教""家政"、"家订"等，是家族中长辈对子孙立身处世、持家治业的教诲和训示，包括口头遗言和书面训示两种形式。还有一些家训存在于家谱中，名称有"宗规""祠规""家约""乡约"等。有的家训是长辈临死时教诫子孙的，如"遗令""遗书""遗命""遗诫（戒）""终制""顾命""遗言""遗训"等。总之，只要是有关教家训子的内容，都可以视之为家训。

（一）家训的产生与发展

"三代而上，教详于国；三代而下，教详于家。"家训从产生、发展到成熟、完善，经历了一个漫长的过程。

先秦到两汉是家训发展的第一个阶段。早在西周时代，就有家训了。《尚书》中的《康诰》《酒诰》《梓材》，是周公训诫弟弟康叔的篇章。《召诰》是召公奭训诫侄子周成王的篇章。上述"周公吐哺"是周公对儿子伯禽的训诫。《论语·季氏》记有孔子要求儿子伯鱼学诗、学礼的"过庭之训"。这些已是标准的家训了。

两汉时期不同形式的家训有三十多种，主要有刘邦的《手敕太子》、孔臧的《诫子书》、司马谈的《遗训》、东方朔的《诫子书》、杨王孙的《病且终令其士大夫俭葬》、刘向的《诫子歆书》、马援的《诫兄子严、敦书》、张奂的《戒兄子书》、郑玄的《戒子益恩书》、蔡邕的《女训》，等等。这些家训还只是一些保存在子书、史传、文集和类书中的只言片语或单篇文章，篇幅也不太长。这个时期的家训已基本形成了以儒家思想为主导，以官僚士大夫为主体，包括帝王家训、女训、遗训等在内的各级各类家训的框架，为我国家训的发展奠定了坚实的基础。

三国两晋南北朝到隋唐是家训发展的第二个阶段。由于士族官僚"重家族，轻朝廷"观念的形成，一些有识之士已经开始认识到在离乱动荡的年代，子孙奢侈腐化、养尊处优、不学无术的严重后果，为避免家族衰败，子孙倾覆，纷纷用各种形式的家训告诫子孙立身处世的道理，要求他们"务先王之道，绍家世之业"。北齐颜之推说，当时的家训"犹屋下架屋，床上施床"，著名的有曹操的《诫子植》《诸儿令》及《遗令》，刘备的《遗诏敕后主》，诸葛亮的《诫子书》和《诫外甥书》、王昶的《戒子书》、王肃的《家诫》、杜恕的《家诫》、王祥的《训子孙遗令》、嵇康的《家诫》、王僧虔的《诫子书》、徐勉的《诫子崧书》、杨椿的《诫子孙》、魏收的《枕中篇》、狄仁杰的《家范》，等等。

《颜氏家训》书影

该时期的家训，有三个特点：其一，"儒术独尊"的局面被打破，玄学、佛学、道教的内容充斥到家训之中。其二，出现了以北齐颜之推《颜氏家训》为代表的洋洋万言、独立成书的家训著作。《颜氏家训》系统总结了作者自己教子的切身经验，内容涉及和囊括了教育、经济、文化、社会习俗等方方面面。它的问世，创立了我国古代家教文献的独特体裁——家训体。《颜氏家训》被誉为"百代家训之祖"，成为后世家训仿效的范本。其三，伴随着隋唐文化的空前繁荣，还出现了以杜甫的《又示宗武》《宗武生日》，韩愈的《符读书城南》等为代表的、以诗为体裁的家训，开创了以诗歌体裁进行家教的先河。古代童蒙著作《三字经》《百家姓》以及劝孝歌的出现，杜甫、韩愈功不可没。

宋元明清是家训发展的第三个阶段，也是家训成熟完善的顶峰时期。宋代印刷术的发展，促进了家训的普及化和大众化。据《中国丛书综录》所列书目记载，我国古代家训类著作公开印行的有117部，宋元明清时期就占了110部。比较著名的有北宋司马光的《家范》《居家杂仪》，南宋袁采的《袁氏世范》，陆游的《示儿》诗和《放翁家训》，明朝袁黄的《袁了凡家训》、庞尚鹏的《庞氏家训》、姚舜牧的《药言》，清朝朱柏庐的《朱子治家格言》、孙奇逢的《孝友堂家规》、张英的《聪训斋语》、许汝霖的《德星堂家订》、丁耀亢的《家政须知》、曾国藩的《曾文正公家训》等。

通俗家训的出现，是宋元明清家训的突出特点。通俗家训多为语录体，语言通俗简短，近似白话，有的还对偶押韵，便于记诵，既教子孙，又教百姓。因此流传广泛、影响深远。家训的普及化和大众化，使家教的重心迅速下移到平民百姓阶层，在高深的精英思想与普通民众之间架起了一座桥梁，使得社会的主流思想能深入到黎民百姓之中，故家训的意义远远超出了家庭教育的范围，它不仅成为家庭成员的行为准则，而且对民族共同心理的形成、民族凝聚力的增强，都起着不可估量的作用。

（二）家训的内容

家训的内容包罗万象，几乎涉及家庭生活、社会生活的方方面面，凝聚着历代家长的智慧，蕴涵了天下父母教子的心得，荟萃了大量立身处世的至理名言。既有尧舜孔孟之道，尊长师友之戒，又有"傅婢之指挥"，"寡妻之海谕"；既有家法、家规、家禁等道德律令，又有严父慈母苦口婆心的规劝、开导；既有治生业、隆家道的方略，又有睦亲族、传子孙的诀窍。具体来说，有以下几个方面的内容：

1. 孝悌忠信，敦宗睦族

孝悌是传统家训教化中的一个重要内容。强调孝悌就是要求每个人在家庭中要做到尊敬长辈，长幼有序。我们知道，"修身、齐家、治国、平天下"始终是儒家伦理教化的重点任务和宏伟目标。其中，"齐家"是这一思想的重要环节之一，是"治国""平天下"的前提和基础。"修身"又是"齐家"的首要条件，因而，"孝"作为修身之本，自然成了家训的核心内容。

纵观历代的家训，从简单明了的数百字的单篇，到洋洋万言的巨著，都有"孝悌忠信，敦宗睦族"的内容。

《新唐书·穆宁传》载，唐朝秘书监穆宁"尝撰《家令》训诸子，人一通。又诫曰：'君子之事亲，养志为大。'之前，宰相韩休以训诫子侄严肃而闻名，贞元（785—805）间言家法者，尚韩、穆二门"。河东节度使柳公绰的孙子柳玭"述家训以戒子孙"说："孝慈、忠信、笃行，乃食之醯（醋）酱，可一日无哉？"

被《四库全书提要》誉为"《颜氏家训》之亚"的《袁氏世范》，大力提倡"人不可不孝"，"兄弟贵相爱"。宋人赵鼎在《家训笔录》中的第一项便指出："闺门之内，以孝友为先务。"

明清之际学者孙奇逢在《孝友堂家训》中讲："父父子子、兄兄弟弟，元气固结而家道隆昌，此不必卜之气数也。父不父，子不子，兄不兄，弟不弟，人人凌竟，各怀所私，其家之败也，可立而待。"父子兄弟团结就能家道隆昌，反之则家道衰败。他讲的敦宗睦族，其实就是我们现在说的"家和万事兴"。

孔子讲，"孝慈则忠"，"弟子入则孝，出则弟（悌），谨而信，泛爱众而亲仁"。许多家训都原封不动地转述这些内容，注意培养子孙"敦厚忠信"的品格。《袁氏世范》也要求子孙诚实守信，宽厚待人，做到"忠信笃敬，先存其在己者，然后望其在人者"。另外，这种忠孝观念还常常渗透到家训著者所在的宗族当中。我们知道，中国古代封建社会是典型的宗法社

会，大都聚族而居。因此，许多家训也往往成为大家族的族训，这就大大拓展了教化对象的范围。

2. 以农为本，耕读传家

中国的封建社会是一个以农为主，自给自足的封闭型社会。日出而作、日落而息，男耕女织一直是老百姓千百年来循规蹈矩的生活方式。

北齐颜之推牢记颜氏"世以儒雅为业"的传统，在《颜氏家训·勉学篇》中，用大量的历史和现实的事例阐发了以儒学思想为立身治家之道，耕读传家的深刻道理。

"人生在世，会当有业。农民则计量耕稼，商贾则讨论货贿，工巧则致精器用，伎艺则钻研技巧，武夫则惯习弓马，文士则讲议经书。"颜之推还引用当时谚语："积财千万，不如薄伎在身。"他强调的实际上是一种自立自强的敬业精神，一种在社会上安身立命的生存能力。在士、农、工、商诸行业中，颜之推首推从事耕稼的农业。

在《治家篇》中他谆谆告诫子孙说："生民之本，要当稼穑而食，桑麻以衣。蔬菜瓜果，园场之所产；鸡猪鹅鸭，栏圈之所生。房屋器械，柴米灯油，都是种植之物。能守其业者，闭门即可丰衣足食。""筑室树果，生则获其利，死则遗其泽。"就像孟子的"五亩之宅"一样，颜之推描绘了一个田园与庭院相结合的耕稼树艺、饲养六畜的农业经济蓝图，确立了颜氏家族的治家守业之本。

在士族门阀地主"耕当问奴，织当问婢"的时代，"稼穑而食，桑麻以衣"，只是教导子孙以农为本，治家守业的道理，"知稼穑之艰难"，不一定要真的亲自从事稼穑，颜氏子弟亲自从事的是读书治学，这是"务先王之道，绍家世之业"的根本。颜之推在《勉学篇》中全面论述了读书治学的作用和优越性：

虽百世小人，知读《论语》《孝经》者，尚为人师。

若能常保数百卷书，千载终不为小人也。夫明六经之指，涉百家之书，纵不能增益德行，敦厉风俗，犹为一艺，得以自资。

夫学者犹种树也，春玩其华，秋登其实；讲论文章，春华也，修身利行，秋实也。

孔子曰："学也，禄在其中矣。"今勤无益之事，恐非业也。

读书治学本身就是一门守业传家、"易习"而尊贵的技艺，它是行道利世、修身利行、开心明目和个体品格完善的源泉，更是做官食禄的资本和途径。这是颜之推从颜氏家族兴盛不衰和南北朝时期变迁中感悟出的卓识和信念，它业已洋溢着"万般皆下品，唯有读书高"的传统精神。

南宋陆游《放翁家训》的观点与颜之推不同，他讲："吾家本农也，复能为农，策之上也。杜门穷经，不应举，不求仕，策之中也。安于小官，不慕荣达，策之下也。舍此三者，则无策也。"在他看来，务农是上策，读书不做官是中策，做小官不求荣达是下策。他的《示子孙》诗，实际是一篇家训，也表达了这一思想：

为贫出仕退为农，二百年来世世同。

富贵苟求终近祸，汝曹切勿坠家风。

吾家世守农桑业，一挂朝衣即力耕。

汝但从师劝学问，不须念我叱牛声。

中国古代有两种不同层次的家族价值观，一种是出人头地，追求高官厚禄；一种是孟子说的"父母俱在，兄弟无故"。陆游属于后者。这是普通百姓最低层次的追求，亦即不求富贵显达，不求出人头地，一家老小平平安安，丰衣足食，足矣！那些遭祸端的仕宦家族，每当大祸临头、心灰意冷之际，便会与之产生共鸣。秦朝丞相李斯辅佐秦始皇成就帝业，声名显赫，到秦二世时被"夷三族"，临刑时对儿子说："现在我想和你牵着黄狗到野外逐狡兔，能行吗？"明清之际的思想家孙奇逢的《示子孙》诗，就反映了这种价值观：

家学渊源二百年，不谈老氏不谈禅。

家贫何似为农好，富贵苟求终祸端。

堪笑庸人虑目前，自驱陷阱冀安然。

道人拈此作家诚，淡薄由来是祖传。

清代学者张履祥也主张"治生唯稼穑"，宣称"治生以稼穑为先，舍稼穑无可为生者"。在他们看来，只有农业才是治生之本，才是唯一的治生正道。这些劝诫虽然有利于农业生产的发展，有利于国家的安定，有利于统治阶级的统治，但在这种浓郁的乡土意识的支配下，世世代代的农民囿于闭塞的农村，大大阻碍了社会的进步和发展。

3. 勤俭为本，朴素为美

"历览前贤国与家，成由勤俭败由奢。"勤俭节约一直是中华民族的传统美德。勤，指劳作上的勤奋和不懈的进取精神；俭，指财用上的节俭和生活中的淡泊习惯。勤可以丰家，俭可以长久。

颜之推在《治家篇》引孔子语曰："奢则不孙，简则固。与其不孙也，宁固。"意思是说。奢侈则僭越不逊，节俭则简陋不及。与其僭越不逊，宁肯简陋不及。颜之推的俭奢观是：可俭而不可吝。俭，不一定不及礼，恰恰是以节约为礼。吝，是指不恤穷救急。现在的人，施舍则奢侈，节俭则吝啬，最好的做法是"施而不奢，俭而不吝"。梁朝裴子野家素清贫，有远亲故属饥寒者皆收养，由于人数众多，灾荒年二石米做稀粥，仅能尝遍，裴子野与之同食，面无厌色。这是"施而不奢"。北齐有一领军，贪积丰裕，家奴八百。每人膳食以十五钱为限，来客食不兼味。后被籍没家产，有麻鞋一屋，弊衣数库，其余财宝，不可胜数。这是"俭而吝啬"。可见，颜之推的俭奢观，比孔子又深入了一个层次。

颜之推的勤俭持家与上述的耕读传家紧密相连，亦即"稼穑而食，桑麻以衣"。他对比南北之间奢侈与勤俭的风俗差异说："北土风俗，率能躬俭节用，以接衣食；江南奢侈，风气不及北方。"

明朝姚舜牧《药言》讲："居家切要，在勤俭二字。"《朱子治家格言》

告诫子孙，"一粥一饭，当思来之不易；半丝半缕，恒年物力维艰"，"居身务期俭朴"。

直到民国时期，勤俭持家仍然是一般小康人家的治家原则。

4. 立志高远，勤奋勉学

古人立志，就是今天说的树立远大的理想。"有志者，事竟成"，只有树立了远大志向，人们才会有克服重重困难的信心和决心，才会有为达到心中的目标而不懈奋斗、孜孜追求的恒心。

从大量的"家训""家诫"中可以看出，众多的家长都期望子孙能够立志成才、勤奋勉学。嵇康在《家诫》中称："人无志，非人也。若志之所之，则口与心誓，守死无二，耻躬不逮，期于必济。"明朝大儒姚舜牧也在《药言》中说："凡人须立志，志不先立，一生总是虚浮，如何可以任得事？"可见，立志是人生至关重要的大事，是人之为人的根本。

在提倡子孙立志的前提下，传统家训也都非常重视学习的作用。如西汉的孔臧在《诫子书》中鼓励儿子"人之进世，惟问其志，取必以渐，勤则得多"。人非生而圣贤，勤学方能有成。学习能帮助人们解决疑难，获得知识，增长才能，完善自我。因此，在我国古代家训读物当中，劝学勉学的事例随处可见。颜之推《颜氏家训》的《教子》《勉学》两篇，专门论述了勤奋好学、立志成才的重要意义和有效方法。如在《勉学》篇中列举了锥刺股的苏秦、映雪读书的孙康等许多刻苦读书的典型，为子孙垂范。在《勉学》篇指出："夫明六经之指，涉百家之书，纵不能增益德行，敦厉风俗，犹为一艺，得以自资。""世人不问愚智，皆欲识人之多，见事之广，而不肯读书，是犹求饱而懒营馔，欲暖而惰裁衣也。"颜之推历仕四朝，亲眼目睹了梁朝士族子弟因不学无术造成的可悲局面，因此，深感学习的重要性。另外，颜之推还提出了很多学习和家庭教学的方法。如惜时勤学、好问则裕、学贵能行、固须早教、慈严相济，等等。其中，"固须早教"中的早背书的方法，尤其值得深思。

现在往往把素质教育与死记硬背对立起来，其实是一种误导。颜之推对婴幼儿的可塑性、记忆力深有体会。《颜氏家训·勉学》指出："人生小幼，精神专一，长成以后，思虑散逸。固须早教，勿失机也。"颜之推回忆，他7岁时，背诵的《灵光殿赋》，间隔十年不复习，犹不遗忘。而20岁以后背诵的经书，一个月不温习就荒废了。过去私塾教学，四五岁的小孩摇头晃脑背四书五经，是符合生理学和教学法的，抢在最佳年龄期，把该背的书背会，不用懂，光背就行，长大自然就懂了。到成年以后，他能把"十三经"背下来，你提开头他就知道结尾，你能说这不是素质？遗憾的是，这种科学有效的教学方法至今得不到认同。

（三）传统家训的功能和特点

中国古代的教育主要有学校教育、社会教育、家庭教育等形式。从教育史的角度看，在中国这个以家族亲族为主要人际关系的宗法社会，传统家训有很多合理的地方，有着不可替代的地位。《颜氏家训·序致》讲："同言而信，信其所亲；同命而行，行其所服。"意思是说，同样一句话，父母说出来，子女就相信；同样一道命令，所佩服的人发出来就会执行。由此可以理解家庭教育的特殊作用。

1. 家训是一种培养、塑造人格的教育

北齐颜之推《颜氏家训·序致》讲："圣贤之书教人诚孝、慎言、检迹、立身、扬名。"中国古代家训涉及的内容比较全面，但都围绕着道德修养来进行教育。中国历史上的众多家训，无一不把教子做人作为重点内容。如，教育子孙在为人处世上，要不断完善自我，做到胸怀宽广，与人为善；在治家上，提倡勤俭持家，不可贪恋奢华；在为官上，要清廉，反对贪赃枉法；在读书上，提倡首先明理做人，其次才是应举考试。在各个方面，家庭不但承担着传承生命的任务，而且为子孙后代的成长和生存提供了一个世代相传

以孝齐家

的亲情教育环境，使他们更好地适应社会，立足于社会，奉献于社会。

家训对子孙树立正确的世界观、人生观、价值观，具有其他教育形式难以替代的优势。家训以其特有的伦理教化功能，使子孙达到自律和家庭和睦，从而为封建社会提倡的"修身、齐家、治国、平天下"的政治理想的实现提供了现实基础。明朝学者曹端《续家训》诗，说的就是这个道理：

修身岂止一身休，要为儿孙后代留。

但有活人心地在，何须更为鬼神求？

此外，家训重视家德家风的养成教育，使家庭成为一个和谐、友爱、稳定的群体，进而对社会风气也产生了良好的影响。中国传统家训史，在一定意义上是一部道德教育史，为中华民族精神文明的传播做出了贡献。作为家庭及社会教育的组成部分，家训既带有启蒙性质，又贯穿人生命的整个过程，同时又带有终身教诲的特质，因而也就成了国家培养道德之民、法律之民、智慧之民不可缺少的教育形式。

2. 家训是一种生活化、亲情化的教育

寓教于家庭生活，寓教于亲情感染，是家训教育的显著特点。家训涉及生活的方方面面，如饮食起居、礼节、节俭、交友、经营、为官、婚恋、治家、书法、音乐、美术等，就各个历史时期而言，尽管家训的内容各有侧重，但都随着社会和家庭生活的发展而不断充实。孩子生活知识的获得，生活习惯的养成，都是通过长辈的照料和引导，在家庭生活中完成的。家训就是这样一个搭起生活和教育的桥梁，让孩子在丰富的生活情景中体验和顿悟。生活环境是多变的，孩子也会在生活中受到影响，在生活中发生变化，在生活中发展自己。

家训教育的亲情化是指从事教育的人与受教育者都是有血缘亲情的人，具有不可替代的感染性。《颜氏家训·序致》讲："凡人之斗阋，则尧舜之道不如寡妻之教谕。"儿子在外面打架，你给他讲尧舜的大道理不管用，妈妈喊一声，他可能就会乖乖地跑过来。父母长辈用生动的模范事例来感染子女，或者用生活中出现的事情来开导、说服子女，用感情和理智相结合的方式，使其对生活有深刻的感受和认识。这样的教育方式就避免了冷冰冰的语言和空洞的说教，也避免了像学校教育那样的强行灌输和机械学习。

前面讲过"知子莫若父""知子莫若母"，长辈们可以根据子孙的个性和特点，根据社会和家庭需要，灵活、及时、有针对性地对晚辈进行教育和纠正。因材施教，因人而异，因时而异，有的放矢，体现了家训教育极大的灵活性。

3. 家训是一种情感与约束统一的规范化教育

记得春秋时期的孙武为吴王阖闾操练宫女时讲："约束不明，申令不熟，将之罪也。"家训教育的规范化就在于它是人人都见得到的成文，明令公布，历历在目，家庭成员该怎么做，不该怎么做，不言而喻。

家庭是由有血缘关系的人组成的一个团体，家庭成员在长期的生活中建立了坚固的、深厚的、长久的感情基础。父母对于子女，可谓爱之深，责之切。但这种爱是要适度而有原则的。要热爱不要溺爱，更不能放纵。家训更是这种"爱"与"严"相结合的教育。除了这些苦口婆心的教导、说服、引导之外，有很多的家法、家约、家规、家仪等，对子孙的行为进行了严格要求，有的家训中还带有惩罚性质的规定。比如，家法就是为保障家训的有效而做出的以惩罚为重要特征的规范形式，具有明显的强制性。家长们在为子孙指明为人之道的同时，也指出了要惩罚违犯家训的不孝子孙，由此规定了进行惩罚的具体办法。家训的这种强制性使得家庭教育更加规范化，更好地保证了教育的有力和有效。

4. 家训是家族兴盛，社会和谐的保证

儒家讲齐家、治国、平天下，"欲治其国者，先齐其家……家齐而后国治"。家训是古代齐家的指导思想和规范原则，它有效地维护了家族的和谐、稳定和发展，从而成为社会和谐、稳定、发展的基石。

北齐颜之推《颜氏家训·序致》讲："圣贤之书教人诚孝、慎言、检迹、立身、扬名……轨物范世也。业以整齐门内，提撕子孙。"儒家讲："其为人也孝悌，而好犯上者鲜也。"追求"诚孝、慎言、检迹、立身、扬名"的子孙，是不会扰乱社会秩序的。《宋史·孝义传》载，北宋江州德安（今属江西）人陈兢的曾祖、江州长史陈崇"为家法戒子孙"，"建书堂教诲之"，被誉为"义门"，"乡里率化，争讼稀少"。

忠孝传家、守道尊德、修身慎行、治学修业、立身扬名、树立优良的家风激励子孙奋进，是中国家训文化的基本精神。它对家族的发展和昌盛，对凝聚民族精神、弘扬道德教化有着不可估量的作用。历史上凡久盛不衰的大家族几乎都有家训。以颜之推的《颜氏家训》为例，它使颜氏家族成为一个家学渊源深厚的文化豪门。隋唐时期，颜氏家族人才辈出。颜之推的儿子颜思鲁、颜敏楚、颜游秦，孙子颜师古、颜相时、颜勤礼都是闻名隋唐的儒学宗师。到唐朝后期，颜之推的第六代孙颜杲卿、颜真卿在"安史之乱"和抗击藩镇中大义凛然、视死如归，为久盛不衰的颜氏家族树立了一座光照秋千的丰碑。

中国家训文化是传统文化的重要组成部分，同时也是传统教育的重要组成部分。家训实际上是一部家庭教育的百科全书，它凝聚着祖先们数百年来对家族昌盛的执着追求，是先人留给我们的一份宝贵的精神财富。

（四）朝廷律令的家庭版——家法

家法，即家族法规，是调整家族或者家庭内部成员人身以及财产关系的一种强制性规范。它是中国宗法社会的特殊现象，是古代法律体系的一个重要组成部分。我国地域辽阔，偏僻的农村是封建法律推行的"盲区"，为了更好地维持当地的社会秩序，统治阶级也默认了家法的存在。从现代法律的意义上理解，家法不是法律。

家法作为一种家族自治的规范，其产生与法律应该是同源的，二者都是源于原始社会习惯规范，后来作为"大家"的国家出现后，二者才开始逐渐分离，各自发展。然而，中国的第一部家法究竟发端于何时，现在已经无法确切考证。宋人王说《唐语林·德行》中提到唐朝的家法："开元天宝（713—756）间传家法者，崔沔之家学，崔均之家法。"最早的成文家法是唐昭宗大顺元年（890），九江郡清阳县（今江西德安）义门陈氏家长陈崇创立的《义门家法》33条。从其问世经过一千多年，家法族规走过了由盛而衰的历程。

1. 唐后期至宋元时期的家法

这一时期，家法族规的发展比较缓慢，并具有以下几个特点：

第一，由家训演化成家规

南北朝时期开始的撰写家训的热潮，在此后的年代里并未降温。在大量撰写家训时，有些家长扩充了其内容，除了告诫子孙，为他们指明为人之道，同时还对于不按家训行事的不孝子孙规定了惩罚的具体办法。因此，"正面教育"式的家训开始分流，一类沿着传统的体例，继续作为纯粹的家训，如宋代袁采、陆游等人所著的"家训""世范"等；另一类则转化为具有强制执行性质的家规，如司马光的《居家杂仪》，增入了惩罚规定。

《苏氏家语》载：北宋范纯仁娶妇，传说新妇以绫罗为帷帐，其父范仲淹说："吾家素清俭，安得乱吾家法？敢持至吾家，当火（烧毁）于庭。"范仲淹说的家法是否是成文的家法，就无从考证了。

北宋开封府尹包拯的家训十分简约，但其中明确规定，"后世子孙仕官，有犯赃者，不得放归本家。死不得葬大茔中。不从吾志，非吾子若孙也。"这既是家训，又是家法。

元朝毗陵新安（今江苏武进）刘氏乐隐公在至正二年（1342）撰写《家劝录》，共制定训诫8条，规定了家族内的一些事务，如田产、陵墓、子孙、修谱等，而最后也规定"至有为匪盗而不悛者，始除其名"。也就是说，把在宗谱中除名作为对不孝子孙的惩罚。

制订于元代中期的《盘古高氏新七公家训》，多处提到"家法""家规"，而作者的本意是将其与"家训"作为同义词来使用，可见在家训向家法族规转化的初期，家训、家法、家规在时人心目中并无根本性的区别。高氏家训中既有正面教育的开导训诫，又有强制性的惩罚。如在"重祭典"条中，对于卖祭田、祭器，伐坟木，毁墓石，废时祭等行为，"皆重惩之，毋得容隐"。在"戒淫盗"条中，则"少有干犯，即当痛责"，"致若犯劫盗之罪案，经族正会议，立予除名，不准入谱"。这几份家训的内容中，显示出了家训向家法族规演化的轨迹。

第二，"义门"家法有所发展

对于前朝形成的数代同居的"义门"，诸如江州陈氏，宋代的统治者们大加褒美，并给予多种特殊的待遇。由于朝廷的倡导，在宋朝及宋朝之后又形成了不少数世同居的大家庭，并产生了一些"义门"家规。如北宋江州德安（今属江西）"义门"的陈崇就曾"为家法戒子孙"。影响较大并成为"义门"家法典范的，是浦江（今属浙江）郑义门的《郑氏家范》。郑氏同居之初，由于人丁尚少，家长们以"孝"齐家，尚未订立家规。到同居的第五代，主持家政的郑德璋开始"以法齐其家"。接着，其子郑大和在名儒的帮助下，制定了《家范》58 则。随后，其子郑钦等作《后录》，增 70 则。从子郑铉又作《续录》，增 92 则。后经损益，定为 168 则。这些法规要求族人忠于国，孝于家，乐于助人，造福乡里；禁止他们失长幼之序，乱男女之别，奢侈淫佚，欺压乡邻；并规定了"削名""痛笞""告官"等惩罚手段。如，私置田业者"击鼓声罪而榜于壁"，赌博无赖者"会众而痛笞"，不尊长者"甚不得已，会众笞之"。《郑氏家范》是一份比较完备的"家法"，有一万余字，是中华传统家法族规的代表作，对中国家法族规的发展产生过很大的作用，后世各家族、宗族订立的家法族规，多依此做参考。

2. 明朝家法族规的转型

明朝初期，明太祖朱元璋亲自对浦江郑氏大加褒美，给予种种殊恩，并

亲自订立了六条规范子民日常行为的"圣训"。开国元勋、一代名儒宋濂又帮助浦江郑氏子孙将《家范》《后录》《续录》合并为 168 则。这样，上行下效，在明朝制定家法族规的家庭、宗族就逐步增多，其内容和形式也渐趋成熟。

由于《郑氏家范》的示范，很多高官显贵和社会名流都模仿订立本家庭、本家族的家法族规。当时的名儒曹端以《郑氏家范》为底本，编写了约束本宗族的《家规辑要》。《家规辑要》分若干章，每章先引用《郑氏家范》的相关条款，省略少量作者不加认可的内容。同时，在每章中作者又订立一些新的条款。直到明朝中后期，制订此类规范的达官贵人仍比比皆是。其中，传诸后世的有曾任吏部尚书的霍韬所订立的《霍渭厓家训》，曾任福建巡抚的庞尚鹏所订立的《庞氏家训》，等等。

明朝前期，订立家法族规的普通百姓很少，直到明朝中叶以后数量才逐渐增长。这是因为经过大约一个多世纪的休养生息，明初一夫一妻的小家庭已发展成数十口直至数百口的宗族。这些宗族又建造宗祠、纂修宗谱等，因而有了订立家族规范的需要。如湖州王氏在明朝中期还没有编纂族谱，也未订立家法族规，随着人丁的逐步兴旺，到万历（1573—1620）年间，族中便有人"修订"族谱。天启（1621—1627）年间，科场落第的王元春在完成族谱编辑的同时，写成了该族的第一份族规。不少宗族与湖州王氏有相似的情况。现存的出自民间的明朝家法族规，大多制订于明朝后期。

唐、五代、宋、元时订立的家法族规，对于违反家法族规的子孙的惩罚，相对较轻。进入明朝后，随着家法族规的严密、完善，并因宗族人口的不断增多，族人之间的血缘关系越来越疏远，对于违反家法族规者的惩罚，已经有了加重的趋势。明初的家法族规，诸如曹端的《家规辑要》等，已经将处死列入家法族规之中。如，犯有淫乱行为的妇女，要逼令自尽。到明朝后期，家法族规中的惩罚办法逐渐增多，惩罚力度逐渐增强。有些家族甚至对于一些很小的事情，也大动干戈，加以重惩。如撰写于万历三十八年

（1610）的广东五华缪氏《家训》规定，对搬弄是非的"小家婆妇"，须"重治而禁绝之"。

3. 清朝家法族规的兴盛

较之汉族统治者，统治着多数民族的满洲贵族更需要扶植宗族势力来维护其统治。特别是到了嘉庆以后，各种反清武装起义风起云涌，清政府只能更加倚重宗族势力，把家法族规作为束缚民众的又一工具。与此同时，到清朝中期，经过一百多年的承平，人口急剧增长、宗族扩大，致使不少宗族的尊长发出"族繁矣"的感慨。人口激增而生产并未相应的发展，无论城乡都出现了众多的无业游民，又使尊长们为族众"良莠不齐"而忧虑。许多家庭和宗族将制定和强化家法族规作为防止家族衰败的良方。基于这两方面的原因，家法族规于此时进入全盛时期。

在清朝建立后不久，顺治皇帝就订立了"教民"的6条"圣谕"。由于清政府的提倡，在康熙、雍正、乾隆时期出现了订立家法族规的热潮。嘉庆（1796—1820）年间，爆发了白莲教起义。此后，又爆发了震撼全国、持续了十多年的太平天国运动。为了不致在战乱中湮没，尚未订立家法族规的家庭特别是宗族在此时期纷纷补订，以便约束家人、族人，从而安全地度过乱世，这使得清朝中后期出现了订立家法族规的高潮。到此时，在编印过谱牒的宗族中，绝大多数制定有如何修谱的谱例，其中有一部分还包括制约族人行为的条款。此外，在上述宗族中，大约有一半左右还制定有诸如"族规""祠规"等若干种家法族规。

清朝以前，在大多数家法族规中，常见的惩罚方式只有谱牒除名、不准入祠及笞责等数种。如驱逐一类较为严厉的惩罚方式，虽也载入某些家法族规，但尚未普及。进入清朝中期后，家法族规中的惩罚方式大大增加。诸如涉及财产的惩罚方式，常见的有罚钱、罚戏、罚祭、罚香烛、罚锡箔，等等。同时，对于违反家法族规者的惩罚强度也明显加重。在此之前，所能见到的要被家法族规处死的，只有淫乱妇女，且以逼迫她们自尽为主。而在此时，不孝、偷窃、抢劫，在有些宗族中甚至是出家为僧、为尼，都会被宗族处死。处死的办法也增加了较逼令自尽更为残酷的活埋、沉潭等多种。

在中国封建社会，国法与家法并存。"家之有规，犹国之有典也。国有典则赏罚以饬臣民，家有规，寓劝惩以训子弟。其事殊，其理一也。"它的功能，同家训一样，对调整家族与国家、家族与家族、家族与族人、族人与族人之间的社会关系，对于封建宗法结构的稳固和强化，发挥着特殊作用。所不同的是，家训重在教育训导，家法重在约束惩罚。

（五）与列祖列宗共事的家庙和祠堂

家庙也称宗庙、庙堂，是祭祀祖先、商量家国大事的场所。《淮南子·兵略训》说："故运筹于庙堂之上，决胜于千里之外。"范仲淹《岳阳楼记》也有"居庙堂之高，则忧其民；处江湖之远，则忧其君"的名句。这里的"庙堂"，还是决定军政大事的地方。

祠堂，又名宗祠、宗庙、家庙、祖庙、祢庙、家祠。"祠"即是祭祀的意思，祠堂就是祭祀神灵的房堂。秦汉以后建在坟墓处，用来祭祀死者的享堂叫祠堂。明清时期的家庙多称祠堂。如清朝赵翼《陔余丛考》卷三二《祠堂》称："今世士大夫家庙皆曰祠堂。"

值得注意的是，古代许多有惠政的地方官，当地百姓也为他们立祠堂祭祀，如西汉南阳（今属河南）百姓为太守召信臣立祠，西汉庐江舒县（今安徽庐江县西）百姓为大司农朱邑立祠，唐朝魏州（治今河北大名东北）百姓为刺史狄仁杰立生祠。此外还有文人学子祠堂、忠勇将士祠堂、烈女孝子祠堂等，虽都称祠堂，但不是宗族祠堂，更不是家庙。

1. 商周时代的宗庙

中国祠堂文化的滥觞，与中国古代传统的祖先崇拜有着密切关系。古人祭神特别是祭祀祖先的场所，实际上就是祠堂的前身。到了商代，祖先崇拜和祭祀有了发展，建立了初步的宗庙制度和祭祖规则，但商代祭祀礼仪尚未形成定制。

西周为巩固统治，建立了分封制和宗法制。周朝贵族特别重视宗庙。"君子之营宫室，宗庙为先，厩库为次，居室为后。"宗庙祭祀的规模也有严格的规定。《礼记·王制》载，天子七庙，诸侯五庙，大夫三庙，士一庙，庶人祭于寝。天子"七庙"是指天子可以为包括太祖在内的最近的七代祖先立庙，以下以此类推。周朝庶人没有宗庙，只能在家中正堂上祭祖。这样，以宗庙为核心的祭祖礼制正式形成。中国家庙、祠堂也正式诞生，对后代产生了极为深远的影响。

诸侯国的宗庙并不把几代祖先放在一起，各代国君一般都单立一庙。鲁庄公父母双亡，夫人哀姜举行庙见之礼，把父亲鲁桓公的庙装饰一新。《左传·襄公六年》记载有"襄宫"，是齐襄公的庙。《战国策·齐策一》讲："先王之庙在薛"，指的是田氏齐威王的庙。

2. 秦汉以后的祠堂和家庙

司马光《文潞公家庙碑》讲，秦朝"尊君卑臣，于是，天子之外无敢营宗庙者，汉世公卿贵人多建祠堂于墓所"。在坟墓处建祠堂开始于西汉。至今犹存的东汉嘉祥武氏祠，就建在坟墓旁。

东汉清河王刘庆的母亲宋贵人饮药自杀，后葬于洛阳城北的樊濯聚。刘庆想为母亲修祠堂，因没敢向汉和帝提出，后引为没齿之恨。

曹操受封为"魏公"，始建宗庙于邺（今河北临漳），以诸侯礼立五庙。以后，多以官品或爵位来比拟先秦时代的庙制。南朝宋郭原平服丧完毕，自己盖了两间小屋，以为祠堂，每至节日祭祀。

唐宋时期的祠堂多称家庙。唐太宗时，宰相王珪不作家庙，四时祭于寝，被人弹劾。唐太宗不想治他的罪，亲自为他立家庙，让他感到羞愧。时人指责王珪只追求节俭而不顾礼仪。可见，唐初一定品级的官员（五品以上）必须立家庙，否则就会受到法司的弹劾。

《大唐开元礼》规定：文武官二品以上祠四庙，加始祖共计五庙。五品以上祠三庙。六品以下到庶人，祭父祖于正寝。

唐朝以来，修在野外坟墓之处的祠堂又移到了城镇。文武百官的私家之庙多集中在京城长安城内的繁华之处，以致皇帝去南郊行大祀之礼必经的天门街左右诸坊都有私庙。唐武宗会昌五年（845），诏京城不许群臣作私庙，但可在居住之处立庙。

五代时，士大夫多不建庙，四时祭祀于室屋。所以，南宋叶梦得《石林燕语》说，士大夫家庙自唐以后不复讲。

《宋史·礼志十二》载，庆历元年（1041），"南郊赦书，应中外文武官并许依旧式立家庙"。北宋元丰三年（1080），宰相文彦博留守西都长安，始祭祀家庙。一般大臣仍然不能建庙，学者贵为公卿而祭祀先人只能备庶人之制。北宋右正议大夫王存经常以此为憾。告老致仕后，营建住宅时首先营建家庙。

绍兴十六年（1146）正月，秦桧立家庙，宋高宗赏赐给他许多祭器。赐给将相祭器，宋高宗首开先例。

南宋初的抗金名将杨存中的祖父永兴军路总管杨宗闵、父亲知麟州建宁砦杨震以及母亲都在抗金战场上殉国。杨存中累战功至检校少保，领殿前都指挥使。请求立家庙，赐予祭器。朝廷特许他祭祀五世先祖，并赐祖父的庙额为"显忠"，父亲的庙额为"报忠"。

从上述历代宗庙的演变可以看出，古代有官爵者才能立家庙，一般百姓没有这个权力和荣耀。由此可知，金榜题名、加官晋爵不光能扬名显亲，还能让列祖列宗有一个显贵的住所。

3. 明清时期的家庙与毁庙、祫祭

明朝洪武六年（1373）规定，公侯品官于居室之东修祠屋三间，以祭祀高、曾、祖、考（生为父，死为考入庙为祢）。嘉靖十五年（1536）又规定，三品官以上立五庙，以下立四庙。三品以上官"今之得立庙者为世世奉祀之祖，而不迁焉，四品以下，四世递迁而已"。要理解这些规定，先得了解古代的毁庙礼制。

先秦时期就有毁庙礼制。比方说"四庙"祭祀高祖、曾祖、祖父、先考四代，也有的是祭祀始祖，再加曾祖、祖父、先考三代宗亲，共四庙。可等这家的长辈死了，儿子成为祭祀的主人，原来的曾祖成了高祖，四庙就不够用了。于是，原来的高祖或曾祖成了"亲尽"之庙，这就有了"毁庙"制度。三年之丧完毕，因先考的神主迁入宗庙，多出了一庙。这时，将列祖列宗的神主都请出来，进行总祭，叫作"袷祭"。然后把不在庙数的神主（始祖除外移入"祧庙"内，藏在祏，古代宗庙里藏神主的石函）或专设的房间内，留下最亲近的先祖。袷祭每五年举行一次。上面说的"四品以下，四世递迁而已"，就是这个意思。

"今之得立庙者为世世奉祀之祖，而不迁焉"，是说三品以上官所立的五庙可世世代代祭祀，不再有毁庙制度。中国人祭祖，恨不得几代、几十代的列祖列宗都祭祀。这个"不迁"终于突破了先秦以来的祭祀礼制，满足了民间厚葬久祀的愿望。这样，立庙者得以世世代代奉祀，随着子孙的不断繁衍，就出现了祭祀历代列祖列宗的宗族祠堂了。

明清徽州（治今安徽歙县）一带流传，"家必有谱，族必有祠"，"无祠则无宗，无宗则无祖"。安徽黟县西递村胡氏祠堂众多，被誉为"祠堂世界"。西递村胡氏奉唐昭宗李晔之子昌翼公为始祖，昌翼公因随奶娘避唐末之乱，改为奶娘丈夫的胡姓，昌翼公的第五代后人胡仕良率族人迁到西递村。胡氏祠堂最高一级的叫本始堂，是宗族全体族人祭祀始迁祖的祠堂，也是西递胡氏等级最高的总祠堂。后因宗族人口繁衍众多，又出现从宗族分出来的、祭祀本支族先祖的支祠，祭祀本家族先祖的家祠，等等。西递村胡氏的族权思想、宗法秩序比较淡化，祠堂还作为家族内部教育子孙的训诫地。如"敬爱堂"即启示后人敬老爱幼，互敬互爱，和睦相处。作为宗祠，这里一直是商讨族事的场所，遇有族人婚嫁喜事，或教斥不孝子孙，也在这里进行。

"追源溯本，莫重于祠。"孔子认为，祭祀既是对祖先"慎终追远"的道德情感的培养，又是向子孙灌输"孝"和"恭敬"的道德意识手段。所以，家庙祠堂对培养子孙对祖先的认同感和归属感，培育家族的凝聚力和自豪感，塑造敬老爱幼、治学修业、立身扬名，树立奋发向上的家族文化精神，有着巨大的作用。

七、家庭养老与养生

中国是一个以农业为主的国家，家庭经济（男耕女织、自给自足的小农经济）长期以来是社会生产的主要形态。这种具有血缘性、农耕性的封闭式家庭生产、生活方式，在先秦时期就已经形成。自给自足的自然经济，是以一家一户为生产单位和消费单位，男耕女织，繁衍生息的。

小农经济的长期存在和稳定延续，使人们一直视数代同堂为最理想的家庭模式。因此，祖孙三代以上共居的家庭结构，占中国传统家庭总量的绝大多数。在数代同堂的家庭中，老年人退出劳动生产、完成劳动经验的传授和家庭财富的代际交接后，终生同子孙生活在一起，接受他们的赡养。

（一）家庭养老的悠久传统——老人的日常生活

《孝经》认为，孝子之事亲，居则致其敬，养则致其乐，病则致其忧，丧则致其哀，祭则致其严，五者备矣，然后能事亲。这其实是把事亲致孝的内容，从生、老、病、死各个方面进行了说明和要求。

早在先秦时期，国家就特别强调家庭对赡养老年人的职责与义务。在吃的方面，《礼记》规定，从父母 50 岁开始就要为他们特别准备精粮，不能再和自己一起吃粗粮；到了 60 岁每餐饭就要准备肉食；到了 70 岁，还要有精美的副食品做补充；到了80岁还要经常给他们吃珍贵难得的食物，以补充营养；父母90岁的时候就要随时随地给老人提供食物和饮品。

在穿的方面，70岁以上的老人要穿"帛裘"——高档保暖的服装。80岁以上的老人就是穿帛裘衣服也不暖和了，要靠做子女的问寒问暖和细心体贴才可得到温暖。因为老人已老，随时都有可能发生意外，所以子女必须从老人60岁开始为老人准备葬具。先秦时期，养老所需的养老场所、养老资源、养老观念等已初步具备或初步建立，家庭养老为主的养老形式已经形成。《尚书》中就曾记载：肇牵牛车远服贾，用孝养厥父母。意思是说，为了赡养父母，必须外出做生意赚钱，以满足父母的物质生活需要。

传统孝道中养老敬老主要包括两方面内容：事生与事死。也就是古人所说的：生，事之以礼；死，葬之以礼，祭之以礼。孝丧、孝祭和守孝，三者都是指对已故的父母和先祖应尽的孝道。除按时恭敬地祭祀外，还要依照祖制行事，把祖先的事业推向前进。更进一步，要立身扬名，以显父母。如果能够修身行道，效忠君国，扬名后世，那就被儒家经典《孝经》誉为"孝之终"也。

具体到老人该如何享受老年生活，古代很多学者有过较为精准的认识。譬如南北朝时期的中药学家陶弘景就强调，养生的奥秘就是不要长久走动，也不要久坐；不要长久卧床，也不要长久地下床活动；不要强迫自己吃东西；不要喝醉酒；不要过于忧愁；不要过于哀恸——这就是所谓的平衡与和谐，能找到这种平衡与和谐的老人，必能长寿。诚哉斯言，老年人必须饮食有节，行为有序，一切都适可而止，不可过度。

宋代的陈直，曾撰写出了我国第一部老年养生专著《养老奉亲书》，然后元代的邹铉在陈直原文基础上加以补足和扩展，写成新书《寿亲养老新书》。此书以老年养生为专题，详述修身养性、药物与食治调理、按摩腧穴等保健内容，并附各类药方120余剂。另外还论述了老年日常起居、闲情逸致、养性养生、善行孝行的传闻轶事等方面的内容。自从元代成书后，《寿亲养老新书》一直为后世养生学家所重视，是一部食治与养生不可多得的经典之作。

还有金代张子和的《儒门事亲》、元代医学家朱丹溪的《格致余论·养老论》都是重要的老年养生专著。特别是到了明清时期，这方面的著作较前代更是大为增多。如明代刘宇所撰的《安老怀幼书》、徐春甫的《老老余编》、洪楩的《食治养老方》，以及清代曹庭栋的《老老恒言》、石光墀的《仁寿篇》等。

宋代人对老年人的身心状况有较为深刻的理解。宋人郭功父的《老人十拗诗》曾写道："不记近事记远事，不能近视能远视；哭无泪，笑有泪；夜不睡，日里睡；不肯坐，只好行；不肯食软，要食硬；子不惜，惜孙子；大事不问，琐事絮；少饮酒，多饮茶；暖不出，寒即出。"这首宋代打油诗从很多方面刻画了老人的反常举动与要求。不过，几百年之后，明代一位八十五岁的老寿星刘诩却从自己个人的实际感受出发，认为宋人郭功父的说法不太准确。刘诩觉得自己不仅不能记得远事，而且连近事都记不清楚，也不喜欢向别人打听近来发生的事情。对于饮食习惯，他又喜欢吃软和的食物，甚至到了每次吃饭都要询问食物熟烂否，如果没有熟烂，必须再次蒸煮的程度。毫无疑问，与宋代郭功父喜欢吃硬一些的食物相比，明代的刘诩是一个"软食主义"者。开个玩笑，刘诩是一个喜欢"吃软饭"的老人。

八十五岁的刘诩不喜欢行走，百步之外就需要"竹兜"之类的"代步工具"，这与宋人郭功父"不肯坐，只好行"的说法恰好相反。当然，郭功父与刘诩的不同，并不表明宋代老人与明代老人在饮食起居方面的巨大差异，而只是说明了每一个时代、每一个地区的不同老人，有着不同的生活要求和习惯。这就告诉我们，其实家庭养老就是要根据老人的个性化需求，来妥善地解决好老人的饮食生活习惯问题。

明代是中国古代养生学集大成的时代，出现了很多养生学家。譬如之前提到的刘宇，他的《安老怀幼书》中的《安老卷》就从饮食调制、治病号脉、药品供应、性格嗜好、起居安排、贫富祸福、忌讳禁戒等七个方面，全面规定了对子女的要求。其实，早在先秦时期，《礼记》就记载了当时对老人在起居饮食方面的特殊照顾。如早晨公鸡初次打鸣，所有子女就都要为父母准备好洗漱的用品，然后把服装和头饰都送到父母身边，帮助父母穿好衣服后，再把父母身上佩戴的饰物严格按照相应的位置给父母戴好。父母洗漱的时候，子女中年少的双手端着水盆，年长者拿着水杯，然后按照父母的需要，再依次递上毛巾等洗漱物品。父母行动的时候，子女或在前或在后扶持。

这些习惯早已为历代所继承，而明代的刘宇在总结了前人奉养老人的惯例之后，认为照顾老人和保证老人健康的重点在于日常饮食。他认为老人的消化功能大为减弱，所以对食物的质量要求很高，尤其对食物的温度极为敏感，务必要精心烹饪一日三餐，切忌吃生冷的食物。而且，最好不要让奴婢来做饭，子女要亲自动手为父母做饭。饭后也要行走一两百步，以此消食。

明代有一位大哲学家吕坤，他在《事生礼》中，还认为老人食物中肉食材料切割和蔬菜采摘亦有细致的要求。首先鱼肉应该没有鱼刺，鸡鸭没有骨头、有腥味的食物一定要用生姜和醋来去味等。大葱、韭菜、蒜苗等蔬菜，一般夏天要剥除两层外皮，秋天要剥除三层，冬天要剥除四层，以此来保证菜料的新鲜。老人吃的主食要与年轻人有所区别，大米、小麦等主食必须是精心挑选、颗粒饱满的精品。

水果则应该在老人半饥半饱之时奉给，而且要把最成熟的果子挑出来给老人吃。不同的菜肴还要配以不同的水果，以利于老人充分吸收水果的营养成分。供应给老人的茶水应当用当年新茶冲泡，且需随喝随泡，不能一杯茶重复冲泡，更不能给老人喝隔夜茶。由于古代缺少有效的除污方法和去污用品，为了老人身体健康，餐具的质量要求也甚高，必须保持器皿清洁干燥，不沾油腻。

吕坤还注意到要根据老人进食的心情来安排不同的膳食，他认为老人忧愁悲愤，就不应该吃面食，而是要喝点酒，再加一点稀粥。但最好是做到让老人饭前无愤怒，饭后无忧愁，给老人创造一个愉悦平和的就餐环境和氛围。

事实上，与先秦时期的老人居家待遇一样，吕坤提出的要求也很难做到。即便是作为收入较高的明代大儒，比起寻常百姓，物质条件应该还是相当优越的，但是也未必有足够的经济能力和精力来把老人的日常生活照顾得如此细致。对于一般农耕人家，老人三顿吃饱就算是幸福得不得了了。但是，正如刘宇所认为的，不管是贫穷，还是富贵，为人子女者要倾其所有，诚心诚意地奉养尊亲。

即便大儒吕坤的要求显得有些苛刻，但在饮食方面，依然也有很多履行其要求的孝子出现。例如明代新昌县人吕升，幼年失去母亲，他对百岁高寿的父亲十分孝顺，他不与妻子同睡，而是同老父睡在一块，就是想让父亲高兴一些。父亲年高，牙齿不能吃坚硬的食物，但他又特别喜欢吃肉，一吃就是一斤肉。吕升就带领妻子把肉煮得烂熟。还有一个新昌县人丘镡，因他父亲牙齿早掉光了，他就把鱼肉做成鱼丸和鱼饼，供父亲食用。

明代地方志上，有关这样细致地照顾尊亲的记录很多。虽然孟子曾说，老人要五十岁穿上厚暖的帛衣，七十岁要能经常吃上肉。但是，古代的生活水平很低，对于大部分寻常百姓家庭来说，毕竟老人能普遍达到孟子所定的标准，还真不是易事。可正因此，很多家庭对于老人的细心照料，尤其是贫穷之家，就更是难能可贵了。

明代保定人王瓒，年龄很小的时候就特别注意孝行，对待父母，从来恶言不出一句，任何不好的消息都不告诉父母，以免他们担忧，凡是饮食等各种奉养的物质，都力所能及地予以供给。父亲去世后，王瓒侍奉母亲更为孝顺，不管是严寒还是酷暑，他都自己动手做好母亲喜欢吃的饭菜。当母亲生病用药时，他总是先把汤药尝一下，然后再侍候母亲喝下。可母亲的病久治未愈，他就每天晚上摆放香案在堂屋中，向上苍祈祷，希望让自己来代替母亲生病。后来，母亲的病才有所好转。母亲只要出门，不管远近，王瓒都跟随在左右，只要母亲有所疲倦，他就背着母亲回家。母亲生气之时，王瓒与妻儿共五个后辈就一起载歌载舞，为母亲取悦逗乐。

清代江苏人陆再吉，父亲早亡，他就对寡母特别孝顺，曾三十年如一日地为母亲清洗溺便的器物。还每天为母亲捶背挠痒，甚至每天讲一段小说来使母亲心情愉悦。据清代方志记载，浙江嘉善人张骞，其父喜欢玩博彩的游戏，张骞就尽量多给父亲一点钱，让他玩得更尽兴。

还有明代江苏昆山人支琼，其家庭是古代最为弱势的一类，连床褥子都没有暖和的，因此他的母亲在寒冷的夜晚因为被褥单薄而无法入眠。支琼就把身上的衣服都脱下来，盖在母亲身上，然后再用自己的身体为母亲的脚取暖。以至于有一次，一个敬慕支琼孝行的本地人来拜访，可他却久久不出门相迎。来人非常生气，大声责问为何不来迎接。等待片刻，才见支琼穿着内衣出门迎客。来人这才知道，原来支琼用衣袍当作被子，盖在母亲身上，而母亲此刻正在熟睡，他担心把衣袍从母亲身上拿下，会吵醒母亲，就不忍心拿下，但他自己就这一件衣袍，于是正如那位来者看到的那样，他只能穿着内衣出门迎客了。

孔子曾说，一个对生活有着较高追求的人，对饮食的要求应该是"食不厌精，脍不厌细"，即食物和烹调均精美细致。在明代哲学家吕坤看来，奉养老人的膳食也要"食不厌精，脍不厌细"。老人的日常作息，包括起床、睡觉、上厕所，甚至连挠痒痒，都必须周到妥当，尽量使其舒服安逸。

其实，古代的家庭养老还有一个本身无法回避的矛盾。如果子女投入全部精力去赡养尊长，那么子女的事业和工作必定受到很大的影响，甚至荒废。毕竟人的精力是有限的，往往顾此就要失彼。但是儒家对孝道的最高要求就是报效君王、扬名立万、光耀门楣，这才是对父母养育之恩的最高回报，也是对整个大家族所尽的最大孝，可以惠及到每一个族人和尊长，无疑是最大的孝。很明显，一个有权有势的成功人士，是根本无法"晨昏定省"、一日三餐侍奉尊长的。反之，随时都能把孝敬父母的日常细微事情做得很好的人，往往都是社会下层人士，他们肯定不能在事业上为父母、为家族光耀门楣。

这个矛盾早就被历代士人所发现，譬如明代大学者陈继儒就认为，古代人孝养父母就是孝养，没有其他目的，而今人孝养父母总想着做官出人头地。陈继儒所讲的"古代"是指科举之前，甚至先秦之前的上古时期，而他所谓的"今天"是指科举之后，唐宋元明以来的时期。陈继儒举例说，一个人即便中了科举，当了大官，父母一般也不能跟着他去做官，有的甚至五年、十年也难得见一面，就算是儿子衣锦还乡，前来拜访的宾客必定很多，而且本来家里就有妻妾仆人来照料父母的饮食起居，那么作为亲生的儿子，又能有几天时间来亲自侍奉老人，而使他们开怀一笑呢？

诚哉斯言，这就是一个"二律悖反"，即所谓的"忠孝不能两全"。但无论如何，总的说来，古代子女在照顾老人的家庭生活方面，的确是做到了无所不到、无微不至，值得现代人借鉴。

（二）"刮股疗亲"——如何侍候生病的尊亲

孟子认为，五十岁的老人如果可以穿上暖和的衣帛，七十岁的老人可以吃上肉，则国家太平，社会和谐，家庭和谐。在儒家看来，孝为仁之本，是伦理道德的核心。孔子把孝的根源看作是从人人所具有的"仁心"中产生的，而孝是实践"仁"的起点和根本。孝不仅可以协调亲子关系、君臣关系，还能够从根本上协调一切社会关系和家庭关系。

孝不孝顺，并非是一个空洞的概念，养不养老并非是一个无章可循的行为。所以，在养老和行孝的过程中，有很多原则和具体的要求。这些要求得以满足之后，老人在家庭或家族中的待遇就有所保障了。譬如如何照顾生病的尊长，就是老人家庭养老有无保障的一个重要体现。

宋代养老学家陈直对保障老人的身体健康曾提出过七条法宝：第一，少言语，养内气；第二，戒色欲，养精气；第三，薄滋味（口味不要太重），养血气；第四，咽津液（唾沫），养脏气；第五，莫嗔怒，养肝气；第六，美饮食，养胃气；第七，少思虑，养心气。但是，不管老人自己如何注意和讲究，也不管子女照顾老人有多么周到，人吃五谷杂粮就会生病，更何况是生理机能大为降低的老人。

当老人病了之后，摆在子女面前的任务就会特别重要，因为老人生病不比年轻人，一旦马虎，稍有闪失，就会有生命之虞。

古代照顾生病的尊亲，首先是要朝夕陪伴在老人身边，亲自熬煮汤药，长期如此，一天都不能远离。西晋高官李密因祖母有病在身，便写了一个《陈情表》，向晋武帝司马炎申请提前退休，能朝夕与祖母相伴，为其治病。《陈情表》用词哀恻，感人肺腑。这是中国较早"侍疾"的一个典范，被后世所广为推崇。唐代初期的名臣房玄龄，其父长期卧病在床，他尽心为配置药膳，在父亲生病期间，基本都是和衣而睡。唐代还有一个元让，好不容易考中科举之后，却因为母亲有病，自我放弃了大好仕途前程，回家专门陪伴母亲治病，长达数十年都坚持在家照料母亲，拒绝当官。

李密、房玄龄和元让等人能够成为照顾生病老人的典范，除了孝顺的品德之外，更为重要的是老年病有其特殊性。《黄帝内经》是我国最早的医学专著，大约成书于战国时期，它假托远古时期的帝王"黄帝"为作者，较为系统地阐释了老年病的各种理论。《黄帝内经》认为，人体从四十岁开始，就开始初现"老态"，各种器官都会退化，每隔十年就有一个明显的变化。基于这种传统的认识，明代哲人吕坤提出儿媳妇在尊长生病痛痒之时，要尽心为其搔痒按摩。而且，儿媳妇和其他侍奉老人者，都要把指甲剪短磨平，这样为老人搔痒按摩时，才不会伤到肌肤。吕坤还强调，因为老人的身体状况从根本上讲，总是每况愈下，所以时刻都属于防病的状况，于是在老人走出家门到外地的必经之路上，儿媳妇要事先用土壤将坑坑洼洼之处填平，以保障老人平稳走路不摔倒；如果路上结冰，则要用利器在冰面上凿出横向的纹理，以防止老人滑倒。老人夜行时，要先派遣人先去探路，看路好不好走。老人夜晚从异地回到家中时，儿媳妇也应该率领家人举着火把出门迎接。

哲学家总结的侍奉生病老人和保持老人身体健康的细节，当然会在全社会起到很大的规范作用。譬如，明代湖北黄梅县人洪祥，老父生病时，他把父亲的起居饮食安排得非常完美，就连父亲拉在床上的屎尿都由他来清洗，而从来都不吩咐下人去做这样的事。但因为洪祥的妻子是比较娇惯的富家女，父亲担心他过于孝顺之后，冷落了妻子而被她责备，于是总心有不安。一天，父亲装着很健康，从床上坐起来，对洪祥说病好了，让他不要留在身边照料了，留下一个仆人就行了。洪祥听完，就真的离开了。当天晚上，父亲想起床小便，就叫唤屋里伺候的仆人来扶他一把。可是仆人睡得太死，根本就叫不醒。父亲无奈，只得在黑灯瞎火中艰难地自己起身，却因力有不逮而快要跌倒在地上。正当此时，突然一只手搀扶在父亲的腋窝下。父亲大吃一惊，问对方什么人。只听洪祥说是他自己。原来父亲假装病愈而让他离开，早就被洪祥所发觉，他只不过如父亲一样，也假装离开，实则夜晚又偷偷地躲在父亲的房间，随时待命，侍候老父。听完洪祥一席话，父亲与他两人相拥而泣，感动不已，不久父亲也因此逐渐康复。

除了这种朝夕陪伴老人病榻之侧，亲自熬制汤药，长时间照料老人而未尝一日远离之外，还有自学医药学知识，让自己成为半个医生，甚至就成为医生，来更好地为尊长治病。明代曹县的一位道士，本来是一个极有可能考上功名的知识分子，但因为母亲久治不愈，就放弃了科举之途，转而做道士，到处学习各种治病的方术和土方。

还有的千方百计营救生病的父母。明代杭州人孙海经，乃农家子弟，父亲早逝，只剩母亲。有一天，母亲突然患重病，怎么看医生都无法减轻病情，但只要母亲想吃点什么，得到满足之后就会好一些。于是孙海经就与弟弟竭尽全力置办各种食物，正所谓有备无患，待母亲需要时，他们就可以随时奉上。有一回，母亲突然想喝大虾汤，家中刚好没有。时值农忙时节，但兄弟两人马上放下手中的农活，在河里捕捉大虾，可沿着河道走了好几里，也没有捕获一只大虾。然后，他们就跑到市场上去买，可依然有钱买不到。兄弟两人非常忧虑，只能抱着死马当活马医的态度，再次沿着河道慢慢前行，希望有奇迹发生。果然，天可怜见，他们猛然看到一处水面有动静，就马上脱下衣服，跳入水中，用衣服胡乱打捞一通，终于抓到了几只大虾。母亲喝完虾汤，病情果然大有好转。兄弟如此坚持，使母亲多活了好几年。

清代奉贤县（今上海奉贤区）的儒生汪仕善，陪送母亲到安徽休宁县扫墓，回来的路上母亲病倒，他就一路上找医生为母亲看病，因过于劳累和焦急，汪仕善也病倒了，可母亲仍然不见好转，他仍旧坚持在回家的路上四处拜医为母亲治病。终于回到奉贤家中，母亲病愈，他却因病重而死去。

还有周士晋，清代江苏嘉定人。母病久，医生告知，只有喝人奶方可活命。周士晋刚刚生了儿子，才九个月，于是与妻子李氏谋划，将儿子弃道旁，用乳汁乳母。母亲痊愈，问孙子呢，夫妇双方谎称孩子夭折。后来李氏不能再怀孕，他也无怨无悔。过了十二年，有和尚为殷氏儿子推命，年月日与周士晋的儿子相同，问之，得知在道旁捡的，于是父子才得以复合。

更有甚者，某种特殊疾病——如痢疾之类的肠胃病——需要通过亲尝粪便的味道，来判定疾病的种类和轻重。而很多子女就亲尝粪便，成为古代一种很平常的行为。如明代孟县人刘章，母亲突发疾病，刘章哭泣着向上天祈祷，愿以自己的生命换来母亲的健康。医生来为母亲诊治之后告诉刘章，只有口尝母亲的粪便是苦的，还是甜的，才能知道母亲有救没救。刘章二话不说，马上洗手，亲尝母亲的粪便，感觉是苦的。医生一听说是苦的，高兴地告诉刘章，他母亲可以医治。果然，没几天，母亲就病愈了。

此外，当尊亲有眼病之时，还有人通过吮吸和舔吻病眼的方式来为之治病。明代浙江金华人宗祉，母亲双眼生病，都瞎了。于是宗祉每次出城到郊外之时，都会灌几壶纯净的溪水，带回来为母亲洗涤眼睛，而且一边洗，还一边用舌头来舔母亲的双眼。长期坚持，母亲的眼睛居然重见光明。

明代人庞景华，为了母亲病愈，除了口尝母亲的粪便之外，还割下自己腿部的肉给母亲当药吃，更是让人瞠目结舌。其实，从唐代开始，就有给父母治病而割掉自己腿部的肉（古人所谓的"股肉"）给父母当药吃的极端孝顺行为，即古人所谓的"刮股侍亲"。

唐朝武则天时的中央官员王友贞年少之时，母亲病危，医生说只有吃人肉才有可能救活，于是王友贞就割下自己的"股肉"，煮熟给母亲吃下后，母亲竟病愈了。后来武则天听到王友贞年轻时的这个孝行，特别派人到他家询问是否属实，确定属实之后，武则天下旨予以旌表。还有的吃下"股肉"后，没有起到作用。唐代安徽寿州人李兴，父亲重病难治，他便割下"股肉"，假托佳肴给父亲食用，可父亲早已病到不能进食的地步，连"股肉"都没能吃下。

姑且不论子女的肉身对治疗父母的疾病有无裨益，但就这种行为本身也充分说明古人在对待父母疾病时，无所不用其极。明清两代的"刮股伺疾"行为在中国历史上达到高潮，各种方志中有大量这样的记录。

明代浙江萧山县人丁应正，是当地非常有才的知识分子。他父亲久病不起，他便"割股疗亲"，但依然无甚效果。无奈之下，他在夜晚祈祷诸神，愿意以自己的生命来换取父亲的健康，而且他都是偷偷行动的，连家人都不知道。父亲去世后，家人在丁应正的书箧中发现了他向上天祈祷救父所书写的稿子。其稿感人至深，传到社会上，皆叹息丁应正为真孝子也。清代浙江嘉兴人吴耀本年仅十七岁，在母亲病危时，向上天跪拜七个昼夜为母亲祝福。见母亲病情依然不见好转，他便"割股疗亲"。好在上天眷顾，母亲吃了人肉之后终于病愈。

不胜枚举，古代"割股疗亲"的极端侍候尊长的举动的确很多。首先这与中国古人的佛教信仰有关。佛教中有释迦牟尼"割肉喂鹰"的传说，流传甚广。话说释迦牟尼有一次外出，正好遇到一只饥饿的老鹰追捕一只可怜的鸽子，鸽子请求老鹰放过它，让老鹰去吃其他的鸽子。可是老鹰说自己实在是太饿了，不逼到绝路上也不会紧追不舍的。鸽子无奈就躲在了释迦牟尼的怀中。老鹰异常愤怒，要求释迦牟尼交出鸽子，并强调说，谁救了这鸽子一命，它就会被马上饿死。

释迦牟尼感到左右为难，就取出一个天平，一边放鸽子，另一边放上从自己身上割下的肉，打算用自己同等重量的肉来给老鹰吃。可是这只鸽子看上去虽小，但无论释迦牟尼割多少肉，似乎都无法托起它的重量。当释迦牟尼割下最后一片肉的时候，天平终于平衡了。于是，天地风云为之变色，真正的佛祖诞生了。

不过，这个佛教传说，似乎与中国人"割股疗亲"没有直接关系。因为，释迦牟尼是把自己的肉给饥饿的老鹰吃，而非给自己的父母吃。但是，吃人肉能够起到延续生命的作用，肯定是给笃信佛教的中国人留下了深刻的影响。于是，他们就试着把自己的肉给父母吃，期待能够起到奇妙的疗效，来保障尊亲的健康，并尽最大可能延续他们的生命。

本来中国人有身体发肤，受之父母，不可轻易损毁的古训。甭说"股肉"，就算是毛发，都要视为挚爱之物，丝毫不能有所闪失。但这正好可以说明"割股疗亲"的深刻心理缘由。很显然，正因为子女身上的肉来源于父母，那么现在为了治疗父母的疾病而返还给父母，就再正常不过了。既然子女的肉身与父母的身体具有同样的基因，而且子女是健康之身，那么用子女的"股肉"来喂食父母，当然可以起到一定的缓解病情的作用。毕竟，子女的肉，父母吸收消化的效果相对于别人来说，肯定是大得多。

当然，"割股疗亲"在现代医学看来，是愚昧的。也就是说，这是一种愚孝。但愚孝也好，愚昧也罢，中国古人用这种极为恐怖和血腥的方式来减轻父母的病痛，并成为孝行的较高境界，也许可以告诉我们现代人一个最简单的道理，即所谓的养老尊老，其实就是在力所能及的范围内，宁可损失一些自己的利益，也要保证父母尊亲能够稍许过得好一些。哪怕是好那么一丝丝，也值得子女去付出，至少古人是这么认为的。

（三）庆寿——老人最幸福的时光

寿诞礼是每个人生日时举行的人生礼仪，人的一生要重复好多次。寿礼也叫"过生日"，此外还有"做寿""祝寿""贺寿"等名称。但是寿礼又根据年龄和性别的不同而有所差异。在小的时候庆贺诞生的仪式不叫寿礼，而称为"过生日"，人们认为小孩子、年轻人做寿是不妥的，要折寿的。而只有到了一定年龄，才能称为"做寿"。寿礼一般在40岁以上才开始举行，但如果父母在世，即使年过半百也不能"做寿"，因为"尊亲在不敢言老"。

古时候的寿分上中下寿，100岁为上寿，80岁为中寿，60岁为下寿。男女寿诞也有不同的称呼，比如男称"椿寿"，女称"萱寿"。庄子曾说，古代有一种叫作"大椿"的树，寿命很长，一个生长周期就有一万多年。所以用"椿寿"来比喻男性老人的高寿。而萱草是一种多年生的草本植物。古代游子出门远行时，常常要在母亲居住的房屋台阶下种上几株萱草，以免母亲惦念游子，同时让母亲忘记忧愁。后来就将母亲的居处称为"萱堂"，再后来为一切女性长辈祝寿，都尊称对方为"萱寿"。

我国古代有"五福"之说，即福、禄、寿、喜、财这五种福气，高寿的"寿"便是其中之一。《尚书》更是把寿摆在第一位。正所谓身体是革命的本钱，古今同理，如果没有一个健康长寿的身体，任何理想抱负都是空的了，寿命的重要性可想而知。中国古代的很多神话故事，都有祝寿的情节。如王母娘娘的蟠桃盛会，即为王母娘娘祝寿；八仙寿庆的热闹场景，成为中国人庆寿绘画图案中最喜欢表达的内容；寿星作为天庭的一位神仙，也曾在《西游记》中出现。

早在春秋战国时期，我国上层统治集团中就已经出现了"献酒上寿"的原始形态的祝寿活动。在一些欢乐、喜庆的场合中，那些地位较低的人就举起酒杯为地位较高的人庆贺祝福。而我们今天常见或与之相似的祝寿词就开始在《诗经》中出现，如"万寿无疆""如南山之寿""如松柏之茂"等。

但这种"献酒上寿"不是在诞生的纪念日里举行，而是为了各种特殊的目的，或为了娱乐和聚会，或带有强烈的政治目的。中国真正意义上的庆寿，据我国台湾地区的学者考证，是从南北朝时期开始的，但当时主要是给小孩子过生日。

到了唐代，皇帝的诞辰日——"圣寿节"，是祝寿礼俗的高峰。唐中宗李显景龙三年（709）十一月十五日，这一天出现了中国较早的一次全国人民为皇帝祝寿的记录。而李显的侄子、中国历史上排在前三位的风流天子唐明皇，将自己的生日"八月初五"定名为"圣寿节"。从此，让全国人民为皇帝庆寿成为历朝历代的一项法定制度。到了明清时期，只有王公贵族、富人才能有做寿的活动，开始扩大到平常百姓之家，并成为子女奉养父母的重要内容。

一般，父母年龄满十，才会举办大型的庆寿典礼，如五十大寿、六十大寿、七十大寿等。为什么要给父母庆寿呢？孔子说得很好，他认为父母的年龄和生日不可以不知道，第一个原因是可以名正言顺地为父母过一个生日，以集中表达孝顺；第二个原因是生日到了，就证明父母又衰老了一岁，那就更要注意他们的饮食起居了。虽然庆寿比起日常陪伴照顾父母来说，在养老活动中所占的比例很小，但其却也正因为"难得"，而给父母所带来的意外惊喜和欢愉，是平常的供养所不能给的。所以，为父母庆寿，被很多子女所重视。

尤其是七十大寿。七十岁之后，老人就被称为"古稀之年"。"古稀"一词源于唐代大诗人杜甫《曲江三首》中的"酒债寻常行处有，人生七十古来稀"。世间普遍认为七十岁是人生一道门槛，能活过七十岁的人少之又少，所以人们称七十岁为"古稀之年"。所以，七十大寿历来被中国人所重视，子孙对尊亲七十大寿的庆贺也尤为隆重。

古代民间庆寿的主要形式是子孙为老人举办"庆寿宴"，邀请亲戚、朋友、乡党等前来参加。而且邀请和被邀请都有一套礼节。首先是寿星的家人要找算命先生，选中不与父母生辰冲突的吉日作为举办庆寿之礼的日子。然后家人开始寄帖发函、发请柬。"寿柬"是专门用来邀请亲友前来参加自己长辈寿辰的请帖，通常都是由子孙或亲友具名，不由寿星自己具名。寿柬的格式与写法除了按请帖的要求外，还有一些固定的用语，如父亲称"家严"，母亲称"家慈"。而寿柬的款式也有横排和竖排两种。

接到邀请后，被邀请者必须准备贺寿礼，最常见的祝寿礼物有寿糕、寿烛、寿面、寿桃、寿联、寿幛、五瑞图、"寿"字吉祥物等，也有送鸡鸭鱼肉的。寿礼上用红纸剪成"寿"或"福"字粘上，寓意长寿幸福。

寿面据说源于汉武帝。当年汉武帝有一次与大臣们开玩笑，说人的寿命长短与人中有很大的关系，谁的寿命长，那么他的人中一定也很长。此时东方朔便接口说，彭祖活了八百多岁，那么他的人中一定很长，他的面孔更是不知有多长了。此说本是戏言，但经过长期流传以后，人们却真的以为人中长、面孔长的人寿命也一定很长。由于"面孔"的"面"与"面条"的"面"同字同音，而且面条又是长的，于是民间便以为吃了面条就会使人长寿。《清稗类钞》是关于清代掌故遗闻的汇编，其中曾记载，送给寿星面条及炒热之面，因面条长，取其绵绵不断长寿之意也。而祝寿用的寿桃一般不是吃的桃子，而是用白面做成的。其形状为下圆上尖，酷似桃形，桃尖上点上一个大红点。寿桃是祝愿寿者寿命长、洪福齐天的意思。

当前期的邀请工作都搞定之后，主办人就要着手做"寿幛"了。寿幛，也叫礼幛，一般都是在整幅的红绸缎上，剪贴喜纸做成的。寿幛有直式与横式之分，不论直式与横式，皆采用长方形。寿幛的撰写，或子孙来写，或亲朋来写。不管谁写，都应考虑到寿星的身份、年龄、职业等因素，用语多为赞颂或祝福的话，寿幛用字简短，有一个字的，如"寿"字，有四个字的，如"寿比南山"等，通常以四个字为多。寿幛题词为四字的，在四字当中，有一定的平仄声规律。大概是以平声开始，必以仄声收尾，仄声开始，必以平声收尾。这就是所谓的"平起仄收，仄起平收"。

寿幛完毕了，就开始装点寿堂。寿堂南墙上要挂有红绸，上书"寿"字，也可用百寿图代替，两旁挂寿联，上悬寿幛，其他寿联可挂在其余墙壁上。寿堂地上铺设红地毯，寿堂正面的墙壁之下摆一张方桌，上面摆放祝寿用的寿桃、寿面及鲜花、水果等。方桌上还要摆放寿烛，而寿堂的两边则摆放客人坐的椅子。

寿联其实就是祝寿楹联。撰写寿联时，必须分清对象，确立主旨，选用恰当的词句，并且多用成语、典故、专名，保证其流畅，使人看了能了解其意义，引起共鸣。

这样，前期准备工作基本就绪后，就到了开宴祝寿的时刻。子孙先把寿星请到上屋席位，其他按辈分落座。宴席除有大鱼大肉，山珍海味外，必有长寿面。大家向寿星敬酒，因"酒""久"谐音，"酒"就成了"长久"、象征寿星长命百岁的意思。还要在寿宴上向寿星致贺词，也叫寿文。其内容一般是对寿者的经历、业绩、品德进行叙述和赞颂，表示良好的祝福。在寿宴现场，同辈抱拳打躬，晚辈鞠躬，儿孙辈行跪拜礼等祝寿活动结束后，主人家还要适当地给客人一些回礼。

庆寿之时，还要放千响的爆竹，号称"千子"，寓意家族子孙满堂，福寿连绵。此外，儿女们还要为父母准备新衣服和新鞋子，不管是父亲做寿，还是母亲做寿，都一定要准备双份，祝愿父母同喜同庆，过了新的一岁又一岁。另外，桌上还摆放有桂圆、年糕、花生等寓意吉祥的食品。

明代嘉靖二十九年（1550）春天，南直隶（今安徽和江苏两省）安庆府桐城县人赵钺，父母双双八十大寿之时，他们家当天清晨先把庭院打扫干净，然后铺地毯、挂彩灯。布置完了之后，自己本家的晚辈们就开始给两位老寿星祝寿，这样一直热闹到下午，但这还只是正式寿宴的预演。到了黄昏，所有的亲朋好友都到了，正式的寿宴便拉开帷幕。在正式寿宴上，各晚辈分两行站在寿星面前，再依次敬酒祝贺。而来宾中，七十岁以上的老人给三壶酒享用，六十岁的给两壶酒，五十岁及以下的，都只给一壶酒。

古代的祝寿活动除了敬酒祝贺之外，还有写寿赋、寿序、寿诗和绘制寿图。

祝寿时，所作的诗词，叫寿诗、寿词。大体分为"自寿"和"寿人"两种。给自己生辰时所写的文章叫自寿，为别人寿诞所写的叫寿人。自寿的诗词，或写在青少年，或写在中年，或写在晚年。由于身世、阅历和感受各不相同，所抒发的情感亦各有不同。为他人祝寿的诗词，大体又可分为两个方面：一是为家属亲人所写的寿诗，一是在社会交往中为朋友祝贺所写的寿词、寿联。

南宋著名词人李清照与她的丈夫赵明诚，据传有一次参加一位150岁老寿星的寿宴，众人推举李清照夫妇现场作贺寿联。赵明诚立即吟出上联：花甲重逢，又增而立岁月。"花甲"为六十岁，"重逢"则是一百二十岁，而立为三十岁，两数相加正好是一百五十岁。众客正喝彩时，李清照的下联也已吟出：古稀双庆，复添幼学青春。"古稀"为七十岁，"双庆"自然是一百四十岁；"幼学"是十岁，加在一起，也是一百五十岁。上下联可谓珠联璧合，天衣无缝。

乾隆皇帝在做八十寿庆时，纪晓岚献上的寿联是：八千为春，八千为秋，八方向化八方和，庆圣寿，八旬逢八月；五数合天，五数合地，五世同堂五福备，正昌期，五十有五年。据说，乾隆看后高兴不已，赏他白银千两。原来这一年既是乾隆八十寿辰，又是他即位第五十五年，而且是五世同堂。上联贺乾隆八十寿辰，刚好他的生日又在农历八月份，所以连用六个"八"字；下联写乾隆即位年数，紧紧扣住"五"字，全联气势酣畅，十分巧妙。

清代有一个文人，名叫田东溪，是当时作对联的高手。有一次，他为一位友人的母亲祝寿，写了一副很经典的对联：鲁敬姜之教子必以道；陶士行非此母不能生。鲁敬姜是周代的慈母，以教子有方留名史册；而陶士行就是东晋时的名臣陶侃（陶渊明的曾祖父），他赡养母亲极为孝顺。有一回，陶侃将公家分的鱼托人带回家孝敬慈母。母亲却将原物封好退回，并写信责备陶侃，要他为官应廉洁自好，不允许公私不分。还告诫陶侃说，用公物取悦于她，反而增加了她的忧虑。陶侃在历史上留下的清廉美名，与母亲的教诲不无关系。清代人田东溪把这两个历史人物写进对联，寓意深刻地表达了对友人母亲高贵品质的赞誉，也把庆寿的文化韵味展示得淋漓尽致。可以想见，当友人的寿星母亲和所有亲朋好友读到这副对联时，该有多么大的荣耀和自豪。

庆寿说到底是在一个特殊的时间点，来集中表达对尊老的孝敬与祝福。中国传统养老中，如果说平常的饮食起居照料是一种"体养"，那么庆寿就是一种带有狂欢性质的"色养"。当然，色养并非、也不只局限在庆寿之日。而且，真正的色养，就是要让尊亲每天都像在过生日一样。不过，每天都在过生日，是一种很理想化的状态，于是庆寿在其本身的隆重之外，还具有一种象征意义，即做子女的，要时时刻刻以庆寿时的高规格来侍奉尊亲。任何时间、任何地点，子女都要严格要求自己，尽全力照顾父母，是庆寿的言外之意和话外之音。

（四）居住条件——尽孝的第一场所

很明显，孝敬老人，并给他们一个安心舒适的生活环境，其第一条件就是要有一个像样的住所。正所谓民以食为天，但吃饱之后总不能随便找个地躺下就睡吧，所以居住是吃饱后，人的必要需求。尤其是对老人，失眠等老年疾病会使他们对居住的条件有更高的要求，子女一定要在居住安排多多用心，用一个完美的居室空间安放老人的晚年生活。

"归隐山林"是古代很多老年人放在嘴边的一句话。现代人都认为，这仅仅是一种回家养老的代名词而已。但实质上，古人的确是希望有一个"山林"的居住环境，以此享受余年。孔子就曾说过，智者乐水，仁者乐山。有山的地方，一般都有水，山水在中国古代是不分家的。老人因其经验和阅历，既是智者，也是仁者。所以他们当然愿意归隐"有山有水"的"山林"。

　　按照中医的观念，古代老年人的居住条件有四个字的原则："人野相近"。意思是说，老人的居所既不能靠近人太多的闹市，也不能住在深山老林中，要在"人多"与"野外"找到一个平衡点。当这个平衡点找到之后，老人的心态才能更为平和，才能真正地做到"颐养天年"。唐代大医学家孙思邈认为老人隐居山林深处固然不错，但一个人住山林里，则出入"多阻"不便；如果是许多人结伴而居，又"喧杂"吵闹，也不合老年人好静的特点。所以，适合老年人安居的环境是"人野相近"。古代的"人野相近"，可不仅仅是周末、节假日开车去趟郊区"农家乐"。这在现代人被视作"休闲""享受"的东西，在孙思邈看来，应该是老年人颐养居处的基本原则，这比现代高端别墅的选址要求都高。

　　"人野相近"是对居所地理位置的要求，即周围是山野风貌，但交通条件还不错，能够出入方便，留下与居住可以自由选择。不过，这是一种非常理想化的居住地理环境，即便是豪门大户，也不可能都有这样的条件来赡养父母。毕竟，各地的地形地貌差别很大，有的地方根本就没有山区，都是一望无际的平原。还有，很多家庭根本就不可能为了供养尊亲，而举家迁往郊野，另造房屋。

　　虽然客观条件有很多限制，但有的人却能真正地在山林中养老，如东晋时期的大诗人陶渊明。他因为厌倦了官场生活，便辞去官职，彻彻底底地归隐山林，还在其居住门前栽种五棵柳树，因此称为五柳先生。陶渊明喜欢菊花，于是在茅屋边遍植菊花，使我们读到了"采菊东篱下，悠然见南山"这样令人怦然心动的诗句。能够见到"南山"，当然是符合老人养生最高要求的。

宋代大改革家王安石五十五岁时，因变法遭到反对，被罢免宰相的职位，然后被贬谪到南京为官。到任后，他就辞去官衔，筑居舍于南京城外七里之地的钟山附近。他的居所，四周人烟稀少，建筑也非常简单实用，又不设围墙，毫无高楼大厦的阔气。但王安石却非常喜欢这里的环境。平日里，王安石与很多文人、僧道在居所周边交游，或与友人相互写诗唱和。他出游访友时，会骑一头驴，旁边只有几个跟随的仆人。有时想到要进城，他就乘小船，沿着河道，缓缓而行，观赏两岸风景，以此悠悠度日，好不自在。后来王安石得病，他就把这所郊外的住

采菊东篱下，悠然见南山

宅捐给了当地的寺院，所卖的田地则施舍给寺院做功德，然后回到南京城中，租屋居住。虽然因病必须回到城内居住养病，但在郊外居住的这段生活，使他摆脱了变法无望的忧郁，而让内心归于自然和平和，也写出了"细数落花因坐久，缓寻芳草得归迟"的从容诗句。

我们不能确切地知道，王安石在南京城郊外的住所是否达到了中医养老的五个居住环境标准，即背山临水、气候高爽、土地良沃、泉水清美、居处地势平坦且左右有小山护卫。但能肯定的是，王安石至少心是静下来了。作为一个老人，静心就能养元气，养元气就是最高等级的养老。"背山临水"等五个养老要求其实大都是古代的"风水"之论，但风水经现代人研究，也具有一定的科学性，至少背山临水的建筑的确是让人一想起来就觉得很舒服、很和谐。

明代浙江天台县的杨子善，是一个博学的读书人。他的双亲年过七十之后，他便精心选址，找了一片有田园的地方，建造了一处奉养父母的别墅，被称之为"养亲院"。还在别墅大院的田园里，广泛种植了一种名为"申椒"的植物。申椒其实就是花椒的雅称，花椒是小乔木或灌木植物，浑身是宝，既可以当调料食用，也可以入药。花椒的果实和果皮都是中药材，《本草纲目》说花椒的作用是"散寒除湿，解郁结，消宿食，通三焦（腹腔和胸腔），温脾胃，补右肾命门，杀蛔虫，止泄泻"。可见其药效适用很广，而且特别有利于各种老年病的辅助治疗。长期生活在有花椒香味的环境之下，定能明目生津、延年益寿。

譬如《本草纲目》还记载，一位七十余岁的老年妇女，腹泻长达五年之久，吃什么药都不管用，李时珍就先让她吃"感应丸"（古代止泻的中药），两天之后，当病情好一些之后，再喝下有助于消化的药丸，另加上椒红（花椒的果皮）茴香、枣肉三者合成的药丸，病就好了。而且，这位老奶奶以后只要是腹泻，如此吃药便可好转。可见，花椒是一剂治疗顽疾的重要辅助药材。也正因此，明人杨子善在为父母营建的别墅周边种上花椒，其实就是以植物的特殊药效，来为父母做保健。这种保健并非人工的，而是自然环境与植物香味对老人的一种综合调理和保养，是一种难得的自然保健法。

还有明代的江苏省松江（今上海松江区）人吴彦祥，因为父母喜欢吃鲜鱼，他就在苏州河之畔，为尊亲盖了一所"渔舍"，即能够看到打鱼等情景的沿河建筑。当时的苏州河两岸，风景如画，流波荡起水雾，河中鱼虾和水鸟嬉戏自乐，是典型的江南郊野。吴彦祥就是在这样的地方，为自己的尊亲建造了一座别墅，让尊亲一边看着美景，一边吃鲜嫩的鱼虾肉。

明清两代，很多子女为父母所建的"养亲堂"，被称为"思孝堂""悦亲堂""寿亲堂"等。明代初期，广东肇庆人蔡德芳恳请当时的大儒方孝孺给他为奉养双亲所盖的居所命名，方孝孺欣然应允，并命名"思孝"二字。借这个机会，方孝孺还鼓励当时作为监生的蔡德芳要"立身行道"，"尽忠守职"，以扬名于世作为最高的孝道，来报答父母的养育之恩。监生，是国子监学生的简称，乃明清两代的最高学府，学生毕业后都能做官。

蔡德芳作为一个明代的准官员，他本来以为，为父母建特别的居所，可以表达自己极大的孝义。而方孝孺作为一个大学者和高官，却在居所这样的物质基础上认为，尽孝的最高追求是效忠皇帝，以仕途来光耀门楣。方孝孺的这种观念，并非他首创，而是一直以来传统儒家文化对孝义的最高要求。方孝孺只不过是通过监生黄德芳为父母建居室，来重新强调，作为一个马上要走上仕途的人，为父母建居室只是尽孝的第一步。但从另一个方面也表明，黄德芳这一步也的确起点很高，才让一代大儒方孝孺联想到了很多有关"孝义"的微言大义。

古代还有人为他人的养亲堂题名为"禄养"，其用意与方孝孺差不多，也是说要精忠报国，用国家的俸禄来供养父母，是一种莫大的荣耀与骄傲。还有人为表达对寡母的感谢，同时也感怀母亲的高寿，而把建立的赡养居所称之为"慈寿堂"或"贞寿堂"。福建长乐县人、翰林院侍讲（明清两代为四品高官）陈果之当年是遗腹子，母亲守寡六十多年，曾孙子都有十一个了，而陈果之也恰好六十多岁。为了褒扬寡母这一辈子的艰辛，六十多岁的陈果之把八十多岁的老母所居之所名为"贞寿堂"。

老人的居所，在传统中国人的概念中，除了客观地理环境的选择，更为重要的一点则是老年人自己精神方面的感观——"心远自偏"，就好像陶渊明的诗句说的那样"心远地自偏"，境由心造。古代大山多有寺庙，这是因为只有在"心远地偏"的地方才能达到静修的效果。"心远地偏"这个看起来不算太难的要求，要做到却并不容易。虽然老人不需要做到像和尚那么清心寡欲，但恬静平淡一些，总归是长寿和养生之道。

不过，像陶渊明和王安石那样，有条件和能力找到一块僻静之地居住的人，当然是少数人。而像明代杨子善、吴彦祥那样，专门为父母在环境绝佳的郊野建一座别墅的，更是少数人。在古代，没有强大的经济基础作为后盾，是不可能为父母另选他地，建造别墅的，更不可能如黄德芳那样，请天下第一大儒方孝孺来为"养亲堂"命名。很多情况下，普通家庭的老人及其子女会选择在自己的家里营造山野的居住感觉，使老人如在野外一样的惬意，达到"地不偏，而心远"的效果。

为了对老人晚年子孙满堂、荣耀乡里表示庆贺，老人的居所一般又被命名为"具庆""重庆"和"荣养"等。安徽舒城县一位姓郑的大家族，曾祖父为了赡养尊亲而不去做官，当时已经九十多岁；祖母被朝廷封为命妇；伯父是南京刑部右侍郎；而父亲是监察御史。这样的三代长辈同时居于一堂，郑家子孙就把他们的居室定名为"重庆堂"，即所谓的三代同庆，重而又重。翰林院庶吉士（明清中央重要的后备官员）欧阳俊，其祖父生于元代延佑年间，当时已经九十八岁，而其祖母也有八十九岁，他就把祖父母的居所名为"齐寿堂"。

还有一类为父母营建的居室不是为了"事生"，而恰好是为了"事死"，即为了追思双亲而起屋建堂。其实，古代中国本有一类独特的建筑，名为"祠堂"，其目的就是为纪念祖先和双亲。祠堂在古代各地广泛分布，是族人和家人社交的重要建筑空间，更是古人怀念先人的居室场所。在祠堂的基础上，古人还有特别为某位或某几位尊长所建立的居所，具有特别的纪念意义。如明代江西万安县人、刑部主事（明清两代为正六品官员）周藻和他的兄弟周铎，为追慕其逝去的母亲，建造了一座名为"永慕堂"的处所。

原来周氏兄弟两人是同父异母的兄弟，周藻的母亲在他一岁时就亡故，而周铎的母亲也在他七岁时亡故。更有意思的是，周铎还是一个遗腹子，父亲死的时候年仅三十二岁，当时周铎还在母亲的肚子里。而且，两兄弟的父亲与两个儿子的遭遇也差不多，三岁就失去了父亲，是两兄弟的祖母一手拉扯大的。

这两代人的遭遇的确很惨，好在后来两兄弟都做了官，但母亲都已经亡故多年，甚至连母亲的音容笑貌他们都记不太清楚了。毕竟，母亲死时，周藻才一岁；而周铎大一点，也仅七岁。这是典型的"子欲养而亲不在"。为了表达一片孝心，他们便给自己的母亲盖了一座"永慕堂"，以寄哀思。

其实，不管是把尊长的居室建在环境幽静的田园胜地，还是给他们的居所起一个寓意深刻的名字，都是子女孝行的一种表现形式。而且，建筑与居所对展现孝行的表现力具有其他物质所没有的能力。也正因为居所是一种人们长期与之为伴的空间，它对于老人的色养当然是全方位和持续性的。

（五）从王祥"卧冰求鲤"到"埋儿养亲"——养老的楷模与精神感召力

魏晋南北朝时期，政权更替频繁，个人为了自保，必须更加重视家族的稳定与团结。因此，孝顺家族或家庭中的老者，便是维护家族团结的一项重要内容和方式。在这个混乱不堪的时代，有一个名为王祥的人，他母亲早年亡故，继母朱氏经常虐待他，并在他父亲面前诬告陷害他，王祥便成了一个姥姥不疼、舅舅不爱的可怜人。但是，王祥并不因此而痛恨自己的父母，反而更加尽心尽力地照顾他们。当父母有病之时，他衣不解带，昼夜侍奉左右，所有汤药他都自己先尝一下，然后再喂食父母。

有一年大冬天，继母朱氏突然想吃鱼，但当时江河结冰，完全无鱼可买。为了让继母吃上一顿鲜鱼宴，王祥顶着严寒，跑到一个结冰的河面上，脱光身上的衣服，躺卧在冰面上，用自己的体温将冰融化掉，当冰面上露出一个窟窿眼时，奇迹出现了，两条鲤鱼突然从窟窿眼中跳出来，王祥就抓住这两条鱼，回家给继母美美吃了一顿。

突然又有一天，继母想吃烤黄雀肉，这次还不等王祥去外面捉黄雀，马上就有几十只黄雀飞入王祥家的帐幕里。邻居们都惊呆了，从此之后，乡亲们都认为这是王祥的孝行和孝德感动了上苍，才一而再地发生这些奇迹。不管是巧合，还是虚构，反正"卧冰求鲤"和"黄雀入幕"的故事让王祥成为中国古代养老尊亲的楷模。

王祥还有一个同父异母的弟弟，乃继母朱氏所生，名为王览，也以"悌"闻名于世。王览才几岁的时候，看到兄长王祥被后母用荆条抽打，就痛哭着跑过去抱着兄长，不让兄长被打。稍大一点之后，王览只要有机会，就劝其母朱氏，不要虐待兄长王祥。后母这才稍稍收敛了一些，但是，朱氏并未就此罢手，还是常常刁难王祥。只要王祥被刁难，王览总是陪着兄长一起去解决难题。朱氏还时常虐待王祥的妻子，而王览的妻子也总是为嫂子出谋划策，并共同应对。朱氏无奈，便停止了对王祥及其妻子的刁难与虐待。

王祥的父亲去世之后，王祥的孝行善举早已传遍各地，成为孝子的楷模，而后母朱氏却非常不平衡，就决定用毒酒害死王祥。有一天，朱氏把一壶有毒的酒送到王祥这边，王览知道后，马上跑过去，端起这杯毒酒，不让兄长喝，而王祥怀疑酒里有毒，担心弟弟会喝，就抢夺这杯酒。一旁的朱氏，担心自己的亲儿子王览喝进毒酒，便急着走上前，夺走了这杯毒酒。从此之后，只要是朱氏送给王祥吃的食物，王览都要先尝一尝。朱氏担心王览被毒死，就彻底停止了谋害王祥的举动。

正是因为有王览的不断帮助与冒死相救，兄长王祥才得以幸免于后母的谋杀。王览的善举在古代被称之为"悌"，而"悌"是与"孝"共同使用的一个概念，即所谓的"孝悌"。孝是对长辈的爱，而悌是对兄长的爱。悌是养老与孝道的一个外延和补充。因为，很多时候，古代的长兄如父，对兄长的"悌"，也就是变相的对父亲的"孝"，本质上是一样的。

王家两兄弟，老大是孝，老二是悌。正因为先有老大的孝作为引导和示范，才有了后来老二的"悌"。反过来，正因为有后来老二的"悌"，才更显现出当年老大孝的感召力和触动人内心深处的普世价值。两位兄弟相互补充，遥相生辉，把这段美丽的孝道佳话演绎到了极致。

本来，古代养老的责任一般都落在男性后代的身上，但在特殊情况下，女性也能完全担当起家庭养老的重任。

南朝会稽（今绍兴）有一户陈姓人家，祖父母年过八十，都得了老年痴呆症，而他们的儿子也常年患重病，家里只有三个孙女，而没有任何可以干重活的男丁。有一年遇到灾荒，粮食无收，三个孙女只能结伴到湖上采菱藕，然后拿到市面上去出售，以此奉养祖父母。祖父母相继亡故，三姐妹为他们置办了隆重的葬礼，还在他们坟墓旁搭建了一个小草棚，住在里面为祖父母守坟陵。

唐代政府大力鼓励孝行，高规格标准孝子，仅《新唐书》和《旧唐书》所记载的孝子就有数百人之多，地方历史和民间传说中的孝子更是不计其数。而且唐代女子也是家庭养老的重要成员，许多女性还因此名垂史册。如浙江诸暨市的屠姓女，没有兄弟，父亲失明，母亲也长期患重病，亲戚们都因为怕麻烦牵连到自己，全躲避不见，但屠氏却安心在家，妥善照料父母的晚年生活。河南汴州（今开封）的妇女李氏，八岁时父亲去世，等到她长大该谈婚论嫁了，母亲就想给她找个婆家，她却坚持认为自己不能嫁出去，因为家中没有其他兄弟来赡养母亲。于是她便减掉长发，以此明誓，要在家侍奉母亲一辈子。

即便出嫁的女人也有的极端到与丈夫离婚，回到娘家照顾父母。唐人刘寂的妻子夏侯氏，父亲原为江苏盐城县的县丞（副县长），因为眼疾而导致双目失明，其女夏侯氏深念父女之情，便下决定与丈夫离婚。回到娘家后，夏侯氏以十五年的时间来细心照料父亲，同时还侍候继母。本来，作为已经出嫁的女人，她的首要职责是赡养公婆，而非父母。但是，在特殊情况下，女人也能够义无反顾地回到娘家，专一侍奉自己的父母。

清代还有一个孝女张氏，家中只有三个姊妹，没有兄弟，她的大姐已经嫁人，二姐也订婚了，只有她作为老三未曾婚嫁。有一天，张氏的父亲叹息说，如果老三也出嫁了，那么他和老伴该如何养老善终？张氏听到后，就决定永远留在家中，绝不出嫁。为了表明自己的决心，张氏减掉头发，穿出家人的衣服，把自己当成一个在家修行的尼姑，尽心尽力地奉养双亲，直到她三十二岁打坐参禅时升天死去为止。

这说明，为了尽孝，有时候是不分男女的。虽然从先秦到唐代，甚至再从唐代到近现代，儿子都是家庭养老的承担者，但有时候巾帼也能不让须眉，写出更加富于女性特色的孝行华美篇章。毕竟，女性天生就比男性更细心，更有耐心，也更能够让年迈的父母感受到体贴与温存。女儿未尝就不如儿子，甚至有过之。现代俗语说得好嘛，女儿是父母的贴心小棉袄。古代养老基本全都仰赖于家庭养老，父母能够有这样一件贴心小棉袄"穿着"，养老何忧之有？

唐代甚至还有兄弟姐妹平辈之间或其他家庭成员之间，承担起赡养老年人的义务。唐代有一个姓李的人，妻子名为王阿足，她出嫁时的年龄比起当时的普通女性要大很多，原因是她的姐姐年事已高，却无人奉养，她不忍心嫁人之后，使姐姐孤立无靠。于是她侍候姐姐长达二十多年，直到姐姐亡故之后，她才嫁人。唐初功臣李勣，其姐姐生病了，他都要亲自给姐姐喂粥喝。裴守贞赡养兄长，并时常照料自己寡居的妹妹，在当时被传为佳话。

宋代也有很多孝子，朱寿昌是其中较为著名的一个，也是古代流传甚广的"二十四孝（子）"中的一个。朱寿昌的父亲朱巽曾是宋仁宗时的工部侍郎，朱寿昌是庶出，乃小妾刘氏所生。他年幼时，父亲将其生母刘氏所遗弃。朱寿昌成人之后，荫袭父亲的官位，也做了官。朱寿昌几十年的仕途都很顺利，一直做到知州这一级别的高官。可即便如此，他都从来未曾与亲生母亲见上一面，以至于他因思念母亲而郁积在胸，食不甘味，吃饭的时候很少饮酒吃肉。只要说到生母，他就痛哭流涕。

在与生母分开的五十多年之间，他四方打听生母的下落，均杳无音讯。无奈之下，他还烧香拜佛，祈祷神灵助其早日实现与母亲团圆的夙愿。为了显示自己的虔诚，他依照佛法，灼伤身体的背部和头顶，希望佛祖知道他的用心良苦。终于，善有善报，到了宋神宗时，他查访到生母早年流落在陕西一带，并已嫁人。得到这个讯息，朱寿昌刺血写出佛教经典《金刚经》，以示对佛祖的报答。然后，他立马辞去官职，与家人告别，千里迢迢，前往陕西寻找母亲。临走之前，他对家人表示，见不到母亲，他绝不回来。

精诚所至，金石为开，朱寿昌终于在山西同州（今陕西大荔县）找到了生母。当年母子分离时，朱寿昌还是懵懂孩子，而五十余年过去了，重逢的时刻，老母已年过七旬，朱寿昌也是半百之人了。而且生母离开刘家后，在陕西改嫁后又育有多个子女，但寿昌全都把他们视为亲生弟弟妹妹。重逢之后，朱寿昌把母亲和同母异父的几个弟弟妹妹都接回了老家。这件孝感天地的事情逐渐在更大范围内传开，举国颂扬。宋神宗得知后，还下令恢复了朱寿昌的官职。甚至当时的名臣苏轼和王安石也都写诗文，以录其事。

宋朝之后，明清两代的孝子更是蔚为壮观。归汝城，明代正德和嘉靖年间人，早年丧母，父亲再娶，继母生下自己的儿子之后，归汝城就彻底失去了父母的关爱。父亲有时候责打他，继母故意拿来大的木杖给父亲，使他受苦更大。归汝城家本来就不富裕，常常吃不饱，而继母每当吃饭时，就数落归汝城的过错，父亲一生气，就往往把他赶走，连饭都不让他吃。但他还是想着回家，可饥饿使他晕倒在回家的路上，他只能匍匐前进。回到家中，因衣服上有尘土和秽物，他的父亲和继母就一致认为他在外做贼。父亲便把他又是一顿毒打，好几次都差点被打死。

后来父亲亡故，继母愈发不待见归汝城。还好，长大成人后，归汝城离家单过，也开始做食盐生意，经济条件开始好转。但他却从同父异母的弟弟那里询问继母的饮食有无保障，并送咸鱼等佳肴给继母。可见，从一开始，他就没有怨恨过父亲和继母。明代正德年间，当地发生大饥荒，继母快被饿死。归汝城居然还流着泪把继母和弟弟接到住所，予以奉养和照顾。起初继母羞愧难当，本不想跟着归汝城生活在一起，但禁不住归汝城的诚挚与真情，也因为的确是揭不开锅了，就"成全"了归汝城的一片孝心。而且，因为是灾荒之年，粮食就不多，与继母、弟弟一同吃饭的时候，归汝城总是先让继母吃，然后是弟弟，最后才轮到自己。不仅如此，归汝城的弟弟死得较早，最后都是他把继母养老送终，风光大葬的。

我们不愿为这种以德报怨的孝行多做分析，只想告诉大家，古代的孝子的确有一种伟大的信念，能够完全不顾及自己的权利和尊严，而全身心地实践孝道。正所谓"老人无过，天无过"，古人在任何一种极端情况下，都可以尽最大努力来克制自己的不满与诉求，保证尊亲生活的质量和威信。这即便是一种愚孝，也无论如何是一种孝。正是因为有这种极端的利他损己孝行，才留下如此深刻印记的人间美谈，才让古人的家庭关系和长辈与晚辈之间的伦理更为传奇和厚重。

其实，以德报怨的孝子风范还不算什么，更有甚者，以牺牲子孙的生命来更好地履行养老的职责。

东汉的郭巨，家中有兄弟三人，他们的父亲死得很早，分家的时候，作为大哥，为了使两个兄弟过上好日子，他主动放弃了自己该得的家产，把所有产业都分给了两个兄弟。然后自己带着母亲和妻儿，离开大家庭，到外面租房生活，奉养母亲。可是，毕竟经济条件有限，生活很艰辛，常常为一日三餐发愁。而且郭巨有一个三岁的儿子，祖母疼爱孙子是人之常情，就舍不得吃东西，总是留给孙子。郭巨担心长此以往，本来就营养严重缺乏的母亲，会因此饿死。为此，郭巨与妻子商量之后，就忍痛抱着儿子，来到野外，打算埋掉儿子，使母亲的饮食条件稍许好一些。可谁承想挖坑挖到三尺深之时，竟然挖出一个罐子，上面涂写着一行字："孝子郭巨，黄金一釜，以用赐汝。"于是儿子得救，消息传出去之后，郭巨也名扬四海，成为孝子的代名词。

这个东汉的孝子"故事"，当然有很多传奇的性质。不管其真实性有多大的成分，至少当事人郭巨是一个孝行格外突出的人，这一点毋庸置疑。要不然也不会有人为其传颂这样的"传奇"。类似的传奇，甚至是事实，在东汉之后也很多。

南北朝时期的绍兴人郭世通，十四岁之前，亲生父母双亡，但留下一个继母要供养。郭世通家里很穷，只能在外面打短工来维持基本生活。正当此非常艰辛之时，郭世通的妻子又刚刚生下一个儿子，为了保障继母的养老质量，夫妻两人就把这个刚出生的婴儿给活埋了。后来继母亡故，为了厚葬她，郭世通东借西凑，即便债台高筑，也一点都不后悔，最后还是打短工还完了所有的债务。

明代弘治年间江苏句容县的孝子唐保八，幼年丧母，但还是竭尽全力赡养父亲和继母朱氏。父亲去世后，他侍奉继母更为孝顺。可是天不作美，当地发生严重灾荒，造成市面上一两黄金才能买到几升米，唐保八就倾其所有，换来粮食让继母吃饱，自己和妻子却以草充饥，艰难活命。唐保八还有一个两岁的儿子，继母朱氏不忍心让孙子吃不好，就减少自己的口粮，使孙子有口饭吃。但是，唐保八却坚持认为，继母和儿子两者不可兼顾，必须舍其一。于是他就把儿子扔在水塘中，想淹死儿子，却刚好被妻子发现。妻子不忍心，跳到水中救出了儿子。

时隔不久，就如同东汉时的郭巨一样，孝子天可怜见，他们家在锄垦田地时，发现地下有一笔巨款。由此，全家得以活命。这一则方志中的记载，其实完全就是郭巨埋儿养亲的翻版。

不管是传奇也好，还是在事实的基础上有所夸张也罢，从汉代一直到清代，各种类型的极端孝行孝举，在正史和方志，甚至在民间传说中，都屡见不鲜。中国古代以孝立国，以孝立身，任何在现代人看来都非常极端的养老孝亲之举，在古代不仅是喜闻乐见的，更是勉励和教育古人的心灵鸡汤。

（六）"色养"——孝道的最高境界

养老的实质就是谁来提供养老的资源，古代所谓的养老其实一般就是家庭养老，即主要由家庭成员来提供养老资源，由家庭保障老人的衣食住行。除了提供物质上的需要之外，还要提供一些精神上的满足，以使老人心情愉悦、精神饱满，用现代的话说就是要物质、精神双保障。

我国在先秦时期就形成了以孝为核心内容的养老传统，其内涵在先秦时期的经典中有深刻详细的论述。传统的敬老养老制度不仅是物质条件的改善（体养），更侧重于孝的内涵，即精神养老或"色养"。

色养总结起来，就是孝敬事亲，无违父母，要求对父母既养且敬，不能违背父母的意志。能养，即给父母以衣食等物质方面的供养，是孝养的最低限要求。而尊敬长辈才是孝养比较高的阶段。孔子曾指出，动物也能反哺自己的父母辈，而人与动物的不同之处就在于人除了物质之外，还能在精神上孝敬自己的父母。所以，对父母要和颜悦色，在父母面前要经常保持和气、愉悦的容貌。

色养要在心态和行为方面关心双亲，体贴双亲。孔子说，对于父母的生日和年龄，子女不可不知；对于父母的健康状况，也要了然于心，系之于情；既要为双亲的长寿而高兴，也要为双亲的衰老而担忧。《礼记·曲礼》中要求儿女对父母做到冬温而夏清，早晚问安，以保证父母衣食安寝。传统孝道要求子女不仅仅孝养双亲，更要善于体贴双亲，不使挂念。孟子也曾提出过不孝的五种情形，总结起来就是，不孝的行为主要有子女懒惰、吝啬守财、只对妻儿好、只顾自己享受和在外打架斗殴危害父母等情况。

在奉养的态度和方式上还要以诚为孝。孝养双亲，要待之以诚，子女要从内心深处诚心实意地去孝敬父母。春秋末期鲁国的儒家传人曾子是孔子的学生，他的孝行就是"诚"的典型。曾子赡养父母，从来都不让父母为日常生活担心，这种善事父母才是诚心诚意的。而他的儿子曾元赡养双亲有点无可奈何或勉强，使父母感到自己是子女的负担，从而使父母感到心酸。可见，色养的实现不在于家庭物质财富的多寡，关键在于对父母行孝的态度和方式上，因为行孝的态度和方式实际上能体现出一个人孝行的思想或观念。所以，古代倡导孝敬父母要有敬爱之心，诚心诚意之心。在侍奉父母时要将内心的敬仰之心显露出来，每时每地都能够做到和颜悦色。

在父母是非问题上要顺着父母，即所谓的"以顺为孝"。在行孝过程中，如果父母有过错，子女们又当如何对待呢？孔子说：如果父母有过错，儿女应该委婉劝谏；如果父母不愿听从，儿女仍然要恭恭敬敬而不触犯他们，只留在心中忧愁而不怨恨。但是，这种以顺为孝的原则，如果不辨别是非，一味顺从，则极易流为盲从、掩盖过错甚或罪恶，使"孝"蜕变为"愚孝"。

正因此，孝敬父母，既要无违，又要劝谏，还要不违背礼节。无违，即不违背父母的意愿，全力侍候双亲，并要使父母高兴。孔子提出孝即无违。孔子所谓的无违思想，是指不违背礼节。他认为孝敬父母，就是在其生前依照礼节侍奉他们；在其死后，则依照礼节埋葬他们，祭祀他们。在儒家思想之中，劝说父母绝不能争辩，更不能发生争斗，只能是低声下气，柔声以劝。劝说父母是"义"行，是为了防止父母陷入不义状况的行为，故必须是符合礼的规范。儒家之义以礼为衡量的标准，即合礼则义。这就是说，顺从父母要符合礼，劝谏亦要符合礼的要求。

但是，礼的实施要适宜而为，切不可为孝而孝。孝的本质并不是奉养，也不是顺从，而应该是爱和敬。但孝之爱敬的基础必须是在一定物质条件之上的、符合礼义规范要求的、适宜的奉养。

实际上，一味顺从并非封建孝道在服从长者问题上的全部内容。因为另一方面，封建孝道也反对子女对父母无条件地服从。孔子在义利观上是讲求义的，主张君子义以为上，利必须符合义才可取。因此，当家长个人意志与道义原则发生冲突时，封建孝道要求人们选择道义。不从命的背后却是对家长根本利益的积极维护，才是真正的孝。这一点早在孔子时代就被学者所认识到，说到底，色养并非是没有底线的。人们常常说孝顺孝顺，其实就是一个"顺"。但是，"顺"是要符合每一个时期普遍的社会规范和伦理道德的。

北魏晚期的宰相崔沔，自幼就有孝顺的天性，他的父亲很早就去世了，母亲忧伤悲哭过度而得了眼病，崔沔变卖了家产，遍请名医为母亲诊治，可是终于医治无效，双目失明。自此他每日躬亲奉养，至诚恭敬，三十年如一日。凡是母亲的衣食及一切用具，都依照气候的寒暖，适时供养，使老人家的生活过得很舒适，没有丝毫的匮乏。每逢美景良辰，一定要扶着母亲到野外去游玩，呼吸大自然的新鲜空气。虽然老母双目失明，不能欣赏美丽如画的风景，崔沔就把大自然一景一物描述得活灵活现，津津有味地讲给母亲听。还有社会上每日发生的新闻及趣事，他也一一向母亲有说有笑地谈论，解除老人晚年的寂寞。以至于母亲都忘记了双目失明的痛苦。后来，崔沔年龄渐长，官位亦尊，还亲自与儿子、侄儿在庭院中种植了很多桃、李、橘、柿等果树，使母亲四季都有新鲜的水果吃。母亲去世后，他为了报答母恩，晚年一直吃素。

唐代法律规定，父母健在，儿孙不能远行，也不能分家分财产，要色养父母。否则，将治以重罪。凡是辱骂祖父母、父母的人要被判处绞刑；殴打他们的，要问斩；过失杀死他们的，要流放到三千里之外；打伤他们的，要判徒刑三年；媳妇辱骂或殴打他们的，要加重处罚。名臣房玄龄不仅对亲生父母恪尽孝道，而且对继母也能异常谦恭，并不以自己是高官而有所疏忽，把色养做到了极致，被世人称道。柳公绰也身居高位，与年龄不大的继母薛夫人相处时，如同其亲生儿子一样。唐睿宗时的鸿胪寺卿李向秀，对母亲特别孝顺，他的妻子时常斥责家中的丫鬟，引得母亲很不高兴。为了使母亲心情不受此影响，李向秀果断地休掉了妻子。李向秀认为，男人娶妻的目的就是要妻子与自己一同色养尊亲，如果妻子不能履行这个职责，那么就必须休妻。

可见，唐代的女子不能色养公婆，男子就有充分理由与她离婚，并受到法律的保护。不仅如此，即便父母提出一些不合常理的要求时，也应该尽量满足。譬如唐宪宗时的洛阳人刘敦儒，其母有一种怪病，必须鞭笞他人才能心情愉快，而且鞭打别人能到出血的程度，她才愈发畅快淋漓。这样，全家子孙，包括下人都不胜其苦。只要她想鞭打别人之时，所有人都逃之夭夭，溜之大吉，唯独只有刘敦儒不仅不逃走，反而面不改色，整理一下衣服后，就乖乖地受母亲鞭打，还经常被打得遍体鳞伤，血流不止。即便如此，母亲死后，刘敦儒还依然守丧如常，最后因孝行被朝廷提拔为官员。

无独有偶，晚唐高官李道枢的母亲也有鞭打他人的不良嗜好。作为一个高级官员，李道枢当然有很多应酬，但很有意思的是，往往客人来到他家大门口时，他正在被母亲鞭打。虽然刘敦儒和李道枢的母亲行为都相当怪异，但这更说明了唐代的色养在社会名流中成为做人处世的一个重要原则。既然社会名流都能如此，可见一般家庭就更是以"色养"为养老之根本了。

宋代养生学家陈直认为，高寿的人，因为身体机能与年轻时有很大的反差，往往情绪不是太稳定，甚至像儿童一样喜怒无常。而且，老人经常独处，容易形成较为孤僻的性格，甚至发展成抑郁症和老年痴呆症。为此，陈直要求子女应该注意老人的精神卫生，并尽量满足其各种嗜好。其实这是人之常情，不管是老年人，还是年轻人，兴趣爱好都是兴奋剂，能够提振人的精神状态。尤其是老人，因为常年对某些事物的偏好，更容易形成对这些事物的依赖性。所以，此时要把老人所偏爱的物品摆在老人的四周，让他们能够时时把玩，这也是色养的一个重要内容和表现形式。

宋代宗赜禅师，湖北襄阳人，自幼丧父，他的母亲陈氏，把他带到舅父家抚养。少年时代，他就通读儒书，乃远近闻名的才子。二十九岁时，他忽然觉悟人生的无常，立志修学佛法，并拜入一位高僧的门下，终成一代禅师。

做了和尚后，宗赜禅师愈发感受到寡母的养育之恩，就迎接母亲在自己出家的寺庙内居住，朝夕侍奉。他除了物质供养之外，他还恳切地劝导母亲念佛。过了七年，他的母亲在佛声中，安详地去世。

色养的记载在中国历史上亦有很多感人的故事，且以离现在较近的明清两代最为集中。明代文安县人杨端山，家在农村很贫穷，父亲却嗜酒如命，他每次到城里卖完干柴之后，就一定会给父亲买一壶酒回来。常年如此，从不间断。虽然父亲要喝点酒不是什么大事，但对于一个生活异常艰难的农家来说，却是一笔不小的开销。难能可贵的是，杨端山为了满足父亲的嗜好，让父亲能够舒服、高兴一些，就尽力让父亲的口中总有一片酒的温暖。是的，色养其实是一种温暖，有时候很简单，不管家庭经济状况如何，子女其实都有办法让父母尊长感到温暖的。

还有清代浙江嘉兴府的周三，同为最下层的搬运工，他本来有几个兄弟，但都自顾自己的小家庭，根本不怎么照料老母。只有周三，他赚来的一点血汗钱，除了用在赡养母亲的各种开销上，就买酒大喝一直到酩酊大醉，然后趁着酒劲，在母亲面前大声唱歌跳舞，以博母亲一笑。对于周三来说，他大概只能用这种方式才能让母亲快乐一些，颇令人同情和动容。

不过，上层社会，如官员之家，因为基本物质条件都能满足，所以当然在精神层面的色养上更有品位和质量。明代弘治年间的户部主事李源，母亲身体不太好，而且脾气也很大。李源就自制柔软的轿子，与妻子在家中抬着母亲坐轿子，以此当游戏，让母亲开怀一笑。还有明代官员冯恩，在做官之前家里很穷，母亲吃不到肉食。做官之后，冯恩的家庭条件大有改变，只要是逢年过节，他就陪着母亲在张灯结彩的游船上吃饭。吃饭的时候，冯恩总是跪着把美酒佳肴送到母亲桌边。他们一边用餐，游船一边缓缓移动，河两岸的美景尽收眼底。冯恩把母亲的饮食寄情于山水之间，达到了色养的一流境界。

清代时，恩县（今山东省德州平原县）有一位吴姓孝子。他从小就失去了父亲，而且还是个聋哑人，家住离城三四里的地方。因家境贫困，他替城里一家当铺挑水，拿到工钱就交给母亲，从不敢随便乱花一文钱买东西吃。他虽然聋哑，可人却很聪明，能根据手势、表情猜测出母亲的意愿。母亲也早已习惯，能用手势与孝子讲话。每日母亲想吃什么，孝子总咿咿呀呀地请母亲示意，然后到城里去买来。如四个手指围作圆圈，就知道是大饼；手指并在一起覆在手腕上，知道是馒头；手指叉开成八字，知道是水饺；手掌伸平，知道是鱼；垂手像提东西，知道是肉等，百无一失。

其母年老多病，每次吃得少而慢，孝子就暗地里伤心。看到熟人，必用手比画，好像在说我母亲吃得很少，紧皱眉头一副忧伤样子。母亲如果吃得多而香甜，孝子会对着母亲呀呀呀，像在唱歌，又张开手臂跳舞，模仿舞台上演戏人的动作，让母亲欢乐高兴。吴孝子已经五十岁了，天天如此。每逢严冬，他总是先用自己的身体温暖母亲的被窝，被窝暖和后，又穿好衣服起床，替母亲脱下衣服让她睡下。自己则蜷伏在床脚边，听到母亲沉睡的打鼾声，才悄悄去自己的草床睡觉。每到夏天，门口悬挂芦席帘子，他让母亲睡在中堂竹榻上，自己就赤膊睡在门口，用意在于让蚊子叮自己，而不去叮咬母亲。

连一个聋哑人都能以自己独特的方式来色养尊长。可见，色养的内涵并非一定就是让父母享受到各种娱乐活动的乐趣。其实，就算是平民百姓之家，只要有心，就能给父母一个非常温馨、舒适的生活环境，也能在物质供给都还较为匮乏的情况下，依然把父母的内心满足与愉悦，当成自己尽孝的准则和最高追求。